"十四五"普通高等教育本科部委级规划教材

机械优化与可靠性设计

沈丹峰　主编

林何　孙戬　副主编

中国纺织出版社有限公司

内 容 提 要

本书介绍了现代设计方法中的机械优化设计和机械可靠性设计两部分的基础理论和相关技术，帮助读者树立现代设计方法的基本思想，掌握优化设计和可靠性设计的基本概念和方法。书中针对具体内容配有多处 Matlab 源程序，并附有相关例题和习题供读者练习。

本书可作为高等院校机械类专业本科生、研究生教材，也可供有关专业的工程技术人员学习使用。

图书在版编目（CIP）数据

机械优化与可靠性设计 / 沈丹峰主编；林何，孙戬副主编. --北京：中国纺织出版社有限公司，2023. 5

"十四五"普通高等教育本科部委级规划教材

ISBN 978-7-5229-0253-1

Ⅰ. ①机… Ⅱ. ①沈… ②林… ③孙… Ⅲ. ①机械设计—可靠性设计—高等学校—教材 Ⅳ. ①TH122

中国版本图书馆 CIP 数据核字（2022）第 249072 号

责任编辑：陈怡晓　孔会云　　责任校对：高　涵
责任印制：王艳丽

中国纺织出版社有限公司出版发行
地址：北京市朝阳区百子湾东里 A407 号楼　邮政编码：100124
销售电话：010—67004422　传真：010—87155801
http://www. c-textilep. com
中国纺织出版社天猫旗舰店
官方微博 http://weibo. com/2119887771
三河市宏盛印务有限公司印刷　各地新华书店经销
2023 年 5 月第 1 版第 1 次印刷
开本：787×1092　1/16　印张：15. 25
字数：340 千字　定价：58. 00 元

前　言

现代设计方法是机械类专业机械设计方向学生的必修课程。随着本科工程类专业的国际化，各高校调整本科生培养方案以适应工程专业认证。专业课少学时化是目前教育发展的趋势。现代设计方法涉及至少5种理论方法，将这些方法在较少学时中全部介绍给学生很困难。本书选取机械工程实际中常用的优化设计与可靠性设计两种方法合并成书，以供教学使用。

编写本书的目的是使读者了解现代设计方法的基本思想，掌握优化设计和可靠性设计的基本概念和基本方法，获得解决机械工程复杂问题的初步能力。本书分为两篇：第一篇是机械优化设计的系统介绍，包括一维搜索方法、无约束优化方法、约束优化方法等，对优化设计的每一种方法都给出了Matlab程序，供读者练习；第二篇是机械可靠性设计的系统介绍，包括机械可靠性设计的基本方法、典型机械零件可靠性设计、系统可靠性模型与可靠性分配。

本书注重工程实际应用，贯彻少而精的原则。内容编排注重系统性，强调物理概念的解释，便于实现工程应用。各部分内容附有例题和习题，供读者参考借鉴。

本书的编者在长期的教学中积累了丰富的经验，在参考了近年出版的一些相关教材的基础上完成了编写工作。本书由西安工程大学沈丹峰担任主编，林何和孙戬参与了部分内容的编写工作。

为了方便教学，书中的源程序、图和表以及习题的参考答案向使用本书的授课教师免费提供，需要者可通过出版社联系编者获取。

限于编者水平，书中错漏之处在所难免，敬请有关专家和读者批评指正。

编者

2022年7月

目　录

绪　论

本书讲述现代设计方法理论中的优化设计和可靠性设计。现代设计方法是以研究产品设计为对象的学科，以电子计算机为手段，运用工程设计的新理论和新方法，使设计结果达到最优化，使设计过程实现高效化和自动化的设计方法。现代设计方法是传统设计方法的延伸与发展，是人们把相关科学技术综合应用于设计领域的产物，它使传统设计方法发生质的变化。

一、现代设计方法的概念

设计通俗来说是把各种先进技术成果转化为生产力的一种手段和方法。它是从给出的合理的目标参数出发，通过各种方法和手段创造出一个所需的优化系统或结构的过程。设计方法是设计中的一般过程及解决具体设计问题的方法、手段，分为传统设计和现代设计。

传统设计（traditional design）：人类的设计活动经历了直觉设计阶段、经验设计阶段、半理论半经验设计阶段，这些阶段即所谓的传统设计阶段。

现代设计（modern design）：以市场需求为驱动、以知识获取为中心、以现代设计思想、方法和现代技术手段为工具，考虑产品的整个生命周期和人、机、环境相容性等因素的设计称为现代设计。

二、现代设计方法的产生背景

以机械工业为例，现代设计方法产生的背景有以下几种。

1. 设计理论和实践的变化

过去机械产品设计理论主要以力学为基础，在实践上主要以经验作为基础。现在作为基础的理论远不止力学，还有系统论、控制论、信息论、传感理论、信号处理理论、电子学、计算机等；作为实践的基础远不止经验，而且涉及各有关的学科，同时，自身也在形成自己的学科体系——制造理论、工艺理论。

2. 产品功能要求的变化

过去机械产品功能单一化、造型简单化、实用化，新的产品在不同程度上都同微电子技术、微计算机技术相结合，取代、延伸、加强与扩大人脑的部分作用。机械产品的种类和品种正日新月异，老的推陈出新，新的不断问世，几乎涉及生产生活的方方面面。

3. 产品制造技术的变化

机械制造技术正在彻底改造，广泛采用各种高新技术，特别是微电子技术与电子计算机技术，从数控化走向柔性化、集成化、智能化，成为现代科技前沿热点之一。

4. 机械工程、机械工业的企业管理发生根本性的变化

从以产品为主的管理发展到以面向市场信息为主的管理，并依靠建立在市场信息基础上

的管理来实现企业与客户之间的相互沟通。过去主要注重产品的质量，企业的管理主要集中在产量、产品的质量上；现在，企业在关注产品质量的同时，更多的关注市场需求，“客户需要什么样的产品，就设计什么样的产品”。

这些变化引起人们开始新的思考、新的认识，现代设计方法这门课程就是根据这些变化而设立的，它是一门符合现代市场经济、知识经济时代发展需要的课程，作为工科的学生必须了解和掌握有关现代设计的思想和方法，通过这门课程的学习主要包括了解现代产品设计的主要方法，从思维观点发生质的变化，为今后的工作打下一定的基础。

三、现代设计方法的特点

现代设计方法与传统设计方法相比较，主要完成了以下几方面的转变。

1. 产品结构分析的定量化（优化设计）

传统设计方法设计产品时，通常是在调查分析的基础上，参照同类或近类产品，通过估算、经验类比或简单试验确定设计方案，然后根据初始设计方案的设计参数对零部件各项性能要求进行计算，校核各项性能参数是否满足要求，如果不完全满足，则凭借设计者的经验或主观判断对有关参数进行修改和计算，直到满足要求为止，从而获得可行的设计方案，可行的设计方案有多种。

而现代设计方法中的优化设计法是先根据产品的设计目标和性能要求构造数学模型，然后应用数学规划理论或数值计算法，借助于计算机进行求解计算（如各种应用于优化设计的软件有 Matlab、SAS、SPSS 等），从而获得具有最优技术经济效果的最优设计方案。

2. 产品质量分析的可靠性（可靠性设计）

在产品的质量分析中，虽然传统设计方法能用安全系数法作出零部件不发生破坏（失效）的计算，但是当零部件的几何尺寸、工作应力、强度等参数具有较大的离散性时，因为这种方法未能考虑零部件的失效概率，所以即使安全系数大于 1 也可能发生失效。因此，传统的设计方法的安全系数法不能定量地给出产品质量的可靠性预测。

而现代设计方法中的可靠性设计法，根据实际情况，把零部件或整机的各种性能参数（具有离散性的参数）均视为随机变量，应用概率论建造数理统计模型并进行分析计算，这样可以定量作出零部件或整机的可靠性预测。

目前，我国机电产品设计的原则是可靠性、经济性和适应性三性统筹，在新产品鉴定时必须要有可靠性设计资料和实验报告，否则不能通过鉴定。如今可靠性的观点和方法已经成为质量保证、安全性保证、产品责任预防等不可缺少的依据和手段。

3. 产品工况分析的动态化（有限元法）

在产品结构分析中，传统的设计方法虽然能对结构简单的零部件利用材料力学和弹性力学的计算公式作出近似的计算，但是对复杂结构的零部件或整机却只能进行定性或类比估算。

而现代设计方法在传统设计方法基础上引入了有限元方法，依靠计算机不但对结构简单的零部件能作出更为精确的计算，而且对结构复杂的零部件或整机也能进行较为精确的计算（定量计算）。

4. 产品设计结果的最优化（动态设计）

在产品的工况分析中，由于传统设计方法受计算手段和测试条件的制约，对产品的工作状况仅限于静态的计算和动态的估算。

而现代设计方法中的动态设计方法不仅可以根据动态力学理论建造数学模型，而且可以同时利用理论和测试数据建造与实际工况符合的数学模型，然后利用计算机进行分析计算，预测出产品的动态性能和改进效果。如 ADAMS 软件、CVI 软件（虚拟仪器）等。

5. 产品设计过程的高效化和自动化（计算机辅助设计）

传统设计方法的设计过程要使设计者进行大量的脑力和体力劳动，并且存在许多重复性的劳动，而最后确定的设计方案也只是一种可行的方案，并不是最优的方案。

而现代设计方法的设计过程是以计算机为手段，利用计算机中的专家系统确定设计参数和方案，使用有限元法、可靠性设计法、动态设计法等对其进行分析计算，通过优化设计对设计方案和设计参数进行不断的修改和计算，以获得最优的设计参数，并利用计算机的输出设备得到最后的设计结果，从而实现设计过程的高效化和自动化。如果把设计的零部件和整机的制造信息用计算机编制成工艺规程软件，并输入到由若干加工中心连成一体的柔性制造系统中，则可完成零部件的加工、部件和整机的装配，从而实现从产品设计到制造的自动化。

第一篇　机械优化设计

优化设计是20世纪60年代初发展起来的一门学科，它是将最优化的数学方法和计算机技术应用于设计领域，以尽可能少的费用、高的效率和好的质量实现设计目标的一种重要的科学设计方法。因此，优化设计是现代设计理论和方法的一个重要领域，它已广泛应用于各个工业部门。机械优化设计主要涉及机械结构设计、机械制造管理等领域。

一、最优化设计

所谓的最优化，是用数学的方法寻求最优结果的方法和过程。

一项机械产品的设计，一般都存在着许多可能的设计方案。在进行设计工作时，总是从中做出各种比较，以便获得一个最好的设计方案，这就是广义的优化设计。

虽然一切科学的方法都能取得某种优化的效果，但并不是任何一种方法都能纳入最优化的范畴。最优化的内容广泛，主要可分为优化设计、优化控制和优化管理等三类问题。它们虽有联系，但又有显著不同。优化控制是与时间有关的问题，寻求的是最佳的时间函数，称为动态最优化；优化设计是与时间无关的问题，寻求的是最佳参数匹配，称为静态最优化。所以，它们的数学模型和求解方法大不相同。优化管理也有自己的特点和方法。

概括起来，机械优化设计主要包括以下两方面的内容：一是建立优化设计的数学模型，运用有关最优化理论和设计课题的专业知识，把设计问题物理模型转化为优化设计的数学模型；二是模型求解，选用适当的优化方法，编写和调试程序，上机进行运算，求出优化设计问题的最优解。

二、机械的设计方法

（一）机械的传统设计方法

传统的设计过程基于手工劳动或简易计算工具，首先进行综合设计，由设计人员根据课题的调研情况，提出初步设计方案；再对方案进行分析评价，如果设计方案不满足设计要求，则调整设计参数，进行再设计。这个评价—再设计的过程会持续到设计者得到满意的设计方案为止。评价往往通过三种途径：一是工程技术人员凭借自己的知识和经验，对候选方案进行判断性的评价和选择；二是通过反复的试验比较来确定方案的优劣；三是在长期的实践中，通过产品竞争、自然的选择，优胜劣汰的长期演变进化过程确定设计方案。但传统意义上的成功设计，其结果往往只是较令人满意的，一般并不一定是最优的设计方案。

（二）机械的现代优化设计方法

机械的现代优化设计方法是基于计算机的应用。以人机配合或自动搜索方式进行，能从所有的可行方案中找出最优的设计方案。

例　求用圆木做成的矩形截面梁，使抗弯截面系数最大时的高宽比（图 1）。

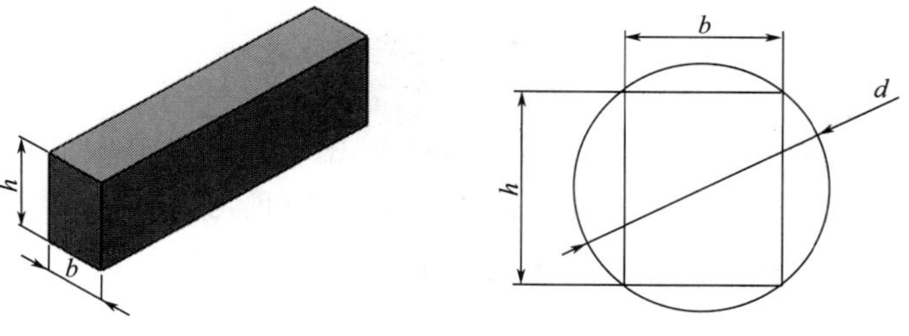

图 1　矩形截面梁示意图

解：梁的抗弯截面系数：　　$W = \frac{bh}{6} \to \max$

梁的高度和宽度应满足：　　$d^2 = b^2 + h^2$

$$\Rightarrow W = \frac{b}{6}(d^2 - b^2)$$

$$\frac{dW}{db} = \frac{1}{6}(d^2 - 3b^2) = 0 \Rightarrow b = \frac{d}{\sqrt{3}}$$

$$\frac{h}{b} = \sqrt{2}$$

我国宋代建筑师李诫在其著作《营造法式》一书中指出：圆木做成的矩形截面梁的高宽比应为三比二。古人的经验结论与采用抗弯截面理论推得的结果十分接近。

通过本例可以看出优化设计过程包括以下两部分内容：从实际问题中抽象出数学模型；选择合适的优化方法求解数学模型。

与传统的设计方法相比，优化设计具有以下特点。

1. 设计效率高

传统的设计步骤一般是首先参照同类产品，再通过估算，采用经验类比或试验来初步确定设计方案。然后根据要求，进行设计参数分析计算，校核强度，刚度，稳定性等性能。如不满足要求，设计人员凭借经验或直观判断，对设计参数反复进行修改、校核，因此设计工作量大、效率低。

而优化设计则是利用计算机高速运算的能力，根据要求从为数众多的设计方案中，求出最优或较优的设计方案。如有资料介绍，某个化工系统的工程设计中，采用优化方法进行设计，根据所给的数据，在 16h 内，进行了 16000 个可行设计方案的计算，从中选出成本最低，产量最大的设计方案，并给出必要的精确设计参数。而在这之前，求解这个设计问题，曾有一组工程师工作一年，仅做出了三个设计方案。

2. 设计质量高

传统的设计方法只是被动重复分析，校核产品的性能，而不是主动地设计产品参数。实践证明，按照传统设计方法做出的设计方案，大部分不是最佳的设计方案，一般有较大的改进提高的余地。如美国贝尔（Bell）飞机公司采用优化设计方法，对一个机翼的大型结构问题的450个设计参数进行设计，使机翼重量减轻35%。又如武汉钢铁公司所引进的1700薄板轧机是德国DMAG公司提供，该公司在对此产品进行优化修改后，可以多盈利几百万马克。

3. 设计的自动化

与近年来发展起来的计算机辅助设计（CAE）相结合，可使设计过程中既能不断选择设计参数并评选出最优化设计方案，又可以加快设计速度，缩短设计周期。如今，科学技术发展要求机械产品更新周期日益缩短，采用优化方法，使设计过程的完全自动化，已成为设计领域一个重要发展趋势。

三、优化设计的发展

第一阶段：人类智能优化。与人类史同步，直接凭借人类的直觉或逻辑思维，如黄金分割法、穷举法和盲人爬山法等。

第二阶段：数学规划方法优化。从三百多年前牛顿提出微积分算起，电子计算机的出现推动数学规划方法在近五十年来得到迅速发展。

第三阶段：工程优化。21世纪以来，计算机技术的发展给解决复杂工程优化问题提供了新的可能，非数学领域专家开发了一些工程优化方法，能解决不少传统数学规划方法不能胜任的工程优化问题。在处理多目标工程优化问题中，基于经验和直觉的方法得到了更多的应用。优化过程和方法学研究，尤其是建模策略研究引起重视，开辟了提高工程优化效率的新的途径。

第四阶段：现代优化方法。如遗传算法、模拟退火算法、蚁群算法、神经网络算法等，并采用专家系统技术实现寻优策略的自动选择和优化过程的自动控制，智能寻优策略迅速发展。

在第二次世界大战期间，为了能最大限度、最有效、最及时，合理地配备和供给军火物资，提出了许多用古典微分法和变分法所不能解决的问题，由于这种军事上的需要而产生了运筹学。20世纪50年代发展起来的数学规划理论形成了应用数学的一个分支，为优化设计奠定了理论基础。20世纪60年代电子计算机和计算机技术的发展为优化设计提供了强有力的手段，使工程技术人员能够从大量烦琐的计算工作中解放出来。虽然机械优化设计的历史较短，但进展十分迅速，目前已在机构综合、机械零部件设计、专用机械设计和工艺设计方面都获得应用，并取得了一定的成果。

第一章　优化设计概述

第一节　最优化问题示例

例 1-1　人字架的优化设计。

图 1-1 是人字架。已知顶点受力 $2F=3\times10^5\text{N}$，人字架跨度 $2B=152\text{cm}$，钢管壁厚 $T=0.25\text{cm}$，钢管弹性模量 $E=2.1\times10^5\text{MPa}$，材料密度 $\rho=7.8\times10^3\text{kg/m}^3$，许用压应力 $\sigma_y=420\text{MPa}$。求在钢管压应力 σ 不超过 σ_y 和失稳临界应力 σ_e 条件下，使质量 m 最小的高度 h 和直径 D。

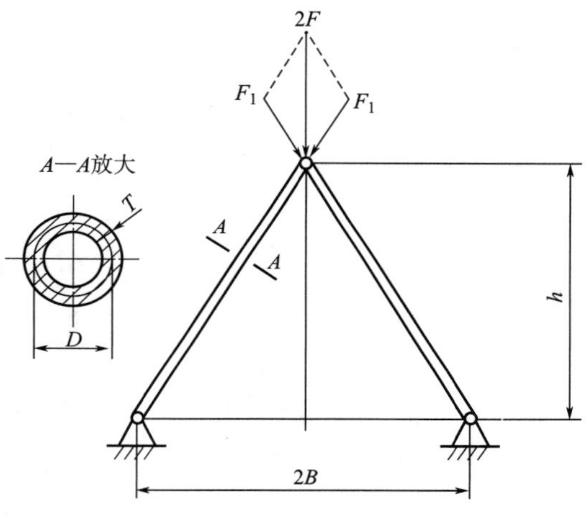

图 1-1　人字架受力

解：（1）钢管满足的强度与稳定条件。

钢管所受压力：$F_1=\dfrac{FL}{h}=\dfrac{F(B^2+h^2)^{\frac{1}{2}}}{h}$

压杆临界失稳的临界力：

$$F_e=\frac{\pi^2 EI}{L^2}$$

钢管截面惯性矩：

$$I=\frac{\pi}{4}(R^4-r^4)=\frac{\pi}{4}(R^2-r^2)(R^2+r^2)$$

$$=\frac{\pi}{4}(R^2-r^2)\left[\frac{(R-r)^2+(R+r)^2}{2}\right]=\frac{A}{8}(T^2+D^2)$$

钢管所受的压应力：

$$\sigma=\frac{F_1}{A}=\frac{F(B^2+h^2)^{\frac{1}{2}}}{\pi TDh}$$

钢管的临界应力：

$$\sigma_e=\frac{F_e}{A}=\frac{\pi^2E(T^2+D^2)}{8(B^2+h^2)}$$

强度约束条件 $\sigma\leqslant\sigma_y$：

$$\frac{F(B^2+h^2)^{\frac{1}{2}}}{\pi TDh}\leqslant\sigma_y$$

稳定约束条件 $\sigma\leqslant\sigma_e$：

$$\frac{F(B^2+h^2)^{\frac{1}{2}}}{\pi TDh}\leqslant\frac{\pi^2E(T^2+D^2)}{8(B^2+h^2)}$$

问题的数学表达式是：

$$m(D,\ h) = 2\rho AL = 2\pi\rho TD(B^2 + h^2)^{\frac{1}{2}} \to \min$$

约束条件：
$$\begin{cases} \dfrac{F(B^2 + h^2)^{\frac{1}{2}}}{\pi TDh} \leqslant \sigma_y \\ \dfrac{F(B^2 + h^2)^{\frac{1}{2}}}{\pi TDh} \leqslant \dfrac{\pi^2 E(T^2 + D^2)}{8(B^2 + h^2)} \end{cases}$$

（2）解析法求解。

假使刚好满足强度条件： $\sigma = \sigma_y \Rightarrow D = \dfrac{F(B^2 + h^2)^{\frac{1}{2}}}{\pi T\sigma_y h}$

将 D 代入目标函数 $m(D,\ h)$，得：

$$m(h) = \frac{2\rho F}{\sigma_y}\frac{B^2 + h^2}{h}$$

极值必要条件： $\dfrac{\mathrm{d}m}{\mathrm{d}h} = \dfrac{2\rho F}{\sigma_y}\dfrac{\mathrm{d}}{\mathrm{d}h}\left(\dfrac{B^2 + h^2}{h}\right) = \dfrac{2\rho F}{\sigma_y}\left(1 - \dfrac{B^2}{h^2}\right) = 0$

求得极值点： $h^* = B = 152\text{cm}/2 = 76\text{cm}$

$D^* = 6.43\text{cm}$

$m^* = 8.47\text{kg}$

（3）图解法。

在设计平面 D—h 上画出稳定曲线和强度曲线，两条曲线将平面分为两部分，其中不带阴影的区域是可行域，然后画出一组质量函数等值线，从图 1-2 中可以看出，等值线在可行域内无中心，因此，该约束优化问题的极值点处于可行域边界与等值线的切点处 X^*。

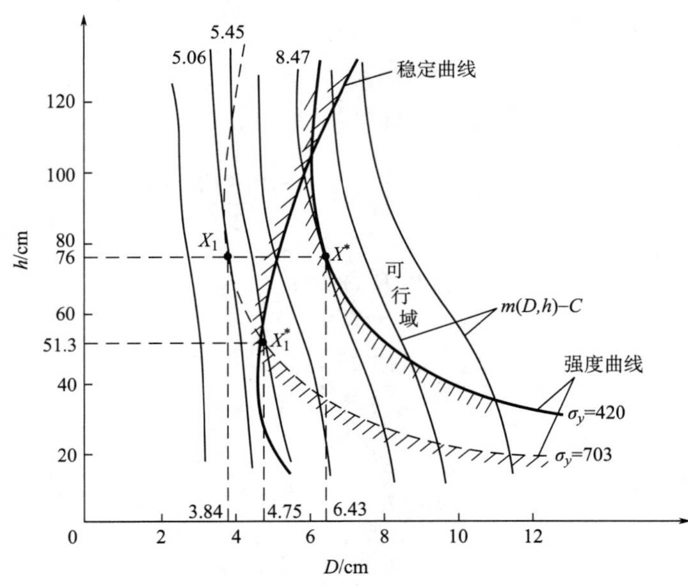

图 1-2　人字架优化设计图解

（4）讨论。

许用应力 σ_y 由 420MPa 提高到 703MPa，强度约束条件改变，可行域也改变，如果仍然假定最优点刚好满足强度条件得到：$h = B = 76\text{cm}$，$D = 3.84\text{cm}$，$m = 5.06\text{kg}$，但是它不满足稳定条件。实际的最优点应位于强度曲线和稳定曲线的交点 $\boldsymbol{X}_1^*$。

对于具有不等式约束条件的优化问题，判断哪些约束是起作用的，哪些约束条件是不起作用的，这对求解优化问题很关键。

例 1-2　图 1-3 为一简化的机床主轴，已知主轴内径 d，外力 F，许用挠度 y_0。求最轻的主轴重量。

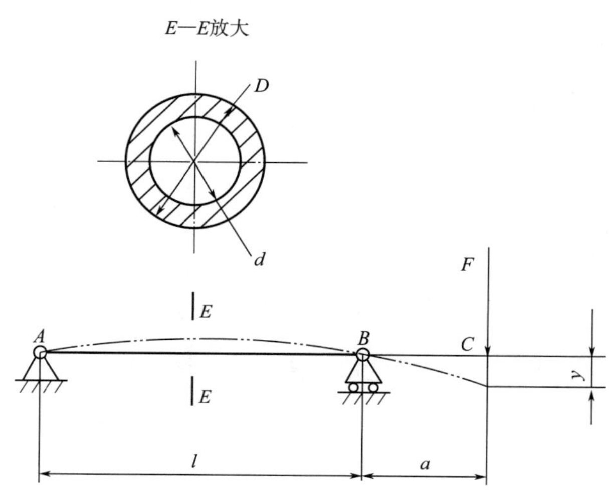

图 1-3　机床主轴变形简图

解：当主轴材料选定时，设计方案由四个变量决定，即孔径 d，外径 D，跨距 l，外伸端长度 a。由于内孔通常用于通过加工棒料，不属于设计变量，故设计变量是：

$$\boldsymbol{X} = [x_1 \quad x_2 \quad x_3]^{\mathrm{T}} = [l \quad D \quad a]^{\mathrm{T}}$$

在这里，用更一般的数学形式表示设计变量，用字母 x 代表设计变量。

机床优化设计的目标函数：

$$f(\boldsymbol{X}) = \frac{1}{4}\pi\rho(x_1 + x_3)(x_2^2 - d^2)$$

约束条件：

刚度：

$$g(\boldsymbol{X}) = y - y_0 \leqslant 0$$

其中：

$$y = \frac{Fa^2(l + a)}{3EI};\ I = \frac{\pi}{64}(D^4 - d^4)$$

所以，

$$g(\boldsymbol{X}) = \frac{64Fx_3^2(x_1 + x_3)}{3\pi E(x_2^4 - d^4)} - y_0 \leqslant 0$$

自变量取值范围：

$$l_{\min} \leqslant l \leqslant l_{\max},\ D_{\min} \leqslant D \leqslant D_{\max},\ a_{\min} \leqslant a \leqslant a_{\max}$$

不用考虑两个边界约束：$l \leqslant l_{max}$，$a \leqslant a_{max}$，因为从优化设计看，都要求这两个变量往小处变化。因此，问题的数学表达式是：

$$\min f(\boldsymbol{X}) = \frac{1}{4}\pi\rho(x_1 + x_3)(x_2^2 - d^2)$$

$$\text{约束条件：}\begin{cases} g_1(\boldsymbol{X}) = \dfrac{64Fx_3^2(x_1 + x_3)}{3\pi E(x_2^4 - d^4)}/y_0 - 1 \leqslant 0 \\ g_2(\boldsymbol{X}) = 1 - x_1/l_{min} \leqslant 0 \\ g_3(\boldsymbol{X}) = 1 - x_2/D_{min} \leqslant 0 \\ g_4(\boldsymbol{X}) = x_2/D_{max} - 1 \leqslant 0 \\ g_5(\boldsymbol{X}) = 1 - x_3/a_{min} \leqslant 0 \end{cases}$$

对于本例，难以采用上例的方法求解，当给定 $d = 30$mm，$F = 15000$N，$y_0 = 0.05$mm，300mm $\leqslant l \leqslant$ 650mm，60mm $\leqslant D \leqslant$ 140mm，90mm $\leqslant a \leqslant$ 150mm 时，采用本书后面介绍的随机方向法可以求得最优解：

$$\boldsymbol{X}^* = [300.036 \quad 75.244 \quad 90.001]^T,\ f^* = 11.377$$

例 1-3 平面连杆机构的优化。

设计曲柄摇杆机构，如图 1-4 所示。要求曲柄 l_1 从 φ_0 转到 $\varphi_m = \varphi_0 + 90°$ 时，摇杆 l_3 的转角 $\psi_E = \psi_0 + \dfrac{2}{3\pi}(\varphi - \varphi_0)^2$，$\varphi_0$ 是极位角。传动的允许角为 45°~135°，$l_1 = 1$m，$l_4 = 5$m。

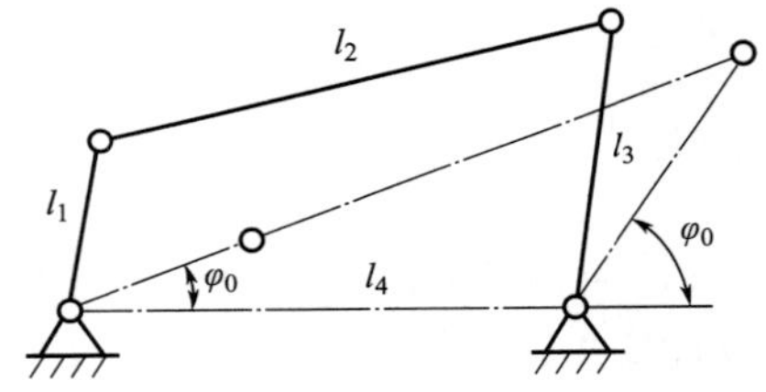

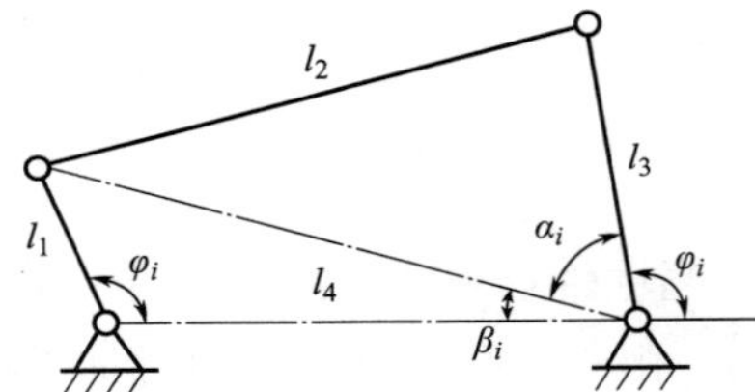

图 1-4 曲柄摇杆机构

解：（1）数学模型的建立。

对于这样的设计问题，可以取机构的期望输出角度 ψ_{Ei} 和实际输出角度 ψ_i 的平方误差积分准则作为目标函数。

$$\min f(\boldsymbol{X}) = \sum_{i=1}^{m}(\psi_{Ei} - \psi_i)^2$$

式中，$\psi_i = \pi - \alpha_i - \beta_i$

其中 $\alpha_i = \arccos\left(\dfrac{r_i^2 + l_3^2 - l_2^2}{2r_i l_3}\right)$，$\beta_i = \arccos\left(\dfrac{r_i^2 + l_4^2 - l_1^2}{2r_i l_4}\right)$，$r_i = \sqrt{l_1^2 + l_4^2 - 2l_1 l_4\cos\varphi_i}$；$\psi_{Ei} = \psi_0 + \dfrac{2}{3\pi}(\varphi_i - \varphi_0)^2$

（2）约束条件。

根据曲柄摇杆机构要求，曲柄是最短杆，曲柄与任一杆长之和小于其余两杆之和，再有传动角的要求，可以得到以下 7 个约束：

$$g_1 = l_1 - l_2 \leqslant 0$$

$$g_2 = l_1 - l_3 \leqslant 0$$

$$g_3 = l_1 + l_4 - l_3 - l_4 \leqslant 0$$

$$g_4 = l_1 + l_2 - l_3 - l_4 \leqslant 0$$

$$g_5 = l_1 + l_3 - l_2 - l_4 \leqslant 0$$

$$g_6 = \arccos\left[\frac{l_2^2 + l_3^2 - (l_1 + l_4)^2}{2l_2 l_3}\right] - \gamma_{\max} \leqslant 0$$

$$g_7 = \gamma_{\min} - \mathrm{asccos}\left[\frac{l_2^2 + l_3^2 - (l_4 - l_1)^2}{2l_2 l_3}\right] \leqslant 0$$

采用后面介绍的外点惩罚函数法，得到最优方案：$l_2^* = 4.1286\text{m}$，$l_3^* = 2.3325\text{m}$，$f^* = 0.0156$。

还可以举一些其他行业的优化例子。但不管是哪个专业范围内的问题，都可以按照如下的方法和步骤建立相应的优化设计问题的数学模型。

（1）根据设计要求，应用专业范围内的现行理论和经验等，对优化对象进行分析。必要时，需要对传统设计中的公式进行改进，并尽可能反映该专业范围内的现代技术进步的成果。

（2）对结构参数进行分析，以确定设计的原始参数、设计常量和设计变量。

（3）根据设计要求，确定并构造目标函数和相应的约束条件，有时要构造多目标函数。

（4）必要时对数学模型进行规范化，以消除组成项间由于量纲不同等原因导致的数量悬殊的影响。

有时不了解结构（或系统）的内部特性，可建立黑箱模型。

第二节　优化设计问题的数学模型

一、设计变量

在机械设计中，一个确定的设计方案往往可以用一组参数表示。其中一些参数可以凭经验或者根据同类型产品的设计参数而预先确定，这些参数称为设计常量，而另一些参数却难以预先确定，须经过运算才能确定，这些参数称为设计变量。

设计变量是在设计中需进行优选的独立的待求参数。设计变量可以是：几何参数，如尺寸、形状、位置；运动学参数，如位移、速度、加速度；动力学参数，如力、力矩、应力；其他物理量，如质量、转动惯量、频率、挠度；非物理量，如效率、寿命、成本。

设计常量是预先已给定的参数。

设计方案是由设计常量和设计变量组成的一个组合。

维数是设计变量的个数 n。

在确定设计变量时要注意以下问题。

（1）抓主要，舍次要。

（2）注意连续变量与离散变量之分。

（3）变量的独立性。

（4）不要漏掉必要的设计变量。

（5）设计变量越多，优化问题越复杂。

通常，设计自由度越多，越能获得理想的结果，但求解难度也越大。一般地，$n \leqslant 10$ 是小型问题，$n = 11 \sim 50$ 是中型问题，$n > 50$ 是大型问题。

二、设计点与设计空间

1. 设计点与设计向量

每组设计变量值对应于以 n 个设计变量为坐标轴的 n 维空间上的一个点，该点称设计点。原点到该点的向量称设计向量。

需要注意设计点有连续与不连续之分，一般的，设计点可用设计向量表示：$\boldsymbol{X} = [x_1, x_2, \cdots, x_n]^{\mathrm{T}}$

2. 设计空间

以设计变量为坐标轴而构成的实欧氏空间。$\boldsymbol{X} \in R^n$

当设计点连续时，R^1 为直线；R^2 为平面；R^3 为立体空间；R^n 为超越空间。

三、约束条件

设计空间是所有设计方案的集合，但这些设计方案有些是工程上所不能接受的。如一个设计满足所有对它提出的要求，就称为可行设计，反之则称为不可行设计。

一个可行设计必须满足某些设计限制条件，这些限制条件称作约束条件，简称约束，常用英文缩写（s. t.）表示。

1. 按约束的数学形式分类

可以分为不等式约束和等式约束两类：

不等式约束：　　$g_u(\boldsymbol{X}) \leqslant 0, \ u = 1, 2, \cdots, m$

等式约束：　　$h_v(\boldsymbol{X}) = 0, \ v = 1, 2, \cdots, p, \ p < n$

2. 按约束的作用分类

可以分为边界约束和侧面约束两类：

边界约束是对某个设计变量直接给出取值范围，如 $x-4<0$；

侧面约束是由需满足的某种性能条件而导出的约束（如强度条件、刚度条件、曲柄存在条件等）。

可行设计区域：满足所有约束函数的设计点的集合 D。

举例：2 个设计变量问题。约束条件：

$$g_1(\boldsymbol{X}) = x_1^2 + x_2^2 - 16 \leqslant 0$$

$$g_2(\boldsymbol{X}) = 2 - x_2 \leqslant 0$$

如图 1-5 所示，可行域 D 为 $ABCDA$ 所围成的区域，包含边界。

工程设计上要求设计方案中相应的设计点必须在可行域内，称此设计方案为可行设计。

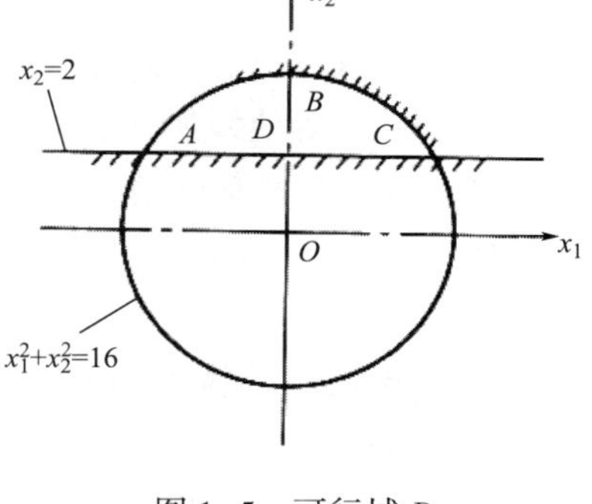

图 1-5　可行域 D

在建立约束函数应注意以下问题：

(1) 不能有矛盾的约束。

(2) 避免等价约束（多余约束），使模型变坏，难以求解。

(3) 不能遗漏必要的约束，防止最优解无实用价值，甚至出现荒唐的结果。

(4) 尽可能提出边界约束。

(5) 谨慎对待等式约束。

等式约束极大的缩小可行域，增加求解难度。可以通过引进裕度参数 ε，使等式约束 $h(X)=0$ 放宽为 $h(X)-\varepsilon\geqslant0$ 及 $h(X)+\varepsilon\geqslant0$ 两个不等式约束。

四、目标函数

目标函数是数学模型中用来评价设计方案优劣的函数式（又称评价函数）。

$$F(\boldsymbol{X})=f(x_1,\ x_2,\ \cdots,\ x_n)$$

1. 目标函数表达式

在实际问题中，优化目标函数方式有以下两种表达式：

$$F(\boldsymbol{X})\rightarrow\min$$

或

$$F(\boldsymbol{X})\rightarrow\max$$

为了使算法和程序的统一规范化，我们规定优化方向为极小优化。所以，$F(\boldsymbol{X})\rightarrow\max$ 的问题可以转化为 $-F(\boldsymbol{X})\rightarrow\min$ 的问题。

常用最好的性能、最小的重量、最紧凑的外形、最小的生产成本、最大的经济效益等作为目标函数。目标函数有单目标函数和多目标函数。

2. 目标函数的建立

目标函数的建立是优化设计中一项重要的决策工作，往往约束函数和目标函数之间是可以相互转化的。一般来讲，当对某一设计性能有较为特殊的要求，而这个要求又很难满足时，则以此设计性能作为优化的目标函数，将会使优化方案取得满意的效果。

在优化过程中，通过设计变量的不断向 $F(\boldsymbol{X})$ 值改善的方向自动调整，最后求得 $F(\boldsymbol{X})$ 值最好或最满意的 $\boldsymbol{X}$ 值。在构造目标函数时，应注意目标函数必须包含全部设计变量，所有的设计变量必须包含在约束函数中。

3. 目标函数的几何表示

1 个设计变量的目标函数：二维平面的设计曲线。

2 个设计变量的目标函数：三维空间中的曲面。

n 个设计变量的目标函数：$n+1$ 维空间的超曲面。

4. 目标函数的等值线或等值面

连接具有相等目标函数值的点所形成的线或面。等值线和等值面的用途如下。

(1) 等值线聚集成一点的地方，就是目标函数取极值的地方。

（2）对于二维问题而言，在目标函数取极值的附近，等值线群一般是一组大小不等的同心椭圆。椭圆族的中心就是目标函数取极值的地方。

（3）当相邻等值线所代表的目标函数值的差为常数时，等值线稀疏的地方，目标函数值变化慢；等值线密集的地方，目标函数值变化快。

优化就是从空间某一点开始，按照某种方法，寻找“椭圆”的中心。

五、优化问题的数学模型

优化问题的数学模型是对实际优化设计问题的数学抽象，设优化问题的设计变量为 $\boldsymbol{X}=[x_1, x_2, \cdots, x_n]^{\mathrm{T}}$，则优化数学模型有两种表达形式：

（1）无约束模型。

$$F(\boldsymbol{X})\to\min,\ \boldsymbol{X}\in R^n$$

（2）约束模型。

$$F(\boldsymbol{X})\to\min,$$
$$\text{s. t.}\begin{cases} g_u(\boldsymbol{X})\leqslant 0 & u=1, 2, \cdots, p \\ h_v(\boldsymbol{X})=0 & v=1, 2, \cdots, q \end{cases}$$

建模直接影响优化设计的质量与成败。它既非纯工程设计问题，也非纯数学或计算机运用问题，它是互相交叉、渗透、深化和综合的问题。建立模型需要渊博的知识，丰富的想象力和技巧。由于目前还未形成系列化的建模理论，所以建模工作是优化设计中既关键而又复杂的一项工作，其难点包括以下几点。

（1）分散性。同一研究对象，而解决问题的目的不同，建成模型也不同。

（2）复杂性。复杂产品性能影响因素是众多的。

（3）数学抽象性。不同的物理现象可能对应相同的数学模型。

（4）技巧性。使模型简单而又易于求解。

（5）实用性。检验模型是否合理的最终标志。

六、模型的求解

设有设计点 $\boldsymbol{X}^*=[x_1^*, x_2^*, \cdots, x_n^*]^{\mathrm{T}}$ 满足：

$$F(\boldsymbol{X}^*)=\min F(\boldsymbol{X})\ \text{且}\ \boldsymbol{X}\in R$$
$$\text{s. t.}\begin{cases} g_u(\boldsymbol{X}^*)\leqslant 0, & u=1, 2, \cdots, p \\ h_v(\boldsymbol{X}^*)=0, & v=1, 2, \cdots, q \end{cases}$$

则称 $\boldsymbol{X}^*$ 为优化设计模型的最优点，$F(\boldsymbol{X}^*)$ 称为最优值。

在非线性优化设计中，由于数值迭代的计算原则，造成初始条件不同，往往得到不止一个最优解。一般有局部最优解与全域最优解。

（1）局部最优解。设 $\boldsymbol{X}^{*1}\in R$，存在 $\boldsymbol{X}^{*1}$ 点的邻域 $N_\varepsilon(\boldsymbol{X}^{*1})=\{\boldsymbol{X} \mid \|\boldsymbol{X}-\boldsymbol{X}^{*1}\|\leqslant\varepsilon, \varepsilon>0\}$ 的全部设计点 $\boldsymbol{X}$ 都满足 $F(\boldsymbol{X}^{*1})\leqslant F(\boldsymbol{X})$，则称 $\boldsymbol{X}^{*1}$ 为局部最优点。

（2）全域最优解。设 $\boldsymbol{X}^*\in R$，当 $\forall\boldsymbol{X}\in R$ 时，总有 $F(\boldsymbol{X}^*)\leqslant F(\boldsymbol{X})$ 成立，则称 $\boldsymbol{X}^*$ 为全域最优解。

由定义可知，全域最优点必然为局部最优点，而局部最优点不一定为全域最优点。由于全域最优点的设计质量优于局部最优点的设计质量。所以在优化设计中，人们为了获得最优的设计方案，总希望求得全域最优点。但在目前阶段要做到这一点是比较困难的。通常的解决方法是求出若干个局部最优点，并取其中目标函数值最小者作为全域最优解。

七、优化问题的几何解释

无约束优化问题就是在没有限制的条件下，对设计变量求目标函数的极小点。在设计空间内，目标函数是以等值面的形式反映出来的，则无约束优化问题的极小点即为等值面的中心。

约束优化问题是在可行域内对设计变量求目标函数的极小点，此极小点在可行域内或在可行域的边界上。以二维问题为例进行说明，图 1-6(a)是约束函数和目标函数均为线性函数的情况，等值线为直线，可行域为 n 条直线围成的多边形，则极值点处于多边形的某一顶点上。图 1-6(b)是约束函数和目标函数均为非线性函数的情况，极值点位于可行域内等值线的中心，约束对极值点的选取无影响，这时的约束为不起作用约束。图 1-6(c)、(d)均为约束优化问题极值点处于可行域边界的情况，约束对极值点的位置影响很大。图 1-6(e)中的约束 $g_1(\boldsymbol{X})=0$ 和 $g_2(\boldsymbol{X})=0$ 同时在极值点处为起作用约束。多维问题最优解的几何解释可借助二维问题进行想象。

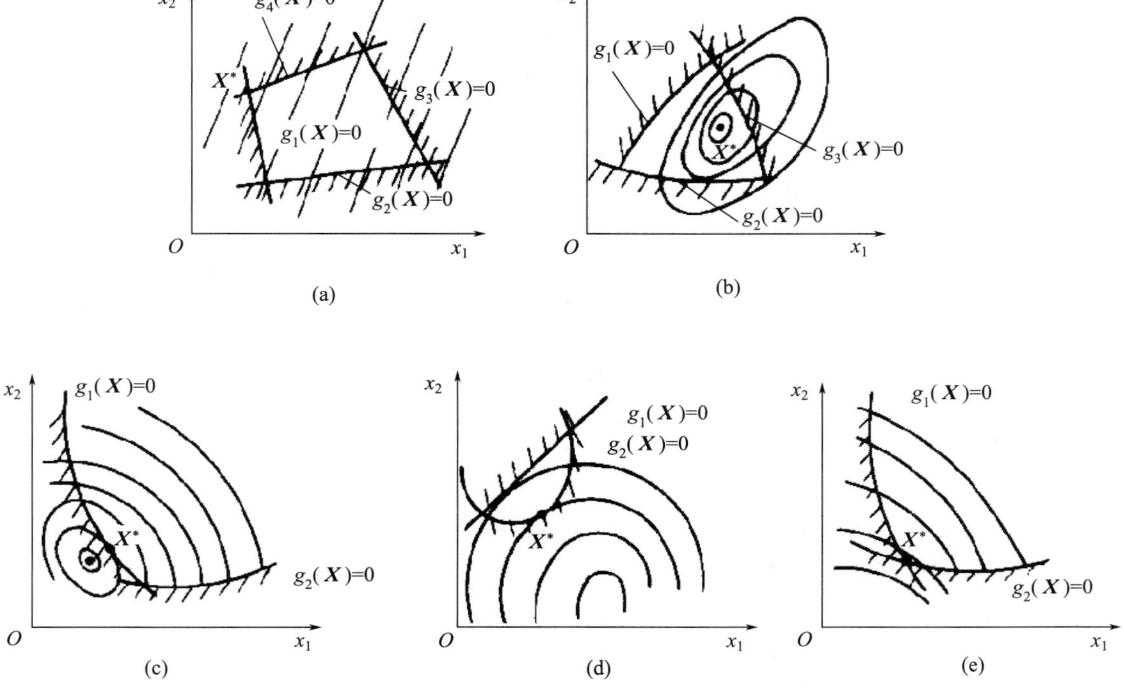

图 1-6　极值点所处位置不同的情况

第三节　优化问题的基本解法

一、最优化问题的图解法

对简单的二维问题可以用作图的方法，在设计平面中画出约束可行域和目标函数的一族等值线，并根据等值线与可行域的关系确定出最优点的位置进而得到问题的近似最优解。

图解法的步骤如下：

(1) 确定设计空间。

(2) 画出有约束边界围成的约束可行域。

(3) 做出 1~2 条目标函数等值线，并判断目标函数的下降方向。

(4) 判断并确定最优点。

例 1-4　求解二维问题。

$$\min F(\boldsymbol{X})=(x_1-2)^2+(x_2-2)^2$$

$$\text{s. t.}\begin{cases}g_1(\boldsymbol{X})=x_1\geqslant 0\\ g_2(\boldsymbol{X})=x_2\geqslant 0\\ g_3(\boldsymbol{X})=-x_1^2-x_2^2+4\geqslant 0\\ h(\boldsymbol{X})=x_2-0.5x_1=0\end{cases}$$

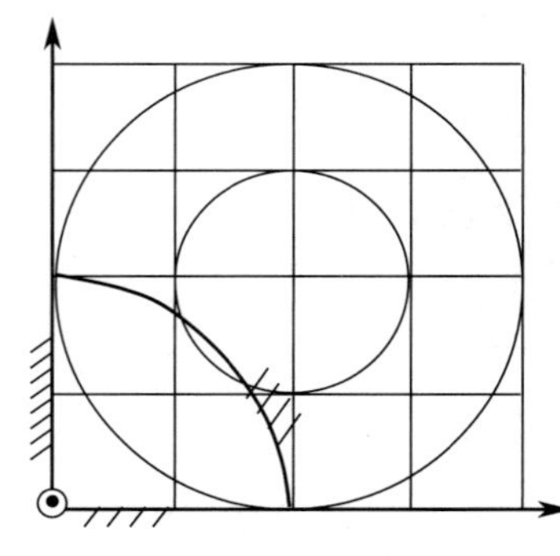

图 1-7　例题图解

解：目标函数等值线和约束可行域如图 1-7 所示。

(1) 无约束最优解。

$$\boldsymbol{X}_1^*=[2\quad 2]^{\mathrm{T}}$$

$$F_1^*=0$$

(2) 不等式约束最优解。

$$\boldsymbol{X}_2^*=[\sqrt{2}\quad \sqrt{2}]^{\mathrm{T}}$$

$$F_2^*=2(\sqrt{2}-2)^2=0.68629$$

(3) 加入等式约束时的最优解。

$$\boldsymbol{X}_3^*=[0.8\sqrt{5}\quad 0.4\sqrt{5}]^{\mathrm{T}}$$

$$F_3^*=1.2669$$

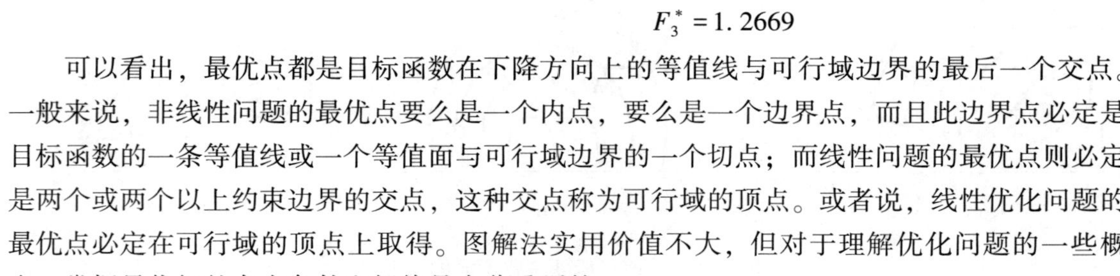

可以看出，最优点都是目标函数在下降方向上的等值线与可行域边界的最后一个交点。一般来说，非线性问题的最优点要么是一个内点，要么是一个边界点，而且此边界点必定是目标函数的一条等值线或一个等值面与可行域边界的一个切点；而线性问题的最优点则必定是两个或两个以上约束边界的交点，这种交点称为可行域的顶点。或者说，线性优化问题的最优点必定在可行域的顶点上取得。图解法实用价值不大，但对于理解优化问题的一些概念、掌握最优解的存在条件和规律是十分重要的。

二、最优化问题的下降迭代解法

（一）数值迭代的原则

从原理上讲，优化的实质就是求极小值的数学问题。但这类特殊问题是用古典的微分法、变分法是无法解决的。优化是借助计算机高速运算的能力，采用数值迭代来逐步搜索最优值，如图 1-8 所示。其有以下特点。

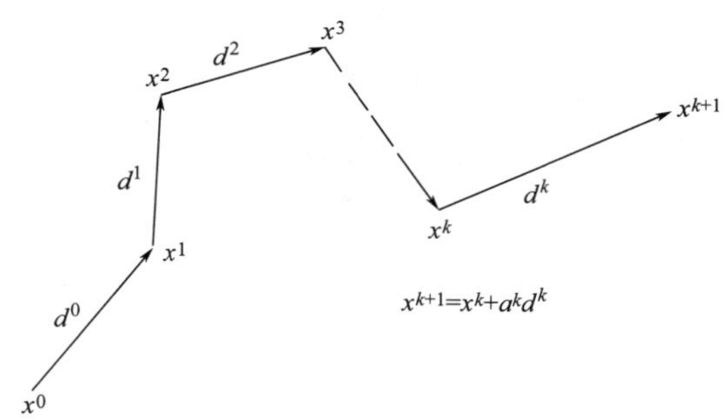

图 1-8　寻求极值点的搜索过程

（1）选择一个初始迭代点 $\boldsymbol{X}^0$，从它出发，按一定的计算原则寻找使目标函数值下降的设计点 $\boldsymbol{X}^1$，有 $F(\boldsymbol{X}^1)\leqslant F(\boldsymbol{X}^0)$。

（2）从新点 $\boldsymbol{X}^1$ 出发，用相同的方法求解 $\boldsymbol{X}^2$ 点，使 $F(\boldsymbol{X}^2)\leqslant F(\boldsymbol{X}^1)$。反复进行计算，可以求出第 k 个迭代点 $\boldsymbol{X}^k$。

（3）当计算迭代时间足够长时，便有 $\lim \boldsymbol{X}^k\to\boldsymbol{X}^*$。

其迭代公式写成：　$\boldsymbol{X}^{k+1}=\boldsymbol{X}^k+\alpha_k\boldsymbol{d}^k$

迭代的核心一是建立搜索方向 $\boldsymbol{d}^k$；二是计算最佳步长 α_k。

例如：当 $\boldsymbol{X}^0=\begin{bmatrix}1\\1\end{bmatrix}$，$\boldsymbol{d}^0=\begin{bmatrix}2\\-1\end{bmatrix}$，$\alpha_0=3\Rightarrow\boldsymbol{X}^1=\begin{bmatrix}1\\1\end{bmatrix}+3\begin{bmatrix}2\\-1\end{bmatrix}=\begin{bmatrix}7\\-2\end{bmatrix}$

（二）终止迭代条件

对于一个待解的优化设计数学模型，其理论上的最优点 $\boldsymbol{X}^*$ 在可行域的确切值事先并不知道，而且求解的数值迭代过程也不能总是无限制的进行。那么如何才能在有限的数值迭代运算中，获得满足一定精度要求的最优解呢？这正是终止条件所要完成的工作。

在数值迭代运算中，已得到了一系列迭代点 $\boldsymbol{X}^0$，$\boldsymbol{X}^1$，…，$\boldsymbol{X}^k$。那么是否能从这些已知的信息中，来判断是否已获得满足精度 ε 要求的最优点呢？回答是肯定的。一般采用以下三种迭代终止准则。

1. 点距准则

当 $\|\boldsymbol{X}^{k+1}-\boldsymbol{X}^k\|\leqslant\varepsilon_1$ 或 $\sqrt{\sum\limits_{i=1}^{n}(X_i^{k+1}-X_i^k)^2}\leqslant\varepsilon_1$，则 $\boldsymbol{X}^*\approx\boldsymbol{X}^{k+1}$

例如：$\boldsymbol{X}_1=\begin{bmatrix}3\\5\end{bmatrix}$，$\boldsymbol{X}_2=\begin{bmatrix}2\\1\end{bmatrix}$，则 $\|\boldsymbol{X}_2-\boldsymbol{X}_1\|=\sqrt{(2-3)^2+(1-5)^2}=\sqrt{17}$

2. 目标函数下降量准则

（1）相对下降量准则。

当 $\left|\frac{F(\boldsymbol{X}^{k+1})-F(\boldsymbol{X}^{k})}{F(\boldsymbol{X}^{k})}\right| \leqslant \varepsilon$，则 $\boldsymbol{X}^{*} \approx \boldsymbol{X}^{k+1}$ （适用于 $|F(\boldsymbol{X}^{k+1})| \geqslant 1$）

（2）绝对下降量准则。

当 $|F(\boldsymbol{X}^{k+1})-F(\boldsymbol{X}^{k})| \leqslant \varepsilon$，则 $\boldsymbol{X}^{*} \approx \boldsymbol{X}^{k+1}$ （适用于 $|F(\boldsymbol{X}^{k+1})| < 1$）

3. 梯度准则

$\nabla F(\boldsymbol{X}) = \left[\frac{\partial F}{\partial x_1} \quad \frac{\partial F}{\partial x_2} \quad \cdots \quad \frac{\partial F}{\partial x_n}\right]^{\mathrm{T}}$，当 $\|\nabla F(\boldsymbol{X}^{k+1})\| \leqslant \varepsilon$，则 $\boldsymbol{X}^{*} \approx \boldsymbol{X}^{k+1}$

采用哪种收敛准则，可视具体问题而定。在给定精度 ε 时，求解所需的数值迭代运算的长短，主要取决于数学模型的性态和所用的优化方法。如果在实际计算中，若经大量的迭代仍不能满足终止迭代条件，应检查原因，适当调节精度要求。

三、最优化问题的分类

常规优化问题可以分为四大类型。

1. 线性优化

若 $F(\boldsymbol{X})$，$g_i(\boldsymbol{X})$，$h_i(\boldsymbol{X})$ 都是 $\boldsymbol{X}$ 线性函数，则优化问题称为线性优化问题，简写为 LP。

2. 二次规化

在优化数学模型中，若 $g_i(\boldsymbol{X})$，$h_i(\boldsymbol{X})$ 都是 $\boldsymbol{X}$ 线性函数，而 $F(\boldsymbol{X})$ 是 $\boldsymbol{X}$ 的二次函数，则优化问题称为二次规化问题，简写为 QP。

3. 非线性优化

在优化数学模型中，若 $F(\boldsymbol{X})$，$g_i(\boldsymbol{X})$，$h_i(\boldsymbol{X})$ 中至少有一个是 $\boldsymbol{X}$ 的非线性函数，则优化问题称为非线性优化问题，简写为 NLP。一般的非线性优化问题可分为无约束优化问题和约束优化问题两类。

4. 多目标优化

在优化数学模型中，若目标函数 $F(\boldsymbol{X})=[f_1(\boldsymbol{X}), f_2(\boldsymbol{X}), \cdots, f_p(\boldsymbol{X})]^{\mathrm{T}}$，$p \geqslant 2$，则优化问题称为多目标优化问题。

四、机械优化的主要步骤

机械优化设计所包含的主要步骤一般是：

（1）确定所研究问题的范围。

（2）建立反映实际情况的数学模型。

（3）选用适当的优化方法。

（4）编写计算机程序并进行计算。

（5）分析计算结果。

习题

1. 一块长 50cm 宽 30cm 的钢板，四个角减去相等的小正方形后，做成无盖长方铁盒，求减去小正方形的边长为多少，使铁盒容积最大。

2. 已知 $\boldsymbol{X}^k=[3,\ 4]^{\mathrm{T}}$，$\boldsymbol{d}^k=[2,\ 3]^{\mathrm{T}}$，$\alpha=0.6$。计算，并作图说明从 $\boldsymbol{X}^k$ 修改成 $\boldsymbol{X}^{k+1}$ 的过程。

3. 用作图法求 x_1、x_2，使目标函数 $F(\boldsymbol{X})=x_1^2+x_2^2-4x_1-2x_2+5$ 最大和最小，并满足：

$$\text{s. t.}\begin{cases}g_1(\boldsymbol{X})=x_1+x_2-4\leqslant 0;\\ g_2(\boldsymbol{X})=2x_2-x_1-2\leqslant 0;\\ g_3(\boldsymbol{X})=x_1\geqslant 0;\\ g_4(\boldsymbol{X})\geqslant 0\end{cases}$$

第二章　优化设计的数学基础

机械优化问题一般是非线性规划问题，实质上是多元非线性函数的极小化问题。机械优化设计是建立在多元函数的极值理论基础上的。无约束优化问题就是数学上的无条件极值问题，很少涉及优化设计中经常出现的不等式条件极值。为了便于学习以后各章所列举的优化方法，有必要先对极值理论作概略性的研究。本章重点讨论等式约束优化问题的极值条件和不等式约束优化问题的极值条件。

第一节　多元函数的主要概念

一、方向导数

定义：函数沿指定方向 $\boldsymbol{d}$ 的平均变化率的极限。

导数作为描述函数变化率的数学量，在优化理论中具有重要地位。一元函数在点 x_k 的导数 $f'(x_k)$ 表示函数在该点的变化率。一阶导数大于 0，说明函数在这一点随 x 的增大而增大；一阶导数小于 0，说明函数在这一点随 x 的增大而下降。一阶导数等于 0 的点，称为函数的驻点。一元函数的极值往往在驻点取得。

如图 2-1 所示，一个二元函数 $f(x_1, x_2)$ 在 $\boldsymbol{X}_0(x_{10}, x_{20})$ 的偏导数是：

$$\left.\frac{\partial f}{\partial x_1}\right|_{\boldsymbol{X}_0}=\lim_{\Delta x_1\to 0}\frac{f(x_{10}+\Delta x_1, x_{20})-f(x_{10}, x_{20})}{\Delta x_1}$$

$$\left.\frac{\partial f}{\partial x_2}\right|_{\boldsymbol{X}_0}=\lim_{\Delta x_2\to 0}\frac{f(x_{10}, x_{20}+\Delta x_2)-f(x_{10}, x_{20})}{\Delta x_2}$$

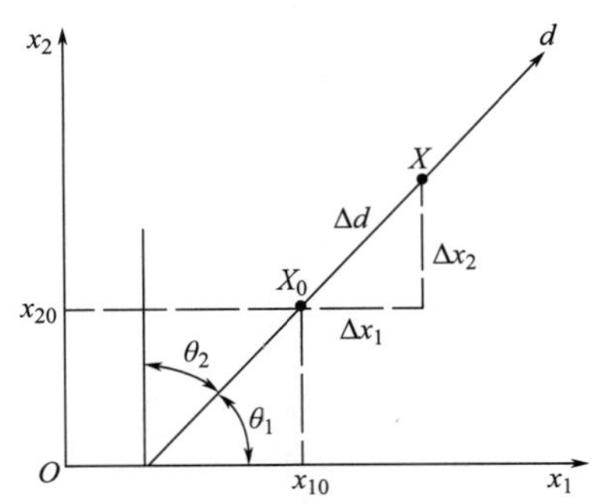

图 2-1　二维空间中的方向

$\left.\frac{\partial f}{\partial x_1}\right|_{X_0}$ 和 $\left.\frac{\partial f}{\partial x_2}\right|_{X_0}$ 分别是 $f(x_1, x_2)$ 在 X_0 处沿坐标轴 x_1，x_2 方向的变化率。因此，沿 $\boldsymbol{d}$ 方向的变化率是：

$$\left.\frac{\partial f}{\partial \boldsymbol{d}}\right|_{X_0}=\lim_{\Delta d\to 0}\frac{f(x_{10}+\Delta x_1,\ x_{20}+\Delta x_2)-f(x_{10},\ x_{20})}{\Delta \boldsymbol{d}}$$

二、方向余弦

定义：$\boldsymbol{d}$ 方向与坐标轴 x_i 方向之间的夹角的余弦。有：

$$\cos\theta_i=\frac{\Delta x_i}{\Delta \boldsymbol{d}},\ i=1,\ 2,\ \cdots,\ n$$

图 2-2 是二维空间的方向余弦，图 2-3 是三维空间的方向余弦。

对于图 2-2，$\because\ \Delta x_1^2+\Delta x_2^2=\boldsymbol{d}^2\Rightarrow\cos^2\theta_1+\cos^2\theta_2=1$。

同理，对于多元函数有 $\sum\limits_{i=1}^{n}\cos^2\theta_i=1$。

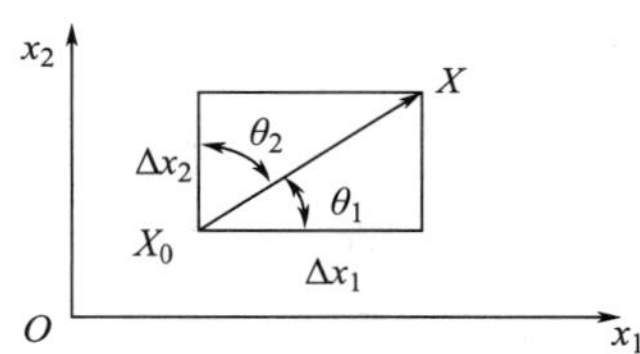

图 2-2　二维空间方向余弦

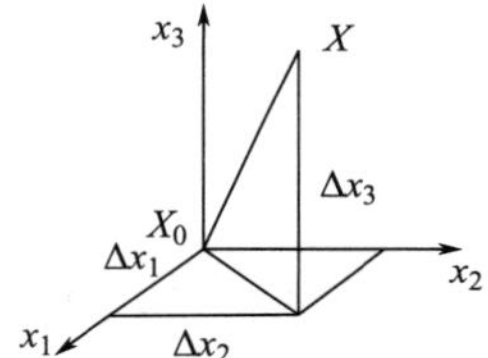

图 2-3　三维空间方向余弦

三、方向导数与偏导数的关系

以二元函数为例：

$$\begin{aligned}\left.\frac{\partial f}{\partial \boldsymbol{d}}\right|_{X_0}&=\lim_{\Delta d\to 0}\frac{f(x_{10}+\Delta x_1,x_{20}+\Delta x_2)-f(x_{10},x_{20})}{\Delta \boldsymbol{d}}\\&=\lim_{\Delta d\to 0}\frac{f(x_{10}+\Delta x_1,x_{20})-f(x_{10},x_{20})}{\Delta x_1}\frac{\Delta x_1}{\Delta \boldsymbol{d}}\\&+\lim_{\Delta d\to 0}\frac{f(x_{10}+\Delta x_1,x_{20}+\Delta x_2)-f(x_{10}+\Delta x_1,x_{20})}{\Delta x_2}\frac{\Delta x_2}{\Delta \boldsymbol{d}}\\&=\left.\frac{\partial f}{\partial x_1}\right|_{x_0}\cos\theta_1+\left.\frac{\partial f}{\partial x_2}\right|_{x_0}\cos\theta_2\end{aligned}$$

当 $\theta_1=0$ 和 $\theta_2=\pi/2$ 时，方向导数分别为 $\frac{\partial f}{\partial \boldsymbol{d}}=\frac{\partial f}{\partial x_1}$ 和 $\frac{\partial f}{\partial \boldsymbol{d}}=\frac{\partial f}{\partial x_2}$。即为偏导数。

类似的，n 元函数 $f(x_1, x_2, \cdots, x_n)$ 在 X_0 沿 $\boldsymbol{d}$ 方向的方向导数：

$$\left.\frac{\partial f}{\partial \boldsymbol{d}}\right|_{X_0}=\sum_{i=1}^{n}\left.\frac{\partial f}{\partial x_i}\right|_{X_0}\cos\theta_i$$

式中，$\left.\frac{\partial f}{\partial x_i}\right|_{X_0}$ 为函数对各个图 2-3 是三维空间的方向余弦坐标轴的偏导数；$\cos\theta_i$ 为 $\boldsymbol{d}$ 对各坐标轴方向余弦。

方向导数表明函数沿某方向的变化率，它是一个标量。当其值为正时，函数值增加；当其值为负时，函数值减小。

四、梯度

定义：方向导数变化最大的方向。

以二元函数为例，其方向导数为：

$$\left.\frac{\partial f}{\partial \boldsymbol{d}}\right|_{X_0}=\left.\frac{\partial f}{\partial x_1}\right|_{X_0}\cos\theta_1+\left.\frac{\partial f}{\partial x_2}\right|_{X_0}\cos\theta_2$$

写成矩阵形式：

$$\left.\frac{\partial f}{\partial d}\right|_{X_0}=\begin{bmatrix}\frac{\partial f}{\partial x_1} & \frac{\partial f}{\partial x_2}\end{bmatrix}_{X_0}\begin{bmatrix}\cos\theta_1\\ \cos\theta_2\end{bmatrix}$$

式中，$\begin{bmatrix}\cos\theta_1\\ \cos\theta_2\end{bmatrix}$为 $\boldsymbol{d}$ 方向的单位向量。$\begin{bmatrix}\frac{\partial f}{\partial x_1} & \frac{\partial f}{\partial x_2}\end{bmatrix}^{\mathrm{T}}$ 也是一个向量，称为 $f(\boldsymbol{X})$ 在 $\boldsymbol{X}_0$ 的梯度。它与方向 $\boldsymbol{d}$ 无关。记作：

$$\nabla F(\boldsymbol{X}_0)=\begin{bmatrix}\frac{\partial f}{\partial x_1}\\ \frac{\partial f}{\partial x_2}\end{bmatrix}_{X_0}=\begin{bmatrix}\frac{\partial f}{\partial x_1} & \frac{\partial f}{\partial x_2}\end{bmatrix}^{\mathrm{T}}_{X_0}$$

因此，可将方向导数改写为：

$$\left.\frac{\partial f}{\partial \boldsymbol{d}}\right|_{X_0}=[\nabla f(\boldsymbol{X}_0)]^{\mathrm{T}}\boldsymbol{d}=\|\nabla f(\boldsymbol{X}_0)\|\ \|\boldsymbol{d}\|\cos(\nabla f,\boldsymbol{d})$$

式中，$\|\nabla f(\boldsymbol{X}_0)\|$ 和 $\|\boldsymbol{d}\|$ 分别为向量$\nabla f(\boldsymbol{X}_0)$ 和 $\boldsymbol{d}$ 的模，(∇f, $\boldsymbol{d}$) 为两向量$\nabla f(\boldsymbol{X}_0)$ 和 $\boldsymbol{d}$ 的夹角。

梯度的模为：

$$\|\nabla f(\boldsymbol{X})\|=\sqrt{\left(\frac{\partial f}{\partial x_1}\right)^2+\left(\frac{\partial f}{\partial x_2}\right)^2}$$

将二元函数的梯度推广到 n 维函数的梯度：

$$\nabla F(\boldsymbol{X}_0)=\begin{bmatrix}\frac{\partial f}{\partial x_1} & \frac{\partial f}{\partial x_2} & \cdots & \frac{\partial f}{\partial x_n}\end{bmatrix}^{\mathrm{T}}_{X_0}$$

梯度的模为：

$$\|\nabla f(\boldsymbol{X})\|=\sqrt{\sum_{i=1}^{n}\left(\frac{\partial f}{\partial x_i}\right)^2}$$

梯度的意义：当∇f 与 $\boldsymbol{d}$ 同向时，方向导数为最大$\frac{\partial f}{\partial \boldsymbol{d}}=\|f(\boldsymbol{X})\|$，沿此方向函数值增加最快。反向时，函数值下降最快。垂直时，方向导数为零，沿此方向，函数值不变。

图 2-4 为梯度方向与等值线的关系，可得出如下结论：

（1）方向导数是梯度在指定方向上的投影。

（2）最速下降方向为等值线（面）的法线方向。

（3）梯度的模是最大的方向导数，负梯度方向是函数的最速下降方向。

（4）在与梯度垂直的方向（等值线的切线方向）上，函数的变化率为零。

（5）与梯度方向成锐角的方向，函数值增加；成钝角的方向，函数值减小。

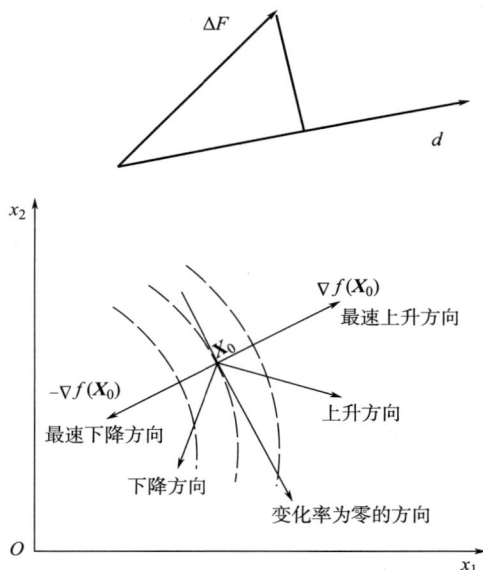

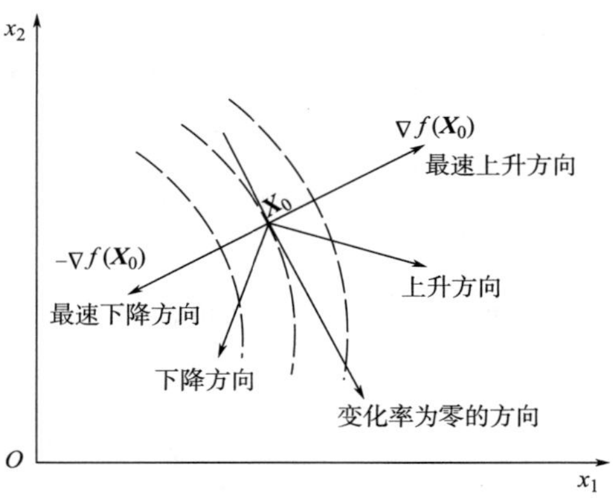

图 2-4　梯度方向与等值线的关系

知识补充

（1）两个矩阵可以相乘的必要条件是前一个矩阵［$\boldsymbol{A}$］的列数等于后一矩阵［$\boldsymbol{B}$］的行数。即若［$\boldsymbol{A}$］是 $p\times m$ 阶，［$\boldsymbol{B}$］是 $n\times q$，可以相乘的条件是 $m=n$。相乘结果［$\boldsymbol{C}$］是 $p\times q$ 阶矩阵，其元素 $C_{ij}=\sum\limits_{r=1}^{m}a_{ir}b_{rj}$。

比如 $[\boldsymbol{A}]=\begin{bmatrix}2 & 1 & -3\\0 & 2 & -2\\-1 & -1 & 3\\2 & 0 & 1\end{bmatrix}$ 和 $[\boldsymbol{B}]=\begin{bmatrix}3 & 0\\2 & 4\\2 & -1\end{bmatrix}$，那么，

$$[\boldsymbol{A}][\boldsymbol{B}]=\begin{bmatrix}2\times3+1\times2+(-3)\times2 & 2\times0+1\times4+(-3)\times(-1)\\0\times3+2\times2+(-2)\times2 & 0\times0+2\times4+(-2)\times(-1)\\(-1)\times3+(-1)\times2+3\times2 & (-1)\times0+(-1)\times4+3\times(-1)\\2\times3+0\times2+1\times2 & 2\times0+0\times4+1\times(-1)\end{bmatrix}=\begin{bmatrix}2 & 7\\0 & 10\\1 & -7\\8 & -1\end{bmatrix}$$

（2）矩阵的乘积不符合交换率。

（3）在线性代数中将二次齐次函数称作二次型。其矩阵形式为：

$$f(\boldsymbol{X})=\boldsymbol{X}^{\mathrm{T}}\boldsymbol{G}\boldsymbol{X}$$

式中，$\boldsymbol{G}$ 是对称矩阵。

如果对任何 $\{\boldsymbol{X}\}\neq0$ 的向量都有 $f(\boldsymbol{X})>0$，则称 f 为正定二次型，并称对称矩阵 $\boldsymbol{G}$ 正定。

对称矩阵 $\boldsymbol{G}$ 为正定的充要条件是 $\boldsymbol{G}$ 的各阶主子式都为正。

$$a_{11}>0,\quad \begin{vmatrix}a_{11} & a_{12}\\a_{21} & a_{22}\end{vmatrix}>0,\ \cdots,\quad \begin{vmatrix}a_{11} & a_{12} & \cdots & a_{1n}\\a_{21} & a_{22} & \cdots & a_{2n}\\\vdots & \vdots & \cdots & \vdots\\a_{n1} & a_{n2} & \cdots & a_{nn}\end{vmatrix}>0$$

例 2-1　求二元函数 $f(x_1,\ x_2)=x_1^2+x_2^2-4x_1-2x_2+5$ 在 $\boldsymbol{X}_0=[0\quad 0]^{\mathrm{T}}$ 处函数变化率最大的

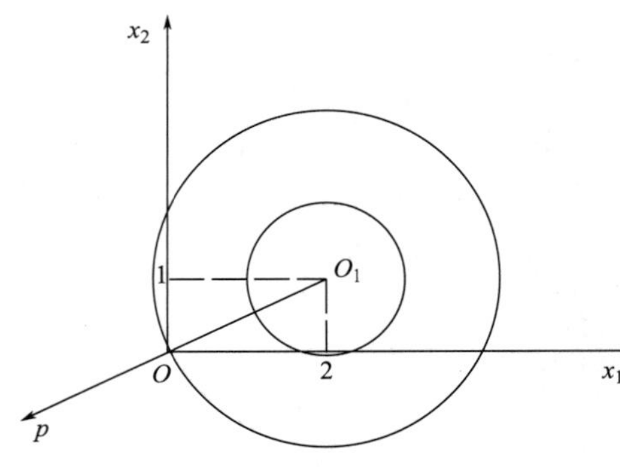

图 2-5　梯度计算示例

方向和数值。

解：如图 2-5 所示，函数变化率最大的方向是梯度方向。

$$\nabla f(\boldsymbol{X}_0)=\begin{bmatrix}\dfrac{\partial f}{\partial x_1}\\\dfrac{\partial f}{\partial x_2}\end{bmatrix}_{\boldsymbol{X}_0}=\begin{bmatrix}2x_1-4\\2x_2-2\end{bmatrix}_{\boldsymbol{X}_0}=\begin{bmatrix}-4\\-2\end{bmatrix}$$

$$\|\nabla f(\boldsymbol{X}_0)\|=\sqrt{\left(\frac{\partial f}{\partial x_1}\right)^2+\left(\frac{\partial f}{\partial x_2}\right)^2}$$

$$=\sqrt{(-4)^2+(-2)^2}=2\sqrt{5}$$

将梯度变换为单位向量，有：

$$\boldsymbol{p}=\frac{\nabla f(\boldsymbol{X}_0)}{\|\nabla f(\boldsymbol{X}_0)\|}=\frac{\begin{bmatrix}-4\\-2\end{bmatrix}}{2\sqrt{5}}=\begin{bmatrix}-\dfrac{2}{\sqrt{5}}\\-\dfrac{1}{\sqrt{5}}\end{bmatrix}$$

从图中看出，在 $\boldsymbol{X}_0$ 点函数变化率最大的方向 $\boldsymbol{p}$ 即为等值线的法线方向，也就是同心圆的半径方向。

例 2-2　一般二元二次函数的矩阵式为 $f(\boldsymbol{X})=\frac{1}{2}\boldsymbol{X}^{\mathrm{T}}\boldsymbol{A}\boldsymbol{X}+\boldsymbol{B}^{\mathrm{T}}\boldsymbol{X}+c$，其中，

$\boldsymbol{A}=\begin{bmatrix}a_{11}&a_{12}\\a_{21}&a_{22}\end{bmatrix}$　$\boldsymbol{B}=\begin{bmatrix}b_1\\b_2\end{bmatrix}$　$\boldsymbol{X}=\begin{bmatrix}x_1\\x_2\end{bmatrix}$。$c$ 为常数，求梯度 $\nabla f(\boldsymbol{X})$。

解：将二元二次函数的矩阵式展开：

$$f(\boldsymbol{X})=\frac{1}{2}(a_{11}x_1^2+a_{12}x_1x_2+a_{21}x_1x_2+a_{22}x_2^2)+b_1x_1+b_2x_2+c$$

于是梯度：

$$\nabla f(\boldsymbol{X})=\begin{bmatrix}\dfrac{\partial f(\boldsymbol{X})}{\partial x_1}\\\dfrac{\partial f(\boldsymbol{X})}{\partial x_2}\end{bmatrix}=\begin{bmatrix}a_{11}x_1+a_{12}x_2+b_1\\a_{21}x_1+a_{22}x_2+b_2\end{bmatrix}=\begin{bmatrix}a_{11}&a_{12}\\a_{21}&a_{22}\end{bmatrix}\begin{bmatrix}x_1\\x_2\end{bmatrix}+\begin{bmatrix}b_1\\b_2\end{bmatrix}$$

即：

$$\nabla f(\boldsymbol{X})=\boldsymbol{A}\boldsymbol{X}+\boldsymbol{B}$$

可以推广，对于 n 元函数 $f(\boldsymbol{X})=\frac{1}{2}\boldsymbol{X}^{\mathrm{T}}\boldsymbol{A}\boldsymbol{X}+\boldsymbol{B}^{\mathrm{T}}\boldsymbol{X}+c$，其中：

$$\boldsymbol{A}=\begin{bmatrix}a_{11}&a_{12}&\cdots&a_{1n}\\a_{21}&a_{22}&\cdots&a_{1n}\\\vdots&\vdots&\cdots&\vdots\\a_{n1}&a_{n2}&\cdots&a_{nn}\end{bmatrix}\quad\boldsymbol{B}=\begin{bmatrix}b_1\\b_2\\\vdots\\b_n\end{bmatrix}\quad\boldsymbol{X}=\begin{bmatrix}x_1\\x_2\\\vdots\\x_n\end{bmatrix}$$

梯度：

$$\nabla f(\boldsymbol{X})=\boldsymbol{A}\boldsymbol{X}+\boldsymbol{B}$$

第二节　函数的泰勒展开

函数的泰勒（Taylor）公式展开在优化方法中十分重要，许多方法及其收敛性证明都是从它出发的。

一、一元函数的泰勒展开

$$f(x)=f(x_0)+f'(x_0)(x-x_0)+\frac{1}{2}f''(x_0)(x-x_0)^2+\cdots+\frac{1}{n!}f^{(n)}(x_0)(x-x_0)^n+R_n$$

研究函数的极值问题，主要研究函数在极值点附近的变化形态。在实际计算中，常取前三项（二次函数）来近似原函数：

$$f(x)\approx f(x_0)+f'(x_0)\Delta x+\frac{1}{2}f''(x_0)\Delta x^2$$

式中，$\Delta x=x-x_0$

二、二元函数的泰勒展开

$$f(x_1,\ x_2)=f(x_{10},\ x_{20})+\left.\frac{\partial f}{\partial x_1}\right|_{X_0}\Delta x_1+\left.\frac{\partial f}{\partial x_2}\right|_{X_0}\Delta x_2$$
$$+\frac{1}{2}\left[\left.\frac{\partial^2 f}{\partial {x_1}^2}\right|_{X_0}\Delta x_1^2+2\left.\frac{\partial^2 f}{\partial x_1\partial x_2}\right|_{X_0}\Delta x_1\Delta x_2+\left.\frac{\partial^2 f}{\partial {x_2}^2}\right|_{X_0}\Delta x_2^2\right]+\cdots$$

写成矩阵形式：

$$f(\boldsymbol{X})=f(\boldsymbol{X}_0)+\begin{bmatrix}\frac{\partial f}{\partial x_1} & \frac{\partial f}{\partial x_2}\end{bmatrix}_{X_0}\begin{bmatrix}\Delta x_1\\ \Delta x_2\end{bmatrix}+\frac{1}{2}[\Delta x_1\quad \Delta x_2]\begin{bmatrix}\frac{\partial^2 f}{\partial {x_1}^2} & \frac{\partial^2 f}{\partial x_1\partial x_2}\\ \frac{\partial^2 f}{\partial x_2\partial x_1} & \frac{\partial^2 f}{\partial {x_2}^2}\end{bmatrix}\begin{bmatrix}\Delta x_1\\ \Delta x_2\end{bmatrix}+\cdots$$
$$=f(\boldsymbol{X}_0)+\nabla f(\boldsymbol{X}_0)^{\mathrm{T}}\Delta\boldsymbol{X}+\Delta\boldsymbol{X}^{\mathrm{T}}\boldsymbol{G}(\boldsymbol{X}_0)\Delta\boldsymbol{X}+\cdots$$

$$\boldsymbol{G}(\boldsymbol{X}_0)=\begin{bmatrix}\frac{\partial^2 f}{\partial {x_1}^2} & \frac{\partial^2 f}{\partial x_1\partial x_2}\\ \frac{\partial^2 f}{\partial x_2\partial x_1} & \frac{\partial^2 f}{\partial {x_2}^2}\end{bmatrix},\quad \Delta\boldsymbol{X}=\begin{bmatrix}\Delta x_1\\ \Delta x_2\end{bmatrix}$$

式中，$\boldsymbol{G}(\boldsymbol{X}_0)$ 为函数 $f(x_1,\ x_2)$ 在 $\boldsymbol{X}_0$ 处的海赛（Hessian）矩阵。

三、多元函数的泰勒展开

$$f(\boldsymbol{X})=f(\boldsymbol{X}_0)+\nabla f(\boldsymbol{X}_0)^{\mathrm{T}}\Delta\boldsymbol{X}+\frac{1}{2}\Delta\boldsymbol{X}^{\mathrm{T}}\boldsymbol{G}(\boldsymbol{X}_0)\Delta\boldsymbol{X}+\cdots$$

其中：

$\nabla f(\boldsymbol{X}_0)=\begin{bmatrix}\dfrac{\partial f}{\partial x_1} & \dfrac{\partial f}{\partial x_2} & \cdots & \dfrac{\partial f}{\partial x_n}\end{bmatrix}_{\boldsymbol{X}_0}^{\mathrm{T}}$ 是函数 $f(\boldsymbol{X}_0)$ 在 $\boldsymbol{X}_0$ 处的梯度；

$\boldsymbol{G}(\boldsymbol{X}_0)=\begin{bmatrix}\dfrac{\partial^2 f}{\partial x_1^2} & \dfrac{\partial^2 f}{\partial x_1\partial x_2} & \cdots & \dfrac{\partial^2 f}{\partial x_1\partial x_n}\\ \dfrac{\partial^2 f}{\partial x_2\partial x_1} & \dfrac{\partial^2 f}{\partial x_2^2} & \cdots & \dfrac{\partial^2 f}{\partial x_2\partial x_n}\\ \vdots & \vdots & \vdots & \vdots\\ \dfrac{\partial^2 f}{\partial x_n\partial x_1} & \dfrac{\partial^2 f}{\partial x_n\partial x_2} & \cdots & \dfrac{\partial^2 f}{\partial x_n^2}\end{bmatrix}$ 称为海赛（Hessian）矩阵。

例 2-3　求二元函数 $f(x_1,\ x_2)=x_1^2+x_2^2-4x_1-2x_2+5$ 在 $\boldsymbol{X}_0=\begin{bmatrix}x_{10}\\x_{20}\end{bmatrix}=\begin{bmatrix}2\\1\end{bmatrix}$ 点处的二阶泰勒展开式。

解：二阶泰勒展开式如下：

$$f(x_1,x_2)\approx f(x_{10},x_{20})+\nabla f(\boldsymbol{X}_0)^{\mathrm{T}}(\boldsymbol{X}-\boldsymbol{X}_0)+\frac{1}{2}(\boldsymbol{X}-\boldsymbol{X}_0)^{\mathrm{T}}\boldsymbol{G}(\boldsymbol{X}_0)(\boldsymbol{X}-\boldsymbol{X}_0)$$

将 $\boldsymbol{X}_0$ 的具体数值代入，有：

$$f(x_{10},\ x_{20})=0$$

$$\nabla f(\boldsymbol{X}_0)=\begin{bmatrix}\dfrac{\partial f}{\partial x_1}\\ \dfrac{\partial f}{\partial x_2}\end{bmatrix}_{\boldsymbol{X}_0}=\begin{bmatrix}2x_1-4\\2x_2-2\end{bmatrix}_{\boldsymbol{X}_0}=\begin{bmatrix}0\\0\end{bmatrix},$$

$$\boldsymbol{G}(\boldsymbol{X}_0)=\begin{bmatrix}\dfrac{\partial^2 f}{\partial x_1^2} & \dfrac{\partial^2 f}{\partial x_1\partial x_2}\\ \dfrac{\partial^2 f}{\partial x_2\partial x_1} & \dfrac{\partial^2 f}{\partial x_2^2}\end{bmatrix}=\begin{bmatrix}2 & 0\\0 & 2\end{bmatrix}$$

所以，有：

$$f(x_1,\ x_2)=\frac{1}{2}[x_1-x_{10}\quad x_2-x_{20}]\boldsymbol{G}(\boldsymbol{X}_0)\begin{bmatrix}x_1-x_{10}\\x_2-x_{20}\end{bmatrix}=(x_1-2)^2+(x_2-1)^2$$

此函数的图象是以 $\boldsymbol{X}_0$ 点为顶点的旋转抛物面，函数曲线与等值线如图 2-6 所示。

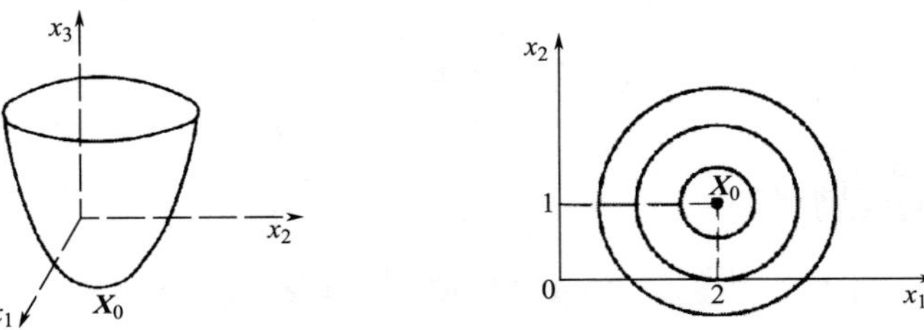

图 2-6　函数图象

若将函数的泰勒展开式只取到线性项，即取：

$$z(\boldsymbol{X})=f(\boldsymbol{X}_0)+\nabla f(\boldsymbol{X}_0)^{\mathrm{T}}(\boldsymbol{X}-\boldsymbol{X}_0)$$

则 $z(\boldsymbol{X})$ 过 $\boldsymbol{X}_0$ 点和函数 $f(\boldsymbol{X})$ 所代表的超曲面相切的切平面。

当将函数的泰勒公式展开式取到二次项时，则得到二次函数形式，优化计算经常把目标函数表示成二次函数，以便使问题的分析得以简化。在线性代数中将二次齐次函数称作二次型，其矩阵形式为：

$$f(\boldsymbol{X})=\boldsymbol{X}^{\mathrm{T}}\boldsymbol{G}\boldsymbol{X}$$

式中，$\boldsymbol{G}$ 为对称矩阵。

在优化计算中，当某点附近的函数值采用泰勒公式展开式做近似表达时，研究该点邻域的极值问题需要分析二次函数是否正定。当对任何非零向量 $\boldsymbol{X}$，使 $f(\boldsymbol{X})=\boldsymbol{X}^{\mathrm{T}}\boldsymbol{G}\boldsymbol{X}>0$，则二次型正定，$\boldsymbol{G}$ 为正定矩阵。

第三节　凸集与凸函数

一、凸集

若任意两点 $\boldsymbol{X}_1$，$\boldsymbol{X}_2\in R$，对于 $\forall\alpha$：$0\leqslant\alpha\leqslant1$，恒有 $\boldsymbol{Y}=\alpha\boldsymbol{X}_1+(1-\alpha)\boldsymbol{X}_2\in R$，则 R 为凸集。

证明：图 2-7 是凸集的定义图形表示，若 $\boldsymbol{Y}$ 是 $\boldsymbol{X}_1$ 和 $\boldsymbol{X}_2$ 连线上的点，则有：

$$\frac{\boldsymbol{X}_2-\boldsymbol{Y}}{\boldsymbol{X}_2-\boldsymbol{X}_1}=\frac{\alpha l}{l}=\alpha$$

整理后即得：

$$\boldsymbol{Y}=\alpha\boldsymbol{X}_1+(1-\alpha)\boldsymbol{X}_2$$

即一个集合内任意两点连线内的任何一点都属于该集合，这个集合为凸集。图 2-8 显示了凸集与非凸集几何图形。

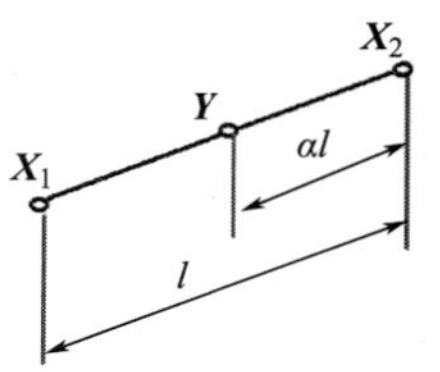

图 2-7　凸集的定义

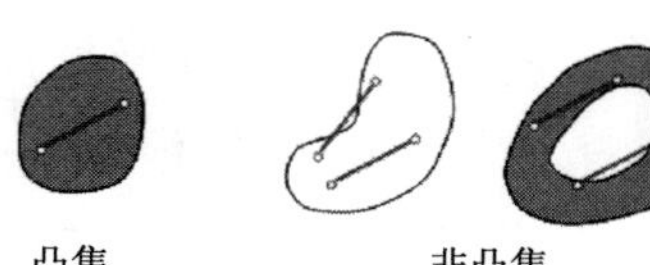

图 2-8　凸集与非凸集

二、凸函数

（一）定义

设 $f(\boldsymbol{X})$ 为定义在 R^n 内一个凸集 D 上的函数，若对于 $\forall\alpha$：$0\leqslant\alpha\leqslant1$ 及 D 上的任意两点 $\boldsymbol{X}_1$，$\boldsymbol{X}_2$，恒有 $f[\alpha\boldsymbol{X}_1+(1-\alpha)\boldsymbol{X}_2]<\alpha f(\boldsymbol{X}_1)+(1-\alpha)f(\boldsymbol{X}_2)$，则 $f(\boldsymbol{X})$ 为定义在 D 上的一个凸函数。

证明：如图 2-9 所示为凸函数的定义图象。

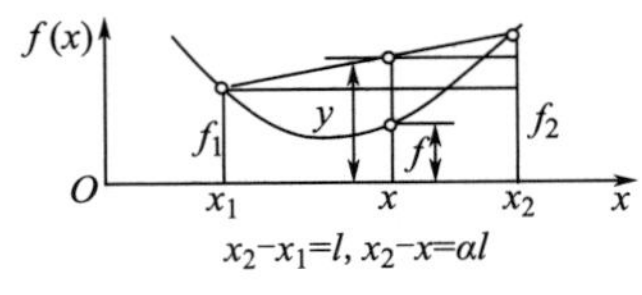

图 2-9 凸函数的定义

根据相似三角形，有：$\dfrac{f_2-y}{f_2-f_1}=\dfrac{\alpha l}{l}=\alpha$

整理后得：$y=\alpha f_1+(1-\alpha)f_2$，即凸函数 $f(\boldsymbol{X})$ 在其凸集定义域内任意两点 $\boldsymbol{X}_1$、$\boldsymbol{X}_2$ 的线段上，函数值小于用 $f(\boldsymbol{X}_1)$ 及 $f(\boldsymbol{X}_2)$ 做线性内插的值。

（二）基本性质

（1）设 $F(\boldsymbol{X})$ 为定义在凸集 R 上的凸函数，λ 为任意正实数，则 $\lambda F(\boldsymbol{X})$ 也是定义在 R 上的凸函数。

证：由定义 $F[\alpha\boldsymbol{X}_1+(1-\alpha)\boldsymbol{X}_2]<\alpha F(\boldsymbol{X}_1)+(1-\alpha)F(\boldsymbol{X}_2)$，两边乘上 λ：

$$\lambda F[\alpha\boldsymbol{X}_1+(1-\alpha)\boldsymbol{X}_2]<\alpha[\lambda F(\boldsymbol{X}_1)]+(1-\alpha)[\lambda F(\boldsymbol{X}_2)]$$

（2）设 $F_1(\boldsymbol{X})$、$F_2(\boldsymbol{X})$ 均为定义在凸集 R 上的凸函数，则 $F_1(\boldsymbol{X})+F_2(\boldsymbol{X})$ 也是定义在 R 上的凸函数。

证：由定义 $F_1[\alpha\boldsymbol{X}_1+(1-\alpha)\boldsymbol{X}_2]<\alpha F_1(\boldsymbol{X}_1)+(1-\alpha)F_1(\boldsymbol{X}_2)$

$$F_2[\alpha\boldsymbol{X}_1+(1-\alpha)\boldsymbol{X}_2]<\alpha F_2(\boldsymbol{X}_1)+(1-\alpha)F_2(\boldsymbol{X}_2)$$

两式相加，整理后可得证。

（3）设 $F_1(\boldsymbol{X})$、$F_2(\boldsymbol{X})$ 均为定义在凸集 R 上的凸函数，λ_1、λ_2 为任意正实数，则 $\lambda_1F_1(\boldsymbol{X})+\lambda_2F_2(\boldsymbol{X})$ 也是定义在 R 上的凸函数。

第四节　最优化问题的极值存在条件

一、无约束问题的极值存在条件

（一）一元函数具有极小值的充要条件

图 2-10 是一元函数极值，有极小值的充要条件是：$f'(x^*)=0$，$f''(x^*)>0$。

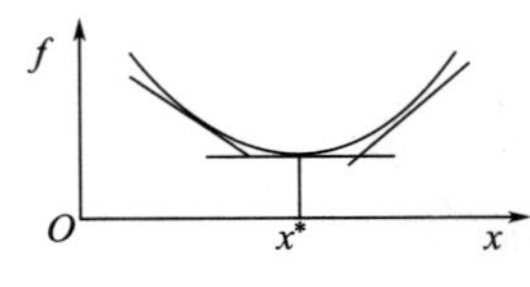

图 2-10　一元函数极值

（二）二元函数具有极小值的充要条件

对于二元函数 $f(x_1, x_2)$，若在 $\boldsymbol{X}_0(x_{10}, x_{20})$ 点处取得极值。

1. 必要条件

$$\left.\frac{\partial f}{\partial x_1}\right|_{X_0}=0,\quad \left.\frac{\partial f}{\partial x_2}\right|_{X_0}=0,\ \text{即}\nabla f(\boldsymbol{X}_0)=0$$

2. 充分条件

$$f(x_1, x_2)=f(x_{10}, x_{20})+\frac{1}{2}\left[\left.\frac{\partial^2 f}{\partial x_1^2}\right|_{X_0}\Delta x_1^2+2\left.\frac{\partial^2 f}{\partial x_1\partial x_2}\right|_{X_0}\Delta x_1\Delta x_2+\left.\frac{\partial^2 f}{\partial x_2^2}\right|_{X_0}\Delta x_2^2\right]+\cdots$$

设 $A=\left.\dfrac{\partial^2 f}{\partial x_1^2}\right|_{X_0}$　$B=\left.\dfrac{\partial^2 f}{\partial x_1\partial x_2}\right|_{X_0}$　$C=\left.\dfrac{\partial^2 f}{\partial x_2^2}\right|_{X_0}$，

则：

$$\begin{aligned}f(x_1, x_2)&=f(x_{10}, x_{20})+\frac{1}{2}[A\Delta x_1^2+2B\Delta x_1\Delta x_2+C\Delta x_2^2]+\cdots\\&=f(x_{10}, x_{20})+\frac{1}{2A}[(A\Delta x_1+B\Delta x_2)^2+(AC-B^2)\Delta x_2^2]+\cdots\end{aligned}$$

若 $\boldsymbol{X}_0$ 是极小点，因此需满足：$f(x_1, x_2)-f(x_{10}, x_{20})>0$

即要求：$$\frac{1}{2A}[(A\Delta x_1+B\Delta x_2)^2+(AC-B^2)\Delta x_2^2]>0$$

或要求 $A>0$，$AC-B^2>0$，也就是海赛矩阵 $\boldsymbol{G}(\boldsymbol{X}_0)$ 的各阶主子式大于0，即海赛矩阵正定。

例 2-4　求函数 $f(x_1, x_2)=x_1^2+x_2^2-4x_1-2x_2+5$ 的极值。

解：根据必要条件求驻点 $\nabla f(\boldsymbol{X})=\begin{bmatrix}\dfrac{\partial f}{\partial x_1}\\ \dfrac{\partial f}{\partial x_2}\end{bmatrix}=\begin{bmatrix}2x_1-4\\ 2x_2-2\end{bmatrix}=0\Rightarrow$ 驻点 $\boldsymbol{X}_0=\begin{bmatrix}2\\ 1\end{bmatrix}$

根据充分条件判断是否为极值点。

$\boldsymbol{G}(\boldsymbol{X}_0)=\begin{bmatrix}\dfrac{\partial^2 f}{\partial x_1^2} & \dfrac{\partial^2 f}{\partial x_1\partial x_2}\\ \dfrac{\partial^2 f}{\partial x_2\partial x_1} & \dfrac{\partial^2 f}{\partial x_2^2}\end{bmatrix}=\begin{bmatrix}2 & 0\\ 0 & 2\end{bmatrix}$，海赛矩阵中1，2阶主子式大于0，所以，$\boldsymbol{X}_0$ 为极小点，$f(\boldsymbol{X}_0)=0$。

（三）多元函数具有极小值的充要条件

$$\nabla F(\boldsymbol{X}^*)=0 \qquad \text{梯度为零向量}$$

$$\nabla^2 F(\boldsymbol{X}^*)>0 \qquad \text{海赛矩阵正定}$$

二、等式约束问题的极值存在条件

$$\min f(\boldsymbol{X})$$

$$\text{约束条件}\quad h_k(\boldsymbol{X})=0 \quad (k=1, 2, \cdots, l)$$

1. 消元法（降维法）

对于 n 维情况：

$$\min f(x_1, x_2, \cdots, x_n)$$

$$\text{约束条件}\quad h_k(x_1, x_2, \cdots, x_n)=0 \quad (k=1, 2, \cdots, l)$$

根据 l 个约束条件，可将 l 个变量用其余 $n-l$ 个变量表示，即有：

$$\begin{aligned}x_1&=\varphi_1(x_{l+1}, x_{l+2}, \cdots, x_n)\\ x_2&=\varphi_2(x_{l+1}, x_{l+2}, \cdots, x_n)\\ &\vdots\qquad\quad \vdots\\ x_l&=\varphi_l(x_{l+1}, x_{l+2}, \cdots, x_n)\end{aligned}$$

将这些函数关系代入目标函数中，得到 $n-l$ 个变量的无约束优化问题的新目标函数，这样就可以利用无约束优化问题的极值条件求解。

消元法虽然看起来简单，但实际求解困难却很大。因为将 l 个约束方程联立往往求不出解。即便能求出解，当把它们代入目标函数后，也会因函数十分复杂而难于处理。所以这种方法作为一种分析方法实用意义不大，而对某些数值迭代方法来说，却有很大的启发意义。

2. 拉格朗日乘子法（升维法）

设$X=[x_1, x_2, \cdots, x_n]^T$，目标函数是$f(X)$，约束条件是$h_k(X)=0(k=1, 2, \cdots, l)$的$l$个等式约束方程。为了求出$f(X)$可能的极值点$X^*=[x_1^*, x_2^*, \cdots, x_n^*]^T$，引入拉格朗日乘子$\lambda_k(k=1, 2, \cdots, l)$，并构成一个新的目标函数：

$$F(X, \lambda)=f(X)+\sum_{k=1}^{l}\lambda_k h_k(X)$$

令$\frac{\partial F}{\partial x_i}=0$，$\frac{\partial F}{\partial \lambda_k}=0$，可得$l+n$个方程，求出$l+n$个未知变量，求出的$X=[x_1, x_2, \cdots, x_n]^T$为极值点。

例 2-5 分别采用消元法和拉格朗日乘子法计算在约束条件$h(x_1, x_2)=2x_1+3x_2-6=0$的情况下，目标函数$f(x_1, x_2)=4x_1^2+5x_2^2$的极值点坐标。

解：(1) 消元法。

$$x_1=\frac{6-3x_2}{2}\Rightarrow f=14x_2^2-36x_2+36$$

令
$$\frac{\partial f}{\partial x_2}=0\Rightarrow 28x_2-36=0\Rightarrow x_2=\frac{9}{7},\ x_1=\frac{15}{14}$$

(2) 拉格朗日乘子法。

改造目标函数$F(X, \lambda)=4x_1^2+5x_2^2+\lambda(2x_1+3x_2-6)$，则：

$$\begin{cases}\frac{\partial F}{\partial x_1}=8x_1+2\lambda=0\\ \frac{\partial F}{\partial x_2}=10x_2+3\lambda=0\\ \frac{\partial F}{\partial \lambda}=2x_1+3x_2-6=0\end{cases}$$

解得：$\lambda=-\frac{30}{7}$，$x_2=\frac{9}{7}$，$x_1=\frac{15}{14}$。

三、不等式约束问题的极值存在条件

工程上大多数问题都可表示为具有不等式约束条件的优化问题。判断有约束问题的极值点是否存在的条件采用库恩—塔克条件（K—T 条件）。

库恩—塔克条件中心思想为目标函数在该点的负梯度应该为在该点起作用的条件约束的梯度的线性组合。什么是起作用约束？对于等式约束它一定是起作用约束；对于不等式约束，需要看最优点是否落在约束的边界上。如图 2-11 (a)，g_1是有作用约束，图 2-11 (b) 最优点在g_1，g_2交点处，g_1，g_2都是其作用约束。如果$-\nabla f(X)$可以表示为∇g_1左图，或∇g_1与∇g_2的线性组合，那么X^*就是最优点。

$$\min f(X) \quad X\in R^n$$

$$\text{s.t.}\begin{cases}g_i(X)\leqslant 0 & i=1, 2, \cdots, m\\ h_j(X)=0 & j=1, 2, \cdots, p,\ p<n\end{cases}$$

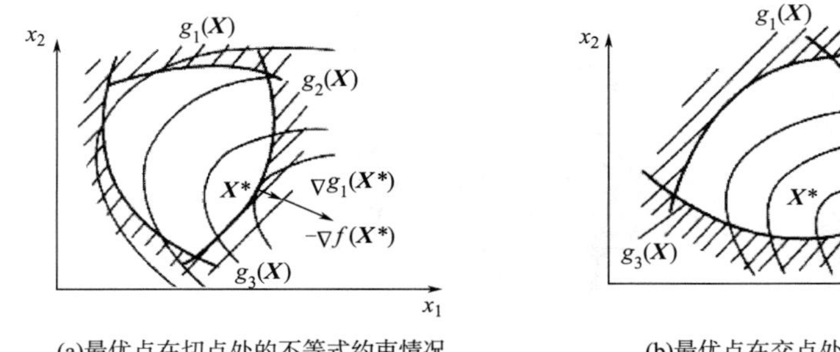

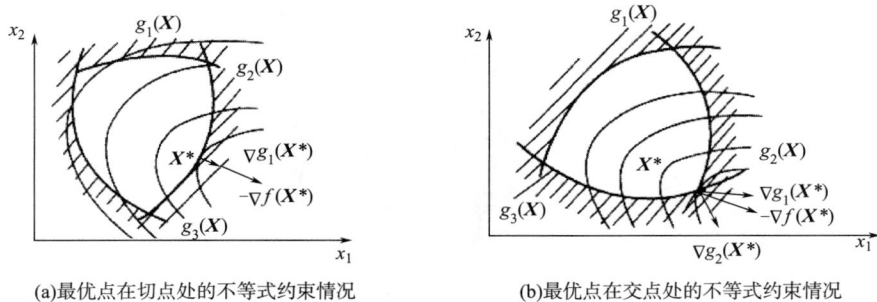

(a)最优点在切点处的不等式约束情况　　(b)最优点在交点处的不等式约束情况

图 2-11　库恩—塔克条件的几何意义

$\boldsymbol{X}^*$ 是局部最优点的条件是：

$$\begin{cases}\nabla f(\boldsymbol{X}^*)+\sum_{i=1}^{m}\lambda_i\nabla g_i(\boldsymbol{X}^*)+\sum_{j=1}^{p}\mu_j\nabla h_j(\boldsymbol{X}^*)=0\\ \lambda_i g_i(\boldsymbol{X}^*)=0\quad i=1,\ 2,\ \cdots,\ m\end{cases}$$

式中，λ_i 为拉格朗日乘子(非负)，μ_j 为另一组拉格朗日乘子（无非负要求）。

例 2-6　对于约束优化问题

$$\min f(\boldsymbol{X})=(x_1-2)^2+x_2^2$$

$$\text{s. t.}\begin{cases}g_1(\boldsymbol{X})=x_1^2+x_2-1\leqslant 0\\ g_2(\boldsymbol{X})=-x_2\leqslant 0\\ g_3(\boldsymbol{X})=-x_1\leqslant 0\end{cases}$$

它的当前迭代点为 $\boldsymbol{X}^k=[1\quad 0]^{\mathrm{T}}$，试用 K—T 条件判别它是否为约束最优点。

解：(1) 当前迭代点 $\boldsymbol{X}^k=[1\quad 0]^{\mathrm{T}}$ 是可行点。

$$\because\ g_1(\boldsymbol{X}^k)=0;\ g_2(\boldsymbol{X}^k)=0;\ g_3(\boldsymbol{X}^k)=-1$$

(2) $\boldsymbol{X}^k$ 点的起作用约束为 $g_1(\boldsymbol{X})$ 和 $g_2(\boldsymbol{X})$，因为不在 $g_3(\boldsymbol{X})$ 上。

$$g_1(\boldsymbol{X})=x_1^2+x_2-1=0;\ g_2(\boldsymbol{X})=-x_2=0;\ g_3(\boldsymbol{X})=-x_1\neq 0$$

(3) $\boldsymbol{X}^k$ 点处各函数的梯度。

$$\nabla f(\boldsymbol{X}^k)=\begin{bmatrix}2x_1-4\\ 2x_2\end{bmatrix}_{X^k}=\begin{bmatrix}-2\\ 0\end{bmatrix};\ \nabla g_1(\boldsymbol{X}^k)=\begin{bmatrix}2x_1\\ 1\end{bmatrix}_{X^k}=\begin{bmatrix}2\\ 1\end{bmatrix};\ \nabla g_2(\boldsymbol{X}^k)=\begin{bmatrix}0\\ -1\end{bmatrix}$$

(4) 求拉格朗日乘子 λ_1，λ_2。

按照 K—T 条件：　$\nabla f(\boldsymbol{X}^k)+\lambda_1\nabla g_1(\boldsymbol{X}^k)+\lambda_2\nabla g_2(\boldsymbol{X}^k)=0$

$$\begin{bmatrix}-2\\ 0\end{bmatrix}+\lambda_1\begin{bmatrix}2\\ 1\end{bmatrix}+\lambda_2\begin{bmatrix}0\\ -1\end{bmatrix}=0\Rightarrow\begin{cases}-2+2\lambda_1=0\\ \lambda_1-\lambda_2=0\end{cases}$$

解得：　$\lambda_1=1>0;\ \lambda_2=1>0$

上述解满足 K—T 条件，$\nabla f(\boldsymbol{X}^k)+\lambda_1\nabla g_1(\boldsymbol{X}^k)+\lambda_2\nabla g_2(\boldsymbol{X}^k)=0$ 且 λ_1，λ_2 非负。说明该点是局部最优点。

又因为目标函数是凸函数，可行域为凸集，所以该点也是全局最优点。图 2-12 给出了该约束问题几何图。

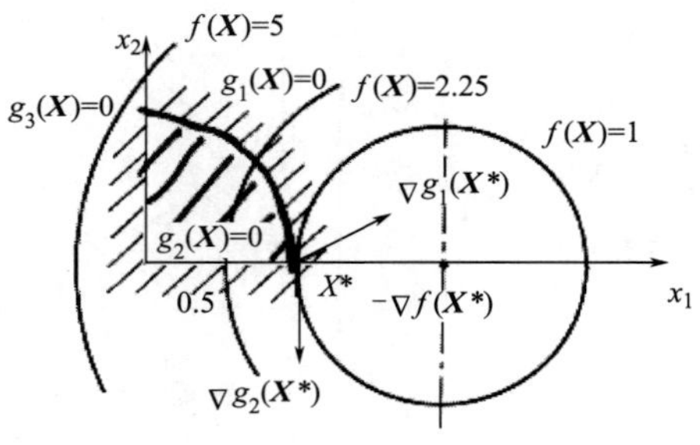

图 2-12　约束问题几何图

习题

1.
$$\min f(\boldsymbol{X})=x_1^2+x_2^2-4x_2+4$$
$$\text{s.t.}\begin{cases}g_1(\boldsymbol{X})=x_1-x_2^2-1\geqslant 0\\ g_2(\boldsymbol{X})=3-x_1\geqslant 0\\ g_3(\boldsymbol{X})=x_2\geqslant 0\end{cases}$$

试将优化问题的目标函数和约束边界曲线勾画出来，并回答下列问题：

（1）$\boldsymbol{X}^1=[1\quad 1]^{\mathrm{T}}$ 是否是可行点。

（2）可行域是否凸集，用阴影线描绘出可行域的范围。

2. 有约束优化问题的两个点 $\boldsymbol{X}_1=[3,\ 4]^{\mathrm{T}}$，$\boldsymbol{X}_2=[4,\ 3]^{\mathrm{T}}$，判别哪个是最优解。

$$\min f(\boldsymbol{X})=4x_1-x_2^2-12$$
$$\text{s.t.}\begin{cases}g_1(\boldsymbol{X})=25-x_1^2-x_2^2\geqslant 0\\ g_2(\boldsymbol{X})=10x_1-x_1^2+10x_2-x_2^2-34\geqslant 0\\ g_3(\boldsymbol{X})=(x_1-3)^2+(x_2-1)^2\geqslant 0\\ g_4(\boldsymbol{X})=x_1\geqslant 0\\ g_5(\boldsymbol{X})=x_2\geqslant 0\end{cases}$$

第三章　一维搜索方法

第一节　概述

常用的优化方法有一维优化方法、无约束优化方法和约束优化方法。在机械优化设计问题中，大多数是非线性规划问题，其数学模型为：

$$F(\boldsymbol{X}^*)=\min F(\boldsymbol{X})\ \text{且}\ \boldsymbol{X}\in D$$

$$\text{s. t.}\begin{cases}g_u(\boldsymbol{X}^*)\leqslant 0 & u=1,\ 2,\ \cdots,\ p\\ h_v(\boldsymbol{X}^*)=0 & v=1,\ 2,\ \cdots,\ q\end{cases}$$

求解上述模型常采用约束优化方法。其中一维优化方法和无约束优化方法为约束优化方法的基础。

求解一元函数 $f(x)$ 的极小点和极小值问题，称为一维优化问题。一维优化方法是优化方法中最简单、最基本的方法，它不仅可以直接求解一维优化问题，而且是各种多维优化问题求解的基础，如在求解多维无约束优化问题时，确定有给定搜索方向上的最优步长。

在求解一维函数的最优解之前，必须先确定一维目标函数 $f(x)$ 的初始搜索区间。

一、一维问题概述

寻求多元函数的极值点，一般要进行如下格式的迭代计算：

$$\boldsymbol{X}^{k+1}=\boldsymbol{X}^k+\alpha\boldsymbol{d}^k$$

$\boldsymbol{X}^k$ 在上次迭代中已求得，$\boldsymbol{d}^k$ 由某种逻辑方式（如负梯度方向、共轭方向等）给定，每次迭代可归结为以 α 为变量的一维问题，如图 3-1 所示。

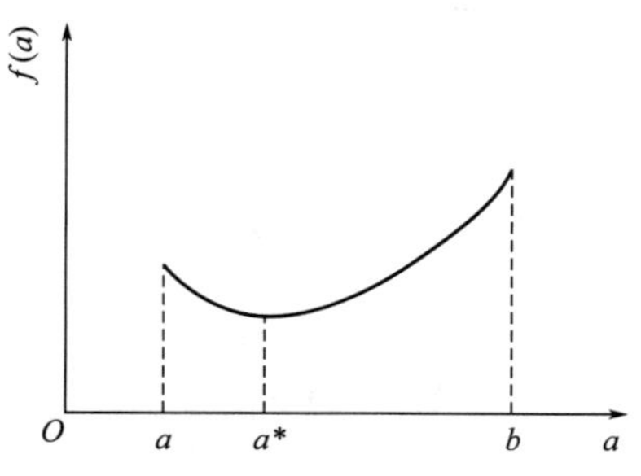

图 3-1　一维单谷函数

例如：

$$F(\boldsymbol{X})=x_1^2+x_2^2-8x_1-12x_2+52$$

当 $\boldsymbol{X}^0=[0\quad 0]^{\mathrm{T}}$，$\boldsymbol{d}^0=[1\quad 1]^{\mathrm{T}}$，则 $\boldsymbol{X}^1=\begin{bmatrix}0\\0\end{bmatrix}+\alpha\begin{bmatrix}1\\1\end{bmatrix}=\begin{bmatrix}\alpha\\\alpha\end{bmatrix}$

$$F(\boldsymbol{X}^1)=x_1^2+x_2^2-8x_1-12x_2+52=2\alpha^2-20\alpha+52$$

二、α 的确定方法

1. 取下降步长

下降步长是能使目标函数值下降的步长。

上例中，$F^0=52$，取 $\alpha=3$，得 $F^1=10<F^0$，故 $\alpha=3$ 是下降步长。

2. 取最优步长

上例中，令$\dfrac{\mathrm{d}F}{\mathrm{d}\alpha}=4\alpha-20=0$，得 $\alpha^*=5$ 是最优步长，$F^*=2$。

3. 最优步长直接解析求法

$$f(\boldsymbol{X}+\alpha\boldsymbol{d})\approx f(\boldsymbol{X})+\alpha\boldsymbol{d}^{\mathrm{T}}\nabla f(\boldsymbol{X})+\frac{1}{2}(\alpha\boldsymbol{d})^{\mathrm{T}}\boldsymbol{G}(\alpha\boldsymbol{d})$$

$$=f(\boldsymbol{X})+\alpha\boldsymbol{d}^{\mathrm{T}}\nabla f(\boldsymbol{X})+\frac{1}{2}\alpha^2\boldsymbol{d}^{\mathrm{T}}\boldsymbol{G}\boldsymbol{d}$$

将上式对 α 求导并令其等于 0，给出 $f(\boldsymbol{X}+\alpha\boldsymbol{d})$ 极值点 α^* 应满足条件：

$$\boldsymbol{d}^{\mathrm{T}}\nabla f(\boldsymbol{X})+\alpha^*\boldsymbol{d}^{\mathrm{T}}\boldsymbol{G}\boldsymbol{d}=0\Rightarrow\alpha^*=-\frac{\boldsymbol{d}^{\mathrm{T}}\nabla f(\boldsymbol{X})}{\boldsymbol{d}^{\mathrm{T}}\boldsymbol{G}\boldsymbol{d}}$$

该方法直接利用 $f(\boldsymbol{X})$ 函数而不需要把它化成步长因子 α 的 $\varphi(\alpha)$ 函数。

解析法的缺点是需要求导计算。对于函数关系复杂、求导困难或无法求导的情况，使用解析法将会非常不便。所以，在优化设计中，求解最佳步长因子 α^* 主要采用数值方法，即利用计算机通过反复迭代计算求得最佳步长因子的近似值。数值解法的基本思路是：先确定 α^* 所在的搜索区间，然后根据区间消去法原理不断缩小此区间，从而获得 α^* 的数值近似解。

三、一维搜索的基本思想

（1）确定一个包含最优点的初始搜索区间。

特点：高—低—高

（2）将含最优点的区间不断缩小。

当该区间的长度小于预先给定的一个很小的正数 ε，则可认为该区间中的某点（如中点）是最优点。

$$区间缩短率：\lambda=\frac{新区间长度}{原区间长度}$$

第二节　搜索区间的确定与区间消去法原理

一、外推法（进退法）确定搜索区间

（一）基本思想

设函数$f(\alpha)$存在极小点α^*，则初始区间为包含极小点α^*的区间［a，b］。一般采用进退法来确定函数$f(\alpha)$的初始搜索区间。

假设$f(\alpha)$为单峰连续函数，通过进退搜索方式确定相邻的三个迭代点α_1、α_2、α_3，若其函数值f_1、f_2、f_3呈现大、小、大的变化趋势，便可以定义出初始区间［α_1，α_3］。

1. 试探计算

任意给出α_1点及初始步长h_0，并求$\alpha_2=\alpha_1+h_0$、$f_1=f(\alpha_1)$、$f_2=f(\alpha_2)$，比较f_1、f_2的大小。若$f_1 \geqslant f_2$，采用前进法确定区间［a，b］；若$f_1<f_2$，采用后退法确定区间［a，b］。

2. 前进算法

图3-2是正向搜索的外推法。令$h \leftarrow h_0$，求$\alpha_3=\alpha_2+h$和$f_3=f(\alpha_3)$。若$f_3 \geqslant f_2$，则［a，b］=［α_1，α_3］；若$f_3<f_2$，则令$\alpha_1 \leftarrow \alpha_2$、$f_1 \leftarrow f_2$、$\alpha_2 \leftarrow \alpha_3$、$f_2 \leftarrow f_3$。倍增步距，$h \leftarrow 2h$，求$\alpha_3=\alpha_2+h$，$f_3=f(\alpha_3)$，并比较$f_2$、$f_3$值的大小，直至$f_1$、$f_2$、$f_3$出现大、小、大的变化趋势，便可以确定区间［$a$，$b$］=［$\alpha_1$，$\alpha_3$］。

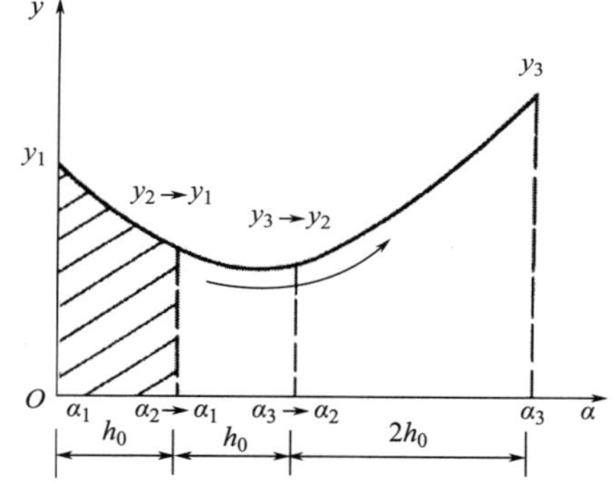

图3-2　正向搜索的外推法

3. 后退算法

图3-3是反向搜索的外推法。令$\alpha_3 \leftarrow \alpha_1$、$f_3 \leftarrow f_1$、$\alpha_1 \leftarrow \alpha_2$、$f_1 \leftarrow f_2$、$\alpha_2 \leftarrow \alpha_3$、$f_2 \leftarrow f_3$，使$\alpha_1$和$\alpha_2$交换位置。令$h \leftarrow -h_0$，求$\alpha_3=\alpha_2+h$、$f_3=f(\alpha_3)$。若$f_2 \leqslant f_3$，则使［$a$，$b$］=［$\alpha_3$，$\alpha_1$］；若$f_2>f_3$，则令$\alpha_1 \leftarrow \alpha_2$、$f_1 \leftarrow f_2$、$\alpha_2 \leftarrow \alpha_3$、$f_2 \leftarrow f_3$。倍增步距，令$h=2h$，求$\alpha_3=\alpha_2+h$、$f_3=f(\alpha_3)$，并比较$f_2$、$f_3$值的大小，直至$f_1$、$f_2$、$f_3$出现大、小、大的变化趋势，便可以确定区间［$a$，$b$］=［$\alpha_3$，$\alpha_1$］。

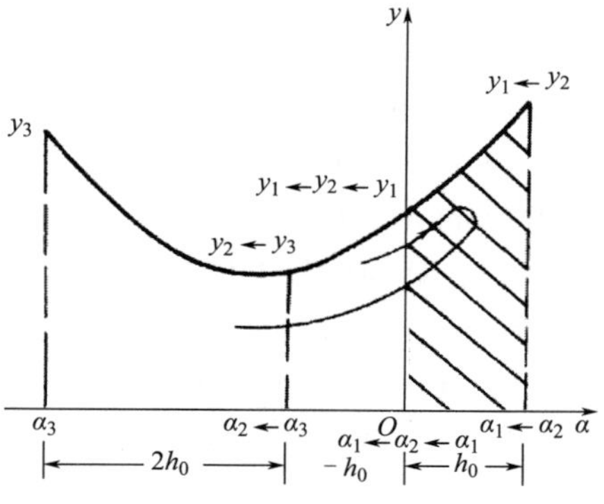

图3-3　反向搜索的外推法

（二）进退法的计算步骤

（1）给定初始迭代点α_0及初始步长h_0，令$\alpha_1 \leftarrow \alpha_0$、$h \leftarrow h_0$、$f_1 \leftarrow f(\alpha_1)$。

（2）计算新的试探点$\alpha_2=\alpha_1+h$，计算$f_2 \leftarrow f(\alpha_2)$。

（3）比较函数值f_1和f_2的大小，确定是前进探测还是后退探测。若$f_1>f_2$，则$h \leftarrow h$，向前探测；否则，令$h \leftarrow -h_0$，使α_1和α_2交换位置，向后探测。

（4）产生新的试探点 $\alpha_3=\alpha_2+h$，令 $f_3 \leftarrow f(\alpha_3)$。

（5）比较函数值 f_2 和 f_3 的大小，确定初始区间。向前探测时，若 $f_3>f_2$，则初区间已经得到，$[a, b]=[\alpha_1, \alpha_3]$；否则，倍增步距，令 $h=2h$，继续进行搜索，直到产生的新探测点 α_3 满足 $f_3>f_2$，则初始区间为 $[a, b]=[\alpha_1, \alpha_3]$。向后探测时，若 $f_3>f_2$，则初始区间为 $[a, b]=[\alpha_3, \alpha_1]$。

（三）程序框图

图 3-4 是外推法的程序框图。

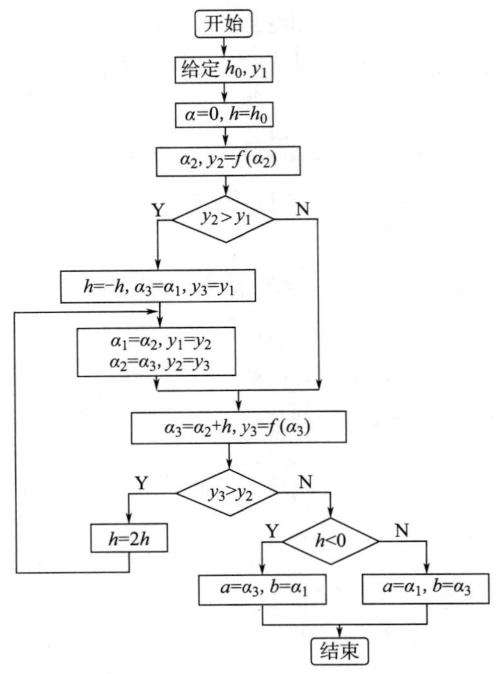

图 3-4　外推法程序框图

（四）算法程序

```
function ab
h0=input('h0=? ');
x0=input('x0=? ');
h=h0;x1=x0;f1=fx(x1);x2=x1+h;f2=fx(x2);
if f2>f1
   h=-h;x3=x1;f3=f1;x1=x2;f1=f2;x2=x3;f2=f3;
end
x3=x2+h;f3=fx(x3);
while f2>=f3
   x1=x2;f1=f2;x2=x3;f2=f3;
      x3=x2+2*h;f3=fx(x3);
end
```

```
if h<0,a=x3;b=x1;,end
a=x1;b=x3;
['Initial interval:',blanks(3),'[a,b]=[',…num2str(a),blanks(6),num2str(b),']']
```

目标函数

```
function f=fx(w)
f=w.^2-7*w+10;
```

例 3-1　用外推法确定函数 $f(x)=3x^3-8x+9$ 的一维优化初始区间，给定初始点 $x_1=0$，初始步距 $h_0=0.1$。

解： 建议采用填表的方法计算，见表 3-1。

表 3-1　求解过程

k	h	x_1	y_1	x_2	y_2	x_3	y_3
1	0.1	0	9	0.1	8.203		
	0.2					0.3	6.681
2	0.4	0.1	8.203	0.3	6.681	0.7	4.429
3	0.8	0.3	6.681	0.7	4.429	1.5	7.125

因此，初始搜索区间为 [0.3，1.5]。

例 3-2　用外推法确定函数 $f(x)=3x^3-8x+9$ 的一维优化初始区间，给定初始点 $x_1=1.8$，初始步距 $h_0=0.1$。

解： 见表 3-2。

表 3-2　求解过程

k	h	x_1	y_1	x_2	y_2	x_3	y_3
1	0.1	1.8	12.096	1.9	14.377		
	-0.2	1.9	14.377	1.8	12.096	1.6	8.488
2	-0.4	1.8	12.096	1.6	8.488	1.2	4.584
3	0.8	1.6	8.488	1.2	4.584	0.4	5.992

初始搜索空间为 [0.4，1.6]。

运用上述进退法确定出初始搜索区间 $[a, b]$ 后，便可采用区间消去法逐步缩短搜索区间来求出函数 $f(x)$ 在区间内的最优点 x^*。

二、区间消去法原理

搜索区间确定之后，采用区间消去法逐步缩短搜索区间，从而找到极小点的数值近似解。

假定在搜索区间内 $[a, b]$ 任取两点 a_1，b_1，对应函数值为 $f(a_1)$，$f(b_1)$。于是将有下列三种可能情形：

（1）$f(a_1)<f(b_1)$，如图 3-5（a）所示，由于函数为单谷，所以极小点必在区间［a，b_1］内。

（2）$f(a_1)>f(b_1)$，如图 3-5（b）所示，同理，极小点必在区间［a_1，b］内。

（3）$f(a_1)=f(b_1)$，如图 3-5（c）所示，这时极小点应在［a_1，b_1］内。

根据上述已知，只要在区间［a，b］内取两个点，算出它们的函数值并加以比较，就可以把搜索区间［a，b］缩短成［a，b_1］、［a_1，b］或［a_1，b_1］。应当指出，对于第一种情况，已算出区间［a，b_1］内 α_1 点的函数值，如果要把搜索区间［a，b_1］进一步缩短，只需在其内再取一点算出函数值并与 $f(a_1)$ 加以比较，即可达到目的。对于第二种情况，同样只需在其内再计算一点函数值就可以把搜索区间进一步缩短。第三种情形与前面两种情况不同，因为在区间［a_1，b_1］内缺少已算出的函数值，要想把［a_1，b_1］进一步缩短，需要在其内部取两个点才能进行比较，这就增加了计算量。因此，为了避免多计算函数值，将第三种情况合并到前两种里：

（1）$f(a_1)<f(b_1)$，取［a，b_1］为缩短后的搜索区间；

（2）$f(a_1)\geqslant f(b_1)$，取［a_1，b］为缩短后的搜索区间。

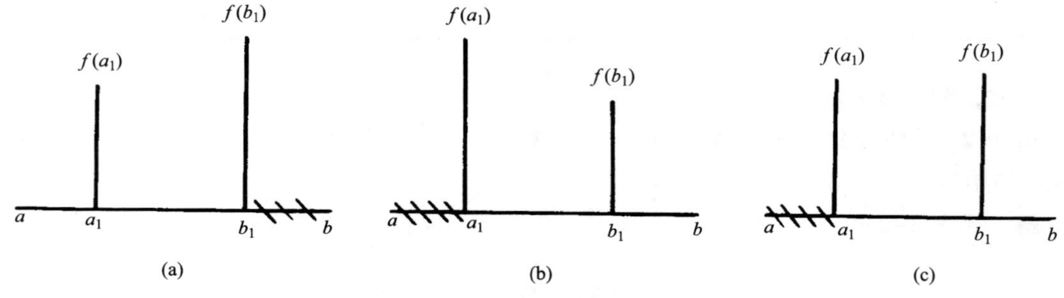

图 3-5　区间消去法原理

区间消去法是一维优化方法，常用的一维优化方法较多，在此主要介绍黄金分割法和二次插值法。

第三节　一维搜索的试探法（黄金分割法）

一、基本思路

该法适用于［a，b］区间上单谷函数极小值问题。在搜索区间［a，b］内适当加入两点 α_1，α_2，并计算其函数值。α_1，α_2 将区间分成三段，通过比较函数值大小，删除其中一段，使搜索区间缩短，在保留区间进行同样处理，直到搜索区间缩小到指定精度为止。

黄金分割法要求插入点 α_1、α_2 的位置相对于区间［a，b］两端点具有对称性，即：

$$\alpha_1 = b - \lambda(b - a)$$

$$\alpha_2 = a + \lambda(b - a)$$

式中，λ 为待定常数。

缩小原则是将区间按一定的比例缩小，且正常迭代时每缩短一次区间只需计算一次函数值。

区间缩短率：

$$\lambda=0.618$$

缩短区间的总次数：

$$k \geqslant \frac{\ln[\varepsilon/(b-a)]}{\ln 0.618}$$

（1）关于 $\lambda=0.618$ 的证明。

证明：如图 3-6 所示为黄金分割法。

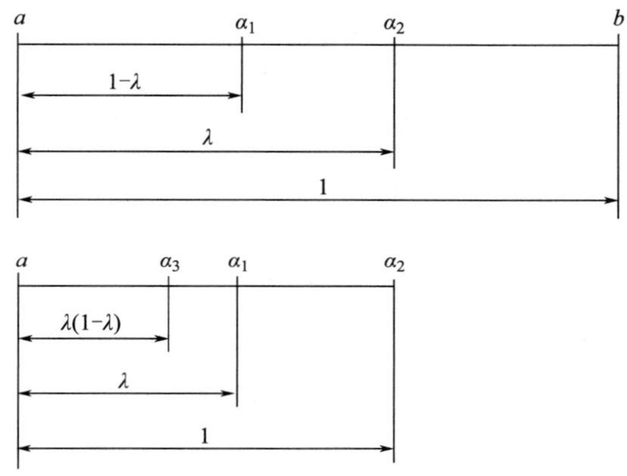

图 3-6　黄金分割法

$$\lambda_1=\frac{\lambda}{1}=\lambda \qquad \lambda_2=\frac{1-\lambda}{\lambda}$$

令 $\lambda_1=\lambda_2$，得：

$$\lambda^2+\lambda-1=0$$

其正根为：

$$\lambda=\frac{\sqrt{5}-1}{2}\approx 0.618033988$$

（2）关于缩小区间总次数的证明。

证明：

$$0.618^k(b-a)\leqslant\varepsilon,\ 0.618^k\leqslant\frac{\varepsilon}{b-a},\ k\ln 0.618\leqslant\ln\frac{\varepsilon}{b-a}$$

即：

$$k \geqslant \frac{\ln\ [\varepsilon/(b-a)]}{\ln 0.618}$$

二、计算步骤

（1）给定精度 ε，搜索区间 $[a,\ b]$。

（2）求 $\alpha_1=b-\lambda(b-a)$，$\alpha_2=a+\lambda(b-a)$，$f_1=f(\alpha_1)$，$f_2=f(\alpha_2)$。

（3）比较 f_1，f_2 的大小。

若 $f_1<f_2$，则令 $b<-\alpha_2$，$x_2<-\alpha_1$，$f_2<-f_1$。求 $\alpha_1=a+0.382(b-a)$，$f_1=f(\alpha_1)$。

若 $f_1 \geq f_2$，则令 $a<-\alpha_1$，$x_1<-\alpha_2$，$f_1<-f_2$。求 $\alpha_2=a+0.618(b-a)$，$f_2=f(\alpha_2)$。

(4) 如果 $|b-a|>\varepsilon$，则重复步骤 (3)。否则，输出最优解 $x^*=(a+b)/2$，$f^*=f(x^*)$。

三、程序框图

图 3-7 是黄金分割法程序框图。

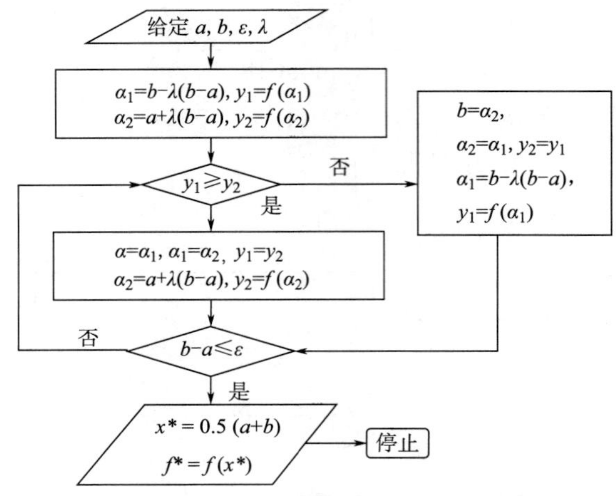

图 3-7　黄金分割法程序框图

四、算法程序

```
function hjf
clear
h1 = input('h0=? ');x1=input('x0=? ');
epsilan=input('epsilan=? ');
[a,b]=ab1(h1,x1);
x1=a+0.382*(b-a);f1=fx(x1);
x2=a+0.618*(b-a);f2=fx(x2);
while abs(b-a)>epsilon
  if f1>f2
    a=x1;x1=x2;f1=f2;
    x2=a+0.618*(b-a);f2=fx(x2);
  else
    b=x2;x2=x1;f2=f1;
    x1=a+0.382*(b-a);f1=fx(x1);
  end
end
xm=(a+b)/2;
['Optimal result:',blanks(3),'xm=[',…
```

```
num2str(xm),' ]',blanks(6),'fm=',num2str(fx(xm))]
进退法子函数
function [a,b]=ab1(h0,x0)
h=h0;x1=x0;f1=fx(x1);
x2=x1+h;f2=fx(x2);
if f2>f1
    h=-h;x3=x1;f3=f1;x1=x2;f1=f2;x2=x3;f2=f3;
end
x3=x2+h;f3=fx(x3);
while f2>=f3
    x1=x2;f1=f2;x2=x3;f2=f3;
    x3=x2+2*h;f3=fx(x3);
end
if h<0
    a=x3;b=x1;
end
a=x1;b=x3;
目标函数子函数;
function f=fx(w)
f=w^2-7*w+10;
```

例 3-3　用黄金分割法求 $f(\alpha)=\alpha^2+2\alpha$ 的极小值 α^*，搜索区间是 $-3\leqslant\alpha\leqslant5$。

解：黄金分割法求解过程见表 3-3。

表 3-3　黄金分割法求解过程

迭代序号	a	α_1	α_2	b	y_1	比较	y_2
0	-3	0.056	1.944	5	0.115	<	7.667
1	-3	-1.111	0.056	1.944	-0.987	<	0.115
2	-3	-1.832	-1.111	0.056	-0.306	>	-0.987
3	-1.832	-1.111	-0.665	0.056	-0.987	<	-0.888
4	-1.832	-1.386	-1.111	-0.665	-0.851	>	-0.987
5	-1.386	-1.111	-0.940	-0.665			

假定经过 5 次迭代后已满足收敛精度要求，则最优点：

$$\alpha^*=1/2(a+b)=1/2(-1.386-0.665)=-1.0255$$

相应的函数值 $f(\alpha^*)=-1.0007$。

如图 3-8 所示，采用解析法 $\dfrac{df}{d\alpha}=2\alpha+2=0\Rightarrow\alpha^*=-1$，$f(\alpha^*)=-1$，可以看出 5 次迭代的结果已经非常接近精确解了。

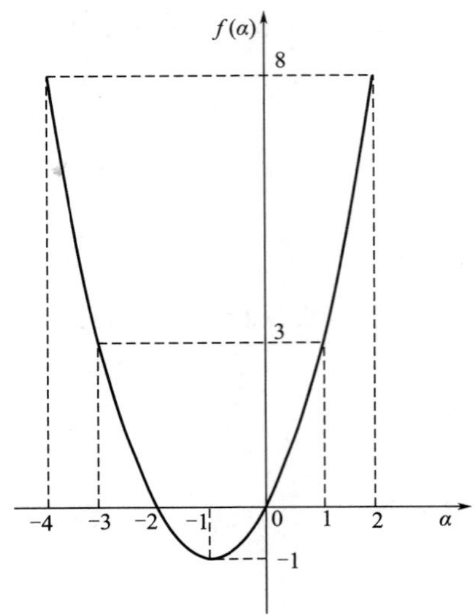

图 3-8　$f(\alpha)=\alpha^2+2\alpha$ 函数图象

第四节　一维搜索的插值方法（二次插值法）

一、基本思路

在已确定的单峰区间内，利用若干点的函数值构成一个低次的插值多项式，用它拟合原来的一元函数。求出这个插值多项式的极小点，近似地作为原函数的极小点。图 3-9 给出了用三点二次插值多项式来逼近原函数。

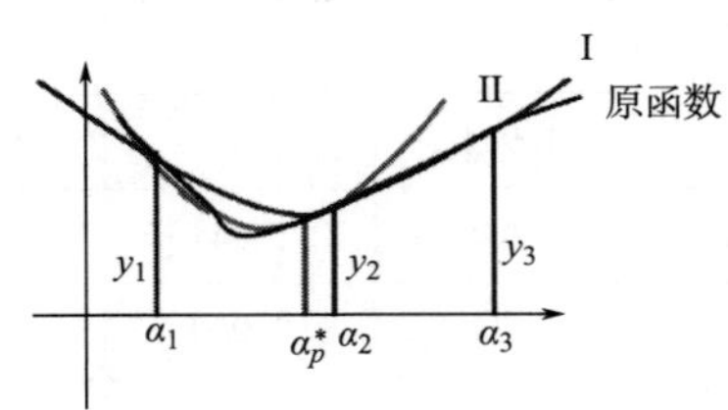

图 3-9　用三点二次插值多项式来逼近原函数

二、计算步骤

二次插值法是利用 $y=f(\alpha)$ 在单谷区间中的三点 $\alpha_1<\alpha_2<\alpha_3$ 的相应函数值 $f(\alpha_1)>f(\alpha_2)<f(\alpha_3)$，作如下二次插值多项式：

$$P(\alpha)=a_0+a_1\alpha+a_2\alpha^2$$

（一）二次函数的构成

因为 $P(\alpha)$ 过 $P_1=[\alpha_1, f_1]$，$P_2=[\alpha_2, f_2]$，$P_3=[\alpha_3, f_3]$ 三点。所以，

$$P(\alpha_1)=a_0+a_1\alpha_1+a_2\alpha_1^2=f_1$$
$$P(\alpha_2)=a_0+a_1\alpha_2+a_2\alpha_2^2=f_2$$
$$P(\alpha_3)=a_0+a_1\alpha_3+a_2\alpha_3^2=f_3$$

而 $P(\alpha)$ 的极小点 $\alpha_p^*=-\dfrac{a_1}{2a_2}$，解上式联立方程组得：

$$\alpha_p^*=0.5(\alpha_1+\alpha_3-c_1/c_2),\ f_p^*=f(\alpha_p^*)$$

式中：$c_1=(f_3-f_1)/(\alpha_3-\alpha_1)$；$c_2=[(f_2-f_1)/(\alpha_2-\alpha_1)-c_1]/(\alpha_2-\alpha_3)$，故在区间［$a$，$b$］内有二点 α_2，α_p^*。

（二）区间缩短

二次插值法的八种换名情况，具体换名见表3-4。以上八种情况都可以得一个包含极小点 x^* 的缩短的新区间［α_1，α_3］及一个内点 α_2。

比较 f_2，f_p^* 的大小，可以分为以下四种情况：

1. $\alpha_p^*>\alpha_2$，$f_2<f_p^*$

令 $\alpha_3\leftarrow\alpha_p^*$，$f_3\leftarrow f_p^*$，有新区间［$\alpha_1$，$\alpha_3$］及内点 α_2。

2. $\alpha_p^*>\alpha_2$，$f_2\geqslant f_p^*$

令 $\alpha_1\leftarrow\alpha_2$，$f_1\leftarrow f_2$，$\alpha_2\leftarrow\alpha_p^*$，$f_2\leftarrow f_p^*$，有新区间［$\alpha_1$，$\alpha_3$］及内点 α_2。

3. $\alpha_p^*\leqslant\alpha_2$，$f_2<f_p^*$

令 $\alpha_1\leftarrow\alpha_p^*$，$f_1\leftarrow f_p^*$，有新区间［$\alpha_1$，$\alpha_3$］及内点 α_2。

4. $\alpha_p^*\leqslant\alpha_2$，$f_2\geqslant f_p^*$

令 $\alpha_3\leftarrow\alpha_2$，$f_3\leftarrow f_2$，$\alpha_2\leftarrow\alpha_p^*$，$f_2\leftarrow f_p^*$，有新区间［$\alpha_1$，$\alpha_3$］及内点 α_2。

表3-4　二次插值法的八种换名情况

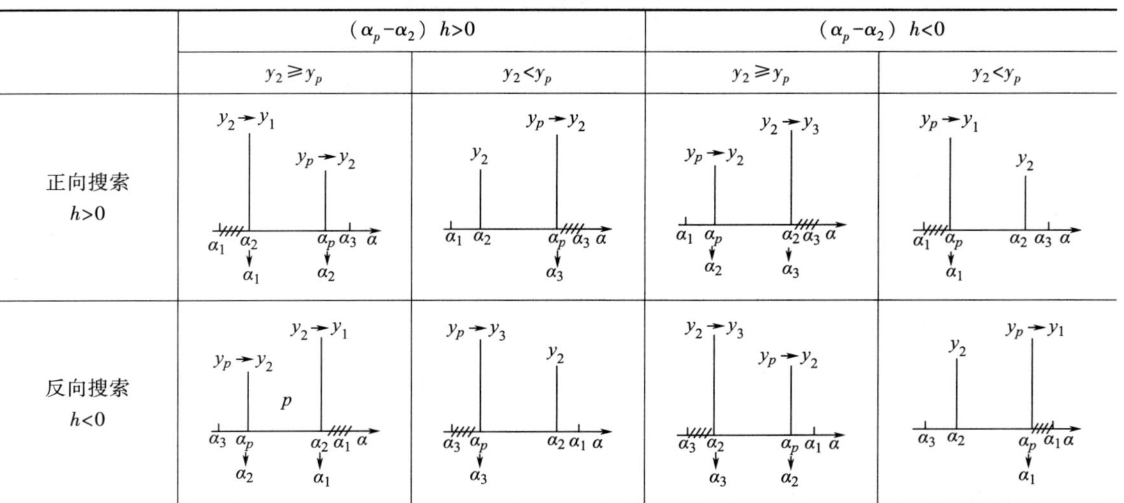

（三）终止判别条件

当 $|b-a|<\varepsilon$ 时，$f^*=\min\{f_p^*, f_2\}$，$\alpha^*=\alpha_p^*$ 或 α_2，否则，再进行区间缩短。

另外，有两个特殊情况要注意：

（1）$c_2=0$，表示 p_1，p_2，p_3 三点在一条直线上。

（2）$(\alpha_p^*-\alpha_1)/(\alpha_3-\alpha_p^*)\leqslant 0$，表示 α_p^* 在区间［a，b］之外。以上两种情况是区间已缩短至足够小时，计算机的舍入误差造成的。所以，在上述情况下，便可以终止迭代，输出最优解。

三、程序框图

图 3-10 是二次插值法程序框图。

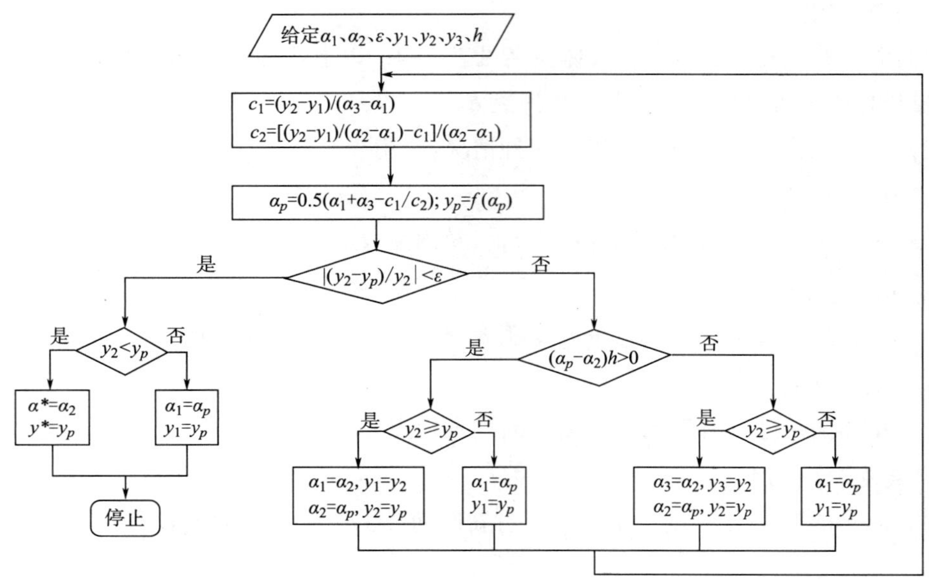

图 3-10　二次插值法程序框图

四、算法程序

```
f=inline('sin(x)');%目标函数
%搜索区间和精度
x1=4;x3=5;epsilon=0.001,i=0;
x2=(x1+x3)/2;
F1=f(x1);F2=f(x2);F3=f(x3);
A=2*((x2-x3)*F1+(x3-x1)*F2+(x1-x2)*F3);
if A==0
  fprintf(1,'   x2      x2=% 3.4f\n',x2)
  fprintf(1,'   F2      F2=% 3.4f\n',F2)
else
  x4=((x2^2-x3^2)*F1+(x3^2-x1^2)*F2+(x1^2-x2^2)*F3)/A
  F4=f(x4)
```

```
while abs(x4-x2)>epsilon
   if (x4-x2)>0
      if F2<F4
         x3=x4;F3=F4
      else
         x1=x2;x2=x4;F1=F2;F2=F4
         end
   else
      if F4<F2
         x2=x4;x3=x2;F2=F4;F3=F2
      else
         x1=x4;F1=F4
      end
end
      A=2*((x2-x3)*F1+(x3-x1)*F2+(x1-x2)*F3);
      x4=((x2^2-x3^2)*F1+(x3^2-x1^2)*F2+(x1^2-x2^2)*F3)/A
      F4=f(x4)
      i=i+1;
      fprintf(1,'    迭代次数      i=%3.4f\n',i)
      fprintf(1,'    x4       x4=%3.4f\n',x4)
      fprintf(1,'    F4       x=%3.4f\n',F4)
   end
end
```

例 3-4　用二次插值法求 $f(\alpha)=\sin(\alpha)$ 在 $4\leqslant\alpha\leqslant5$ 的极小值。

解： 采用填表方式求解，见表 3-5。

表 3-5　二次插值法求解过程

	1	2
α_1	4	4.5
α_2	4.5	4.705120
α_3	5	5
y_1	-0.756802	-0.977590
y_2	-0.977590	-0.999974
y_3	-0.958924	-0.958924
α_p	4.705120	4.710594
y_p	-0.999974	-0.999998

解得：$\alpha^*=4.710594$，$f(\alpha^*)=-0.999998$。

这和精确解最优值-1 已经十分接近。可见二次插值法效果很好。

习题

1. 用进退法确定$f(x)=x^2-7x+10$的初始搜索区间，设$x_0=0$，$h_0=1$。

2. 用0.618法求函数$f(x)=x^2-7x+10$的最优解。已知初始搜索区间为［2，8］，精度为0.001。

3. 用二次插值法求函数$f(x)=x^2-7x+10$的最优解。已知初始搜索区间为［2，8］，精度为0.001。

第四章　无约束优化方法

无约束优化方法求解的数学模型为无约束模型：

$$\min F(\boldsymbol{X})$$

即求解 $\boldsymbol{X}^*$，使无约束优化问题 $\min F(\boldsymbol{X})=F(\boldsymbol{X}^*)$，其中 $\boldsymbol{X}^*$ 称为最优点，$F(\boldsymbol{X}^*)$ 称为最优值。虽然在工程实际中，几乎所有的优化设计问题都是有约束的，但无约束优化方法却是优化设计中极为重要和最基本的内容，并且约束优化问题也可以转化为无约束优化问题来加以求解。

对于无约束问题的求解，可以根据极值存在条件来确定极值点的位置。这就是把求函数极值的问题变为求解方程：

$$\nabla F(\boldsymbol{X})=0$$

这是一个含有 n 个未知量，n 个方程的方程组，并且多数情况下是非线性的。一般说来非线性方程组的求解是一件困难的事，难以用解析的方法求解，需要采用数值的方法逐步求出非线性联立方程组的解。但是，与其用数值计算方法求解非线性方程组，倒不如用数值计算方法直接求解无约束极值问题。因此，本章将介绍求解无约束优化问题常用的数值解法。

目前，对无约束优化方法已有了全面、深入的理论研究，可以将其归纳为两大类型：一是直接法：只利用目标函数值的信息来确定搜索方向。二是间接法：需利用目标函数的导数来确定搜索方向。

各种无约束优化方法一般包含四个步骤，流程如图 4-1 所示。

（1）选择初始迭代点 $\boldsymbol{X}^0$。

（2）从迭代点 $\boldsymbol{X}^k$ 出发进行搜索，确定使目标函数值下降的搜索方向 $\boldsymbol{d}^k$。

（3）确定适当的步长因子 α^k，求 $\boldsymbol{X}^{k+1}=\boldsymbol{X}^k+\alpha^k\boldsymbol{d}^k$，使 $F(\boldsymbol{X}^{k+1})<F(\boldsymbol{X}^k)$。

（4）选择适当的终止准则，若 $\boldsymbol{X}^{k+1}$ 满足终止准则，则终止迭代计算，并输出局部最优点 $\boldsymbol{X}^*\leftarrow\boldsymbol{X}^{k+1}$；否则，令 $k\leftarrow k+1$，返回步骤（2）继续进行优化搜索。

上述过程，涉及搜索方向 $\boldsymbol{d}$ 的形成和搜索步长 α 的确定。本章介绍的不同的方法用于生成不同的搜索方向。

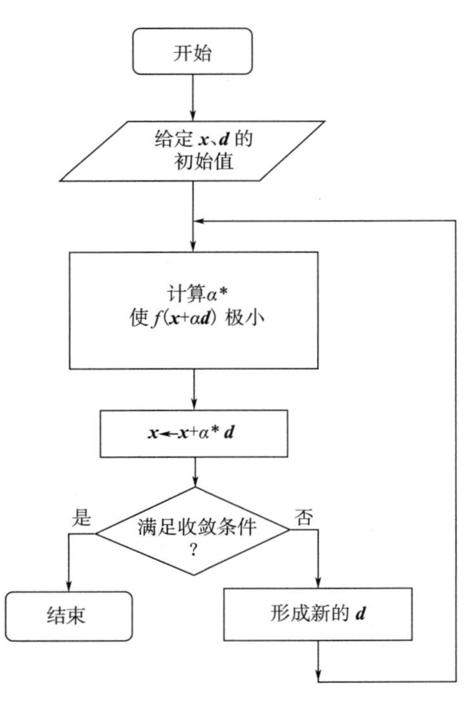

图 4-1　无约束优化方法流程图

第一节　最速下降法

一、基本思路

最速下降法也称梯度法。已知$-\nabla f(\boldsymbol{X}^k)$是函数$f(\boldsymbol{X})$在$\boldsymbol{X}^k$点处指向函数值下降的方向，故可把负梯度方向作为优化搜索的方向$\boldsymbol{d}^k$：

$$\boldsymbol{X}^{k+1}=\boldsymbol{X}^k+\alpha^k\boldsymbol{d}^k$$

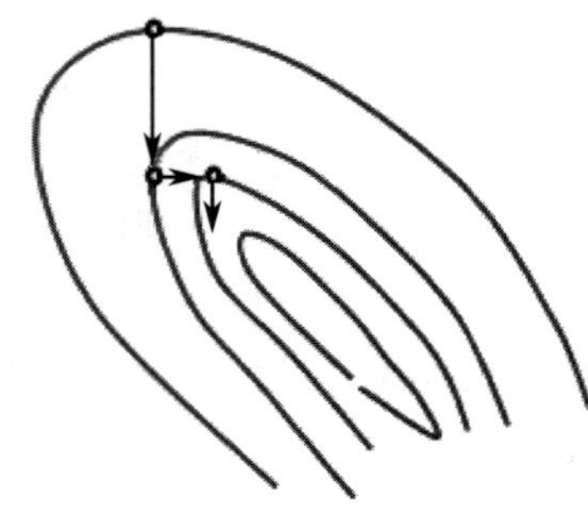

图 4-2　最速下降法的搜索路径

式中，$\boldsymbol{d}^k=-\nabla f(\boldsymbol{X}^k)$或$\boldsymbol{d}^k=-\nabla f(\boldsymbol{X}^k)/\|\nabla f(\boldsymbol{X}^k)\|$。

为了使目标函数在搜索方向$-\nabla f(\boldsymbol{X}^k)$下降最多，需要沿该方向作一维搜索，求得最优步长$\alpha^k$，直到$|\nabla f(\boldsymbol{X}^k)|<\varepsilon$为止。图 4-2 给出了最速下降法的搜索路径示意。

需要说明的是最速下降性只是迭代点邻域的局部性质。从全局看，并非最速下降方向。

二、计算步骤

（1）给定初始迭代点$\boldsymbol{X}^0$，精度ε，维数n。

（2）令$k\leftarrow 0$。

（3）计算$\boldsymbol{X}^k$的梯度，$\nabla f(\boldsymbol{X}^k)$，$|\nabla f(\boldsymbol{X}^k)|$。

（4）以$\boldsymbol{X}^k$点为出发点，求$-|\nabla f(\boldsymbol{X}^k)|$方向上的最优步长$\alpha^k$，有$\boldsymbol{X}^{k+1}=\boldsymbol{X}^k-\alpha^k\nabla f(\boldsymbol{X}^k)$。

（5）终止判别：$|\nabla f(\boldsymbol{X}^k)|<\varepsilon$？若满足条件，输出最优解，$\boldsymbol{X}^{k+1}\rightarrow\boldsymbol{X}^*$，$F^*\leftarrow F(\boldsymbol{X}^*)$。否则，令$k<-k+1$，转步骤（3）。

三、程序框图

图 4-3 是最速下降法程序框图。

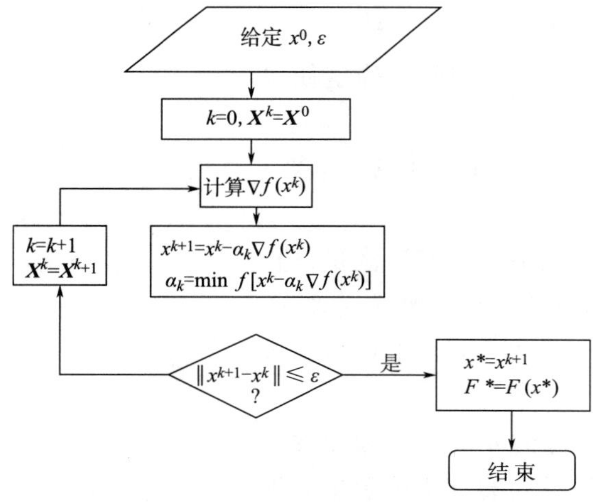

图 4-3　最速下降法程序框图

四、算法程序

```
function tidufa
%TIDUFA    梯度法
%适用于 2 维空间,只需修改目标函数
clear;
syms xi yi b   % xi,yi--自变量,b--步长因子
x0=[2;2]; t=0.01   %初始点与误差精度
f=mbhs          %目标函数
dfdx=diff(f,xi);dfdy=diff(f,yi);
dfdx0=subs(dfdx,{xi,yi},x0);
dfdy0=subs(dfdy,{xi,yi},x0);
%求得初始点 x0 梯度
s=-[dfdx0;dfdy0]; x1=x0+b*s %梯度的负方向
%求最优步长
[p q]=jtf(x1)
k1=hjfg(x1,p,q)
x1=subs(x1,b,k1)
dfdx1=subs(dfdx,{xi,yi},x1);
dfdy1=subs(dfdy,{xi,yi},x1);
model=sqrt((x1(1)-x0(1))^2+(x1(2)-x0(2))^2);
while model>t      %误差精度判断
   s=-[dfdx1;dfdy1]; x1=x0+b*s
   [p q]=jtf(x1)
   k1=hjfg(x1,p,q)
   x1=subs(x1,b,k1)
   dfdx1=subs(dfdx,{xi,yi},x1);
   dfdy1=subs(dfdy,{xi,yi},x1);
   model=sqrt((x1(1)-x0(1))^2+(x1(2)-x0(2))^2);
   x0=x1
end
fy=subs(f,{xi,yi},x1);
fprintf(1,'   x*       x*=%3.4f\n',x1(1))
fprintf(1,'            %3.4f\n',x1(2))
fprintf(1,'   f*       f*=%3.4f\n',fy)

function xm=hjfg(x0,p,q)
syms xi yi b
f=mbhs;
f00=subs(f,{xi,yi},x0);   %一维目标函数
epsilon=0.01;          %精度
```

```
a1=q-0.618*(q-p);
f1=subs(f00,b,a1);        %左试点
a2=p+0.618*(q-p);
f2=subs(f00,b,a2);        %右试点
while (q-p)>epsilon
  if f1<=f2
    q=a2;a2=a1;f2=f1;
    a1=q-0.618*(q-p);
    f1=subs(f00,b,a1);
  else
    p=a1;a1=a2;f1=f2;
    a2=p+0.618*(q-p);
    f2=subs(f00,b,a2);
  end;
end
xm=0.5*(q+p);

function [p q]=jtf(x0)
syms xi yi b
f=mbhs
f00=subs(f,{xi,yi},x0);
h0=0.1;h=h0  %步长
p1=0;f1=subs(f00,b,p1)  %初始点
p2=p1+h;f2=subs(f00,b,p2)
if f1<f2           %点一小于点二的函数值
    h=-h;p3=p1;f3=f1;p1=p2;f1=f2;p2=p3;f2=f3
end
p3=p2+h;f3=subs(f00,b,p3)     %计算点三
while(f2>=f3)     %下降区间迭代,直到f3>f2
    p1=p2;f1=f2;p2=p3;f2=f3;
    p3=p2+2*h;f3=subs(f00,b,p3)
end
if h>0            %给出搜索区间
    p=p1;q=p3
else
    p=p3;q=p1
end

function f=mbhs
syms xi yi
f=xi^2+4*yi^2
```

五、方法特点

由于一维搜索是求 $q(\alpha)=f(\boldsymbol{X}^{k+1})=f[\boldsymbol{X}^k-\alpha^k\nabla f(\boldsymbol{X}^k)]$ 的极小，故应满足 $\dfrac{\mathrm{d}q(\alpha)}{\mathrm{d}\alpha}=0$，即：

$$
\begin{aligned}
q'(\alpha)&=\frac{\mathrm{d}f(\boldsymbol{X}^{k+1})}{\mathrm{d}\alpha}=\frac{\mathrm{d}f[\boldsymbol{X}^k-\alpha^k\nabla f(\boldsymbol{X}^k)]}{\mathrm{d}\alpha}\\
&=-\{\nabla f[\boldsymbol{X}^k-\alpha^k\nabla f(\boldsymbol{X}^k)]\}^{\mathrm{T}}\cdot\nabla f(\boldsymbol{X}^k)\\
&=-\nabla f(\boldsymbol{X}^{k+1})^{\mathrm{T}}\cdot\nabla f(\boldsymbol{X}^k)=0
\end{aligned}
$$

因此，最速下降法相邻的两个搜索方向相互垂直，当 $\boldsymbol{X}^k$ 远离 $\boldsymbol{X}^*$ 点时，收敛速度较快。而当 $\boldsymbol{X}^k$ 接近 $\boldsymbol{X}^*$ 点时，由于锯形效应收敛速度较慢。故在实际应用中，常配合其他方法使用，以提高优化效率。

例 4-1　用最速下降法求 $f(\boldsymbol{X})=x_1^2+25x_2^2$ 的极小点，精度 $\varepsilon=0.0001$。

解：(1) 取初始点 $\boldsymbol{X}^0=[2,\ 2]^{\mathrm{T}}$。初始点处函数值 $f(\boldsymbol{X}^0)=104$，初始梯度：

$$
\nabla f(\boldsymbol{X}^0)=\begin{bmatrix}2x_1\\50x_2\end{bmatrix}_{x^0}=\begin{bmatrix}4\\100\end{bmatrix}
$$

(2) 沿负梯度方向一维搜索。

$$
\boldsymbol{X}^1=\boldsymbol{X}^0-\alpha_0\nabla f(\boldsymbol{X}^0)=\begin{bmatrix}2\\2\end{bmatrix}-\alpha_0\begin{bmatrix}4\\100\end{bmatrix}=\begin{bmatrix}2-4\alpha_0\\2-100\alpha_0\end{bmatrix}
$$

(3) 求最优步长。在这里，应该采用黄金分割法或二次插值法求解，这个过程用上一章的一维搜索程序通过计算机获得实现，由于篇幅限制，本文采用解析法获得（以下同）。

$$
f(\boldsymbol{X}^1)=\min_{\alpha}f[\boldsymbol{X}^0-\alpha\nabla f(\boldsymbol{X}^0)]=\min_{\alpha}[(2-4\alpha)^2+25(2-100\alpha)^2]=\min_{\alpha}\phi(\alpha)
$$

$$
\phi'(\alpha_0)=-8(2-4\alpha_0)-5000(2-100\alpha_0)=0
$$

$$
\Rightarrow\alpha_0=0.02003072
$$

(4) 计算新的迭代点位置和函数值。

$$
\boldsymbol{X}^1=\begin{bmatrix}2-4\alpha_0\\2-100\alpha_0\end{bmatrix}=\begin{bmatrix}1.919877\\-0.3071785\times10^{-2}\end{bmatrix}
$$

$$
f(\boldsymbol{X}^1)=3.686164
$$

(5) 迭代终止条件判断。

$$
\|\boldsymbol{X}^1-\boldsymbol{X}^0\|=\sqrt{(1.919877-2)^2+(-0.3071785\times10^{-2}-2)^2}=0.16>\varepsilon
$$

继续迭代，取初始点为 $\boldsymbol{X}^1$，继续重复步骤（1）~（5），直到满足精度要求。

迭代 10 次的结果是：$\boldsymbol{X}^*=\begin{bmatrix}0\\0\end{bmatrix}$，$f(\boldsymbol{X}^*)=\begin{bmatrix}0\\0\end{bmatrix}$。

这个问题的目标函数的等值线为一簇椭圆，迭代点从 $\boldsymbol{X}^0$ 走的是一段锯齿形路线，如图 4-4 所示。

将上例中目标函数 $f(\boldsymbol{X})=x_1^2+25x_2^2$ 引入变换 $y_1=x_1$，$y_2=5x_2$，则函数 $f(\boldsymbol{X})$ 变为：

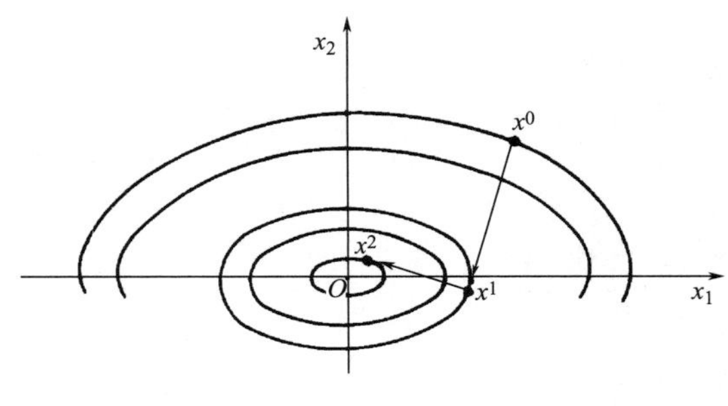

图 4-4　目标函数等值线

$$\phi(y_1,\ y_2)\ =y_1^2+y_2^2$$

其等值线由椭圆变成一簇同心圆。

仍从 $\boldsymbol{X}^0=[2,\ 2]^{\mathrm{T}}$，即 $\boldsymbol{Y}^0=[2,\ 10]^{\mathrm{T}}$ 出发进行最速下降法寻优。此时：

$$\phi(\boldsymbol{Y}^0)\ =104$$

$$\nabla\phi(\boldsymbol{Y}^0)\ =\begin{bmatrix}2y_1\\2y_2\end{bmatrix}_{\boldsymbol{Y}_0}=\begin{bmatrix}4\\20\end{bmatrix}$$

沿负梯度方向进行一维搜索：

$$\begin{aligned}\boldsymbol{Y}^1\ &=\boldsymbol{Y}^0-\beta_0\ \nabla\phi(\boldsymbol{Y}^0)\\&=\begin{bmatrix}2\\10\end{bmatrix}-\beta_0\begin{bmatrix}4\\20\end{bmatrix}=\begin{bmatrix}2-4\beta_0\\10-20\beta_0\end{bmatrix}\end{aligned}$$

β_0 为一维搜索最佳步长，可由极值条件：

$$\phi(\boldsymbol{Y}^1)=\min_{\beta}\phi[\boldsymbol{Y}^0-\beta\nabla\phi(\boldsymbol{Y}^0)]=\min_{\beta}\Phi(\beta)$$

$$\Phi(\beta)=(2-4\beta)^2+(10-20\beta)^2$$

由 $\Phi'(\beta)=0$，解出 $\beta_0=\dfrac{26}{52}=0.5$，从而算得一步计算后设计点的位置及其目标函数：

$$\boldsymbol{Y}^1=\begin{bmatrix}2-4\beta_0\\10-20\beta_0\end{bmatrix}=\begin{bmatrix}0\\0\end{bmatrix}$$

$$\phi(\boldsymbol{Y}^1)=0$$

经变换后，只需一次迭代，就可找到最优解。这是因为经过尺度变换，等值线由椭圆变成圆。

最速下降法是一个求解极值问题的古老方法。早在 1847 年就已由柯西（Cauchy）提出。此法直观简单，由于它采用了函数的负梯度方向作为下一步的搜索方向，所以又称梯度法。这种方法收敛速度较慢，越是接近极值点收敛越慢，这是它的主要缺点。应用最速下降法可以使目标函数在最初几步下降很快，所以它可以与其他无约束优化方法配合使用，一些更有效的方法都是在对它改进后，或在它的启发下获得的。因此，最速下降法仍是许多有约束和无约束优化方法的基础。

第二节　牛顿法

一、原始牛顿法

原始牛顿法的基本思路是在 $\boldsymbol{X}^k$ 邻域内用二次函数 $\varphi(\boldsymbol{X})$ 近似代替原目标函数 $f(\boldsymbol{X})$，并将 $\varphi(\boldsymbol{X})$ 的极小点 $\boldsymbol{X}_{\varphi}^*$ 作为对原目标函数 $f(\boldsymbol{X})$ 求优的下一个迭代点 $\boldsymbol{X}^{k+1}$，经过多次迭代，逐步逼近目标函数 $f(\boldsymbol{X})$ 的极小点 $\boldsymbol{X}^*$。

近似函数 $\varphi(\boldsymbol{X})$ 是 $f(\boldsymbol{X})$ 在 $\boldsymbol{X}^k$ 作泰勒展开的前两项：

$$f(\boldsymbol{X}) \approx \varphi(\boldsymbol{X}) = f(\boldsymbol{X}^k) + \nabla f(\boldsymbol{X}^k)(\boldsymbol{X}-\boldsymbol{X}^k) + \frac{1}{2}(\boldsymbol{X}-\boldsymbol{X}^k)^{\mathrm{T}} \nabla^2 f(\boldsymbol{X}^k)(\boldsymbol{X}-\boldsymbol{X}^k)$$

求 $\varphi(\boldsymbol{X})$ 的极小点 $\boldsymbol{X}_{\varphi}^*$，要求其梯度等于零，即：

$$\nabla\varphi(\boldsymbol{X}) \approx \nabla f(\boldsymbol{X}^k) + \nabla^2 f(\boldsymbol{X}^k)(\boldsymbol{X}-\boldsymbol{X}^k) = 0$$

由此，$\boldsymbol{X}^{k+1} = \boldsymbol{X}_{\varphi}^* = \boldsymbol{X}^k - [\nabla^2 f(\boldsymbol{X}^k)]^{-1} \nabla f(\boldsymbol{X}^k)$，这就是牛顿法迭代公式。

从公式中看出：

（1）搜索方向 $\boldsymbol{d}^k = -[\nabla f^2(\boldsymbol{X}^k)]^{-1} \nabla f(\boldsymbol{X}^k)$。

（2）步长因子 $\alpha_k \equiv 1$。

例 4-2　用牛顿法求 $f(\boldsymbol{X}) = x_1^2 + 25x_2^2$ 的极小值。

解：取初始点 $\boldsymbol{X}^0 = [2, 2]^{\mathrm{T}}$。初始点的梯度、海赛矩阵及其逆阵是：

$$\nabla f(\boldsymbol{X}^0) = \begin{bmatrix} 2x_1 \\ 50x_2 \end{bmatrix}_{X_0} = \begin{bmatrix} 4 \\ 100 \end{bmatrix} \quad \nabla^2 f(\boldsymbol{X}^0) = \begin{bmatrix} 2 & 0 \\ 0 & 50 \end{bmatrix} \quad [\nabla^2 f(\boldsymbol{X}^0)]^{-1} = \begin{bmatrix} \frac{1}{2} & 0 \\ 0 & \frac{1}{50} \end{bmatrix}$$

新的迭代点
$$\boldsymbol{X}^1 = \begin{bmatrix} 2 \\ 2 \end{bmatrix} - \begin{bmatrix} \frac{1}{2} & 0 \\ 0 & \frac{1}{50} \end{bmatrix} \begin{bmatrix} 4 \\ 100 \end{bmatrix} = \begin{bmatrix} 0 \\ 0 \end{bmatrix}$$

经过一次迭代，求得最优点 $\boldsymbol{X}^* = [0 \quad 0]^{\mathrm{T}}$，$f(\boldsymbol{X}^*) = 0$。

二、阻尼牛顿法

（一）基本思路

牛顿法具有收敛速度快的特点，但对于非二次型目标函数，有可能出现 $F(\boldsymbol{X}^{k+1}) > F(\boldsymbol{X}^k)$ 的情况，从而使迭代过程发散。比如，对于如下问题：

$$\min f(\boldsymbol{X}) = 100(x_2 - x_1^2)^2 + (1-x_1)^2$$

如果初选点为 $\boldsymbol{X}^0 = [0.5 \quad 0.5]^{\mathrm{T}}$，则迭代后目标函数下降。但如果初选点为 $\boldsymbol{X}^0 = [0 \quad 0]^{\mathrm{T}}$，$f(\boldsymbol{X}^0) = 1$，迭代计算后，$\boldsymbol{X}^1 = [1 \quad 0]^{\mathrm{T}}$，$f(\boldsymbol{X}^1) = 100$，函数值不降反升。究其原因是步长恒为 1 导致的。

为了消除原始牛顿法的上述弊病，可人为的在迭代式中加入阻尼因子 α_k，使步长可调：

$$\boldsymbol{X}^{k+1} = \boldsymbol{X}^k - \alpha_k [\nabla f^2(\boldsymbol{X}^k)]^{-1} \nabla f(\boldsymbol{X}^k)$$

$$\alpha_k = \min f(\boldsymbol{X}^k + \alpha_k \boldsymbol{d}^k)$$

（二）计算步骤

（1）给定初始迭代点 $\boldsymbol{X}^0$，迭代精度 ε，维数 n。

（2）令 $k=0$。

（3）计算 $\boldsymbol{X}^k$ 点处的海赛矩阵 $\boldsymbol{H}(\boldsymbol{X}^k)$，并求逆 $\boldsymbol{H}^{-1}$。

（4）确定牛顿方向 $\boldsymbol{d}^k = -[\boldsymbol{H}(\boldsymbol{X}^k)]^{-1} \nabla F(\boldsymbol{X}^k)$，并沿 $\boldsymbol{d}^k$ 方向进行一维优化搜索求最优步长 $\boldsymbol{\alpha}_k$。

（5）计算下一个迭代点 $\boldsymbol{X}^{k+1} = \boldsymbol{X}^k + \alpha_k \boldsymbol{d}^k$。

(6) 终止判别 $|X^{k+1}-X^{k}|<\varepsilon$? 若满足，输出最优解：$X^{*}<-X^{k+1}$，$F^{*}<-F(X^{*})$ 否则，令 $k<-k+1$，转步骤（3）。

（三）程序框图

图 4-5 是阻尼牛顿法程序框图。

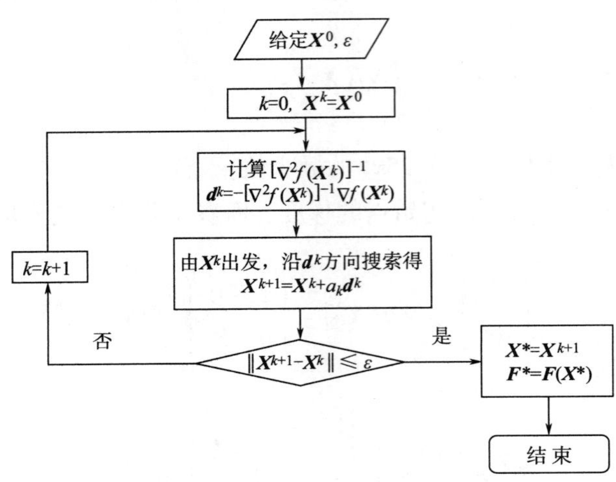

图 4-5　阻尼牛顿法程序框图

（四）算法程序

```
function niudunfa
%NIUDUNFA   阻尼牛顿法
%   适用于2维空间,只需修改目标函数
clear;
syms xi yi b   % xi,yi--自变量,b--步长因子
x0=[2;2]; t=0.01   %初始点与误差精度`
f=mbhs                  %目标函数
dfdx=diff(f,xi);dfdy=diff(f,yi);        %对目标函数求偏导
dfdxdx=diff(f,xi,2);dfdydy=diff(f,yi,2)
dfdxdy=diff(diff(f,xi),yi);dfdydx=diff(diff(f,yi),xi)
H=[dfdxdx,dfdxdy;dfdydx,dfdydy]
dfdx0=subs(dfdx,{xi,yi},x0);%求得初始点 x0 梯度
dfdy0=subs(dfdy,{xi,yi},x0);
H0=subs(H,{xi,yi},x0);
s=-inv(H0)*[dfdx0;dfdy0]; x1=x0+b*s        % s是迭代方向
%求最优步长
[p q]=jtf(x1)
k1=hjfg(x1,p,q)
x1=subs(x1,b,k1)
dfdx1=subs(dfdx,{xi,yi},x1);dfdy1=subs(dfdy,{xi,yi},x1);H1=subs(H,{xi,yi},x1);
```

```
model=sqrt((x1(1)-x0(1))^2+(x1(2)-x0(2))^2);
while model>t          %误差精度判断
    s=-inv(H1)*[dfdx1;dfdy1]; x1=x0+b*s
    %求最优步长因子 b
    [p q]=jtf(x1)
    k1=hjfg(x1,p,q)
    x1=subs(x1,b,k1)
    dfdx1=subs(dfdx,{xi,yi},
x1);dfdy1=subs(dfdy,{xi,yi},
x1);H1=subs(H,{xi,yi},x1);
    model=sqrt((x1(1)-x0(1))^2+(x1(2)-x0(2))^2);
    x0=x1
end
fy=subs(f,{xi,yi},x1);
fprintf(1,'    x*          x*=%3.4f\n',x1(1))
fprintf(1,'                %3.4f\n',x1(2))
fprintf(1,'    f*          f*=%3.4f\n',fy)

function xm=hjfg(x0,p,q)
syms xi yi b
f=mbhs;
f00=subs(f,{xi,yi},x0);
epsilon=0.01;
a1=q-0.618*(q-p);
f1=subs(f00,b,a1);
a2=p+0.618*(q-p);
f2=subs(f00,b,a2);
while (q-p)>epsilon
  if f1<=f2
    q=a2;a2=a1;f2=f1;
    a1=q-0.618*(q-p);
    f1=subs(f00,b,a1);
  else
    p=a1;a1=a2;f1=f2;
    a2=p+0.618*(q-p);
    f2=subs(f00,b,a2);
  end;
end
xm=0.5*(q+p);
```

```
function [p q]=jtf(x0)
syms xi yi b
f=mbhs
f00=subs(f,{xi,yi},x0);
h0=0.1;h=h0   %步长
p1=0;f1=subs(f00,b,p1)
p2=p1+h;f2=subs(f00,b,p2)
if f1<f2
   h=-h;p3=p1;f3=f1;p1=p2;f1=f2;p2=p3;f2=f3
end
p3=p2+h;f3=subs(f00,b,p3)
while(f2>=f3)
   p1=p2;f1=f2;p2=p3;f2=f3;
   p3=p2+2*h;f3=subs(f00,b,p3)
end
if h>0
   p=p1;q=p3
else
   p=p3;q=p1
end
function f=mbhs
syms xi yi
f=xi^2+2*yi^2-2*xi*yi-4*x
```

(五) 阻尼牛顿法的特点

(1) 不能保证每次迭代都使函数值下降。

举例说明：用阻尼牛顿法求函数$f(\boldsymbol{X})=x_1^4+x_1x_2+(1+x_2)^2$的最优解。初始点$\boldsymbol{X}^0=\begin{bmatrix}0\\0\end{bmatrix}$

函数的梯度：

$$\nabla f(\boldsymbol{X}^0)=\begin{bmatrix}4x_1^3+x_2\\x_1+2(1+x_2)\end{bmatrix}_{\boldsymbol{X}^0}=\begin{bmatrix}0\\2\end{bmatrix}$$

$$\nabla^2 f(\boldsymbol{X}^0)=\begin{bmatrix}12x_1^2 & 1\\1 & 2\end{bmatrix}_{\boldsymbol{X}^0}=\begin{bmatrix}0 & 1\\1 & 2\end{bmatrix}$$

$$[\nabla^2 f(\boldsymbol{X}^0)]^{-1}=\begin{bmatrix}-2 & 1\\1 & 0\end{bmatrix}$$

牛顿方向：$\boldsymbol{d}^0=-[\nabla^2 f(\boldsymbol{X}^0)]^{-1}\nabla f(\boldsymbol{X}^0)=-\begin{bmatrix}-2 & 1\\1 & 0\end{bmatrix}\begin{bmatrix}0\\2\end{bmatrix}=\begin{bmatrix}-2\\0\end{bmatrix}$

$$X^1=X^0+\alpha_0 d^0=\begin{bmatrix}0\\0\end{bmatrix}+\alpha_0\begin{bmatrix}-2\\0\end{bmatrix}$$

$$f'(\alpha_0)=164\alpha_0^4+1=0$$

$$f'(\alpha_0)=0\Rightarrow\alpha_0=0$$

$$X^1=\begin{bmatrix}0\\0\end{bmatrix}=X^0$$

结果说明迭代后的新点仍为原点，无法继续迭代。原因是海赛矩阵不定，导致失败。

（2）阻尼牛顿法收敛速度较牛顿法慢，但对初始点无特殊要求，实用性更好。

（3）牛顿法和阻尼牛顿法在每次迭代时，都要计算海赛矩阵，一则计算工作量大，二则要求海赛矩阵正定（保证有极小值）和非奇异（保证有逆矩阵）。这使得该法对复杂多变量目标函数的优化问题无实用价值。

虽然阻尼牛顿法有上述缺点，但在特定条件下它具有收敛速度最快的优点，并为其他的算法提供了思路和理论依据。

第三节　共轭梯度法

一、共轭方向的概念

1. 共轭方向的定义

设 $\boldsymbol{A}$ 为 n 阶实对称正定矩阵，若有两个 n 维矢量 $\boldsymbol{S}_1$ 和 $\boldsymbol{S}_2$，满足 $\boldsymbol{S}_1^{\mathrm{T}}\boldsymbol{A}\boldsymbol{S}_2=0$，则称矢量 $\boldsymbol{S}_1$ 和 $\boldsymbol{S}_2$ 对 $\boldsymbol{A}$ 共轭，共轭矢量的方向称为共轭方向。

如果 $\boldsymbol{A}=\boldsymbol{I}$（单位矩阵），就有 $\boldsymbol{S}_1^{\mathrm{T}}\boldsymbol{S}_2=0$，$\boldsymbol{S}_1$ 和 $\boldsymbol{S}_2$ 方向正交，即与单位矩阵共轭的方向是正交方向，所以正交方向是共轭方向的一个特例。但两者不能混淆。

2. 共轭方向的性质

性质 1：若非零向量系 $\boldsymbol{d}^0$，$\boldsymbol{d}^1$，…，$\boldsymbol{d}^{m-1}$ 是对 $\boldsymbol{G}$ 共轭的，则这 m 个向量是线性无关的。

性质 2：在 n 维空间中互相共轭的非零向量的个数不超过 n。

性质 3：从任意初始点 $\boldsymbol{X}^0$ 出发，顺次沿 n 个 $\boldsymbol{G}$ 的共轭方向 $\boldsymbol{d}^0$，$\boldsymbol{d}^1$，…，$\boldsymbol{d}^{n-1}$ 进行一维搜索，最多经过 n 次迭代就可以找到正定二次函数极小点。

以二次函数 $f(\boldsymbol{X})=\dfrac{1}{2}\boldsymbol{X}^{\mathrm{T}}\boldsymbol{G}\boldsymbol{X}+\boldsymbol{b}^{\mathrm{T}}\boldsymbol{X}+\boldsymbol{c}$ 为例，如图 4-6 所示。二元二次函数等值线为一椭圆族，任选初始点 $\boldsymbol{X}^0$ 沿某个下降方向 $\boldsymbol{d}^0$ 作一维搜索，得到 $\boldsymbol{X}^1=\boldsymbol{X}^0+\alpha_0\boldsymbol{d}^0$。$\boldsymbol{X}^1$ 处函数 $f(\boldsymbol{X})$ 沿 $\boldsymbol{d}^0$ 方向的方向导数为零，故 $\left.\dfrac{\partial f}{\partial \boldsymbol{d}}\right|_{X^1}=[\nabla f(\boldsymbol{X}^1)]^{\mathrm{T}}\boldsymbol{d}^0=0$，为避免发生锯齿现象，下一次迭代方向指向最小点，即 $\boldsymbol{X}^*=\boldsymbol{X}^1+\alpha_1\boldsymbol{d}^1$。

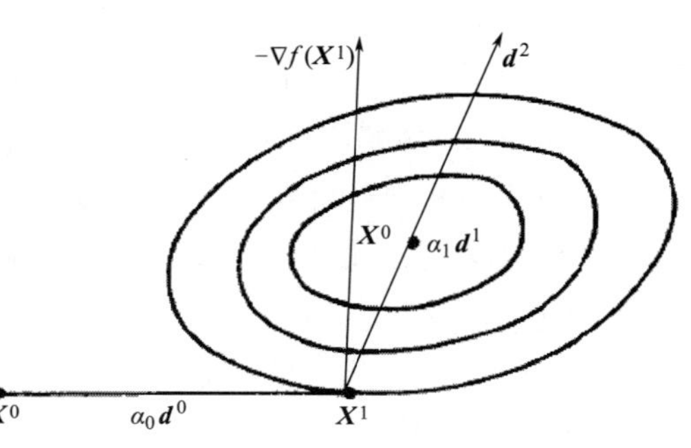

图 4-6　负梯度方向和共轭方向

因为 $$\nabla f(\boldsymbol{X}) = \boldsymbol{GX}+\boldsymbol{b}$$

所以 $$\nabla f(\boldsymbol{X}^*)=\boldsymbol{G}(\boldsymbol{X}^1+\alpha_1\boldsymbol{d}^1)+\boldsymbol{b}=\nabla f(\boldsymbol{X}^1)+\alpha_1\boldsymbol{Gd}^1=0$$

将等式两边同时左乘 $[\boldsymbol{d}^0]^{\mathrm{T}}$，由于 $\alpha_1\neq 0$，有：

$[\boldsymbol{d}^0]^{\mathrm{T}}\boldsymbol{Gd}^1=0$，称作 $\boldsymbol{d}^0$、$\boldsymbol{d}^1$ 对 $\boldsymbol{G}$ 共轭。

对于正定二次二元函数依次沿两个互相共轭的方向作一维搜索，就能得到极小点，对于正定二次 n 元函数依次沿 n 个互相共轭的方向作一维搜索，就能得到极小点。

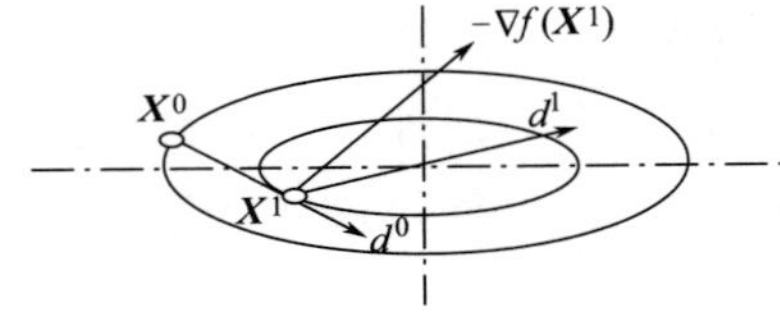

图 4-7　共轭梯度法的几何说明

二、共轭梯度法的几何说明

如图 4-7 所示，每轮搜索方向为一组共轭方向，但第一方向为负梯度方向。

三、共轭方向的构成

第一方向： $$\boldsymbol{d}^1=-\nabla f(\boldsymbol{X}^1)$$

第二方向： $$\boldsymbol{d}^2=-\nabla f(\boldsymbol{X}^2)+\beta_1\boldsymbol{d}^1$$

因为 $[\boldsymbol{d}^1]^{\mathrm{T}}\boldsymbol{Gd}^0=0$，故有 $[-\nabla f(\boldsymbol{X}^1)+\beta_1\boldsymbol{d}^0]^{\mathrm{T}}\boldsymbol{Gd}^0=0$，得到：

$$\beta_1=\frac{[\nabla f(\boldsymbol{X}^1)]^{\mathrm{T}}\boldsymbol{Gd}^0}{[\boldsymbol{d}^0]^{\mathrm{T}}\boldsymbol{Gd}^0} \tag{4-1}$$

又因为 $$\nabla f(\boldsymbol{X}^1)-\nabla f(\boldsymbol{X}^0)=G\ (\boldsymbol{X}^1-\boldsymbol{X}^0)=\alpha_0\boldsymbol{Gd}^0 \tag{4-2}$$

将 $\boldsymbol{X}^1=\boldsymbol{X}^0+\alpha_0\boldsymbol{d}^0$ 代入，

又因为 $[\boldsymbol{d}^0]^{\mathrm{T}}\nabla f(\boldsymbol{X}^1)=0$，为正交，所以 $\nabla f(\boldsymbol{X}^1)$ 与 $\nabla f(\boldsymbol{X}^0)$ 正交，即：

$$\nabla f(\boldsymbol{X}^1)^{\mathrm{T}}\nabla f\ (\boldsymbol{X}^0)=0 \tag{4-3}$$

将式（4-2）、式（4-3）代入式（4-1），得到：

$$\beta_1=\frac{[\nabla f(\boldsymbol{X}^1)]^{\mathrm{T}}\dfrac{[\nabla f(\boldsymbol{X}^1)-\nabla f(\boldsymbol{X}^0)]}{\alpha_0}}{[-\nabla f(\boldsymbol{X}^0)]^{\mathrm{T}}\dfrac{\nabla f(\boldsymbol{X}^1)-\nabla f(\boldsymbol{X}^0)}{\alpha_0}}=\frac{\|\nabla f(\boldsymbol{X}^1)\|^2}{\|\nabla f(\boldsymbol{X}^0)\|^2}$$

以后新方向均按下述迭代公式产生：

$$\boldsymbol{d}^{k+1}=-\nabla f(\boldsymbol{X}^{k+1})+\beta_k\boldsymbol{d}^k$$

$$\beta_k=\frac{\|\nabla f(\boldsymbol{X}^{k+1})\|^2}{\|\nabla f(\boldsymbol{X}^k)\|^2}$$

沿着这些共轭方向一直搜索下去，直到最后迭代点处梯度的模小于给定允许值为止。若目标函数为非二次函数，经 n 次搜索还未达到最优点，如果继续产生新方向，这个方向会有可能与前 n 个共轭方向中的某一方向线性相关，造成搜索空间降维，失去寻优价值，因此，经 n 次搜索还未达到最优点，则以最后得到的点作为初始点，重新计算共轭方向，一直到满足精度为止。

四、程序框图

图 4-8 是共轭梯度法程序框图。

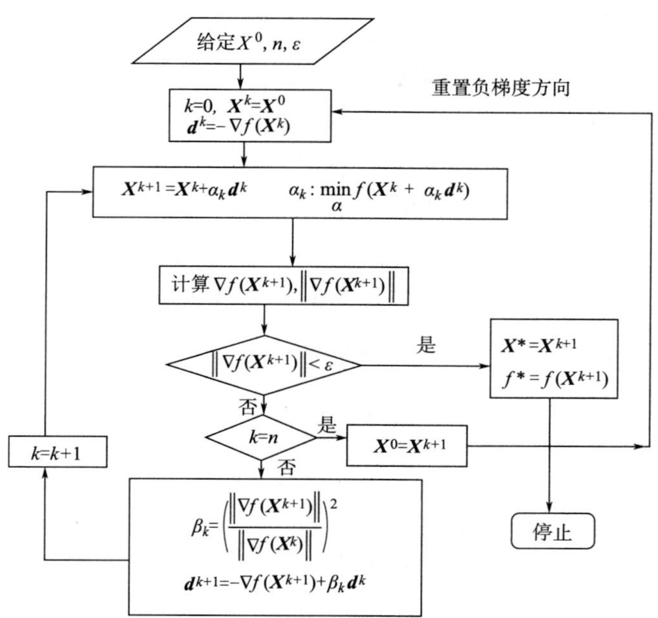

图 4-8　共轭梯度法程序框图

五、算法程序

```
function getdfa
%GETDFA    共轭梯度法
%    适用于 2 维空间,只需修改目标函数
clear;
syms xi yi b   % xi,yi--自变量,b--步长因子
x0=[2;2]; t=0.01   %初始点与误差精度
f=mbhs              %目标函数
dfdx=diff(f,xi)
dfdy=diff(f,yi)
dfdxdx=diff(f,xi,2)
dfdydy=diff(f,yi,2)
dfdx0=subs(dfdx,{xi,yi},x0)
dfdy0=subs(dfdy,{xi,yi},x0)
s=-[dfdx0;dfdy0];
x1=x0+b*s   % s 是第一个搜索方向
%求最优步长
[p q]=jtf(x1)
k1=hjfg(x1,p,q)
x1=subs(x1,b,k1)
dfdx1=subs(dfdx,{xi,yi},x1)
```

```
dfdy1=subs(dfdy,{xi,yi},x1)
r=(dfdx1^2+dfdy1^2)/(dfdx0^2+dfdy0^2)
s=-[dfdx1;dfdy1]+r*[dfdx0;dfdy0]
model=sqrt(dfdx1^2+dfdy1^2);
while double(model)>t      %误差精度判断
   s=-[dfdx1;dfdy1]+r*[dfdx0;dfdy0];
   x1=x0+b*s      % s 是搜索方向
   %求最优步长因子 b
   [p q]=jtf(x1)
   k1=hjfg(x1,p,q)
   x1=subs(x1,b,k1)
   dfdx0=dfdx1;dfdy0=dfdy1;
   dfdx1=subs(dfdx,{xi,yi},x1);
   dfdy1=subs(dfdy,{xi,yi},x1);
   r=(dfdx1^2+dfdy1^2)/(dfdx0^2+dfdy0^2)
   model=sqrt(dfdx1^2+dfdy1^2);
   x0=x1
end
fy=subs(f,{xi,yi},x1);
fprintf(1,'    x*       x*=% 3.4f\n',x1(1))
fprintf(1,'               % 3.4f\n',x1(2))
fprintf(1,'    f*       f*=% 3.4f\n',fy)

function xm=hjfg(x0,p,q)
syms xi yi b
f=mbhs;
f00=subs(f,{xi,yi},x0);
epsilon=0.01;
a1=q-0.618*(q-p);
f1=subs(f00,b,a1);
a2=p+0.618*(q-p);
f2=subs(f00,b,a2);
while (q-p)>epsilon
   if f1<=f2
      q=a2;a2=a1;f2=f1;
      a1=q-0.618*(q-p);
      f1=subs(f00,b,a1);
   else
      p=a1;a1=a2;f1=f2;
      a2=p+0.618*(q-p);
```

```
      f2=subs(f00,b,a2);
    end;
end
xm=0.5*(q+p);

function [p q]=jtf(x0)
syms xi yi b
f=mbhs
f00=subs(f,{xi,yi},x0);
h0=0.1;h=h0
p1=0;f1=subs(f00,b,p1)
p2=p1+h;f2=subs(f00,b,p2)
if f1<f2
    h=-h;p3=p1;f3=f1;p1=p2;f1=f2;p2=p3;f2=f3
end
p3=p2+h;f3=subs(f00,b,p3)
while(f2>=f3)
    p1=p2;f1=f2;p2=p3;f2=f3;
    p3=p2+2*h;f3=subs(f00,b,p3)
end
if h>0
    p=p1;q=p3
else
    p=p3;q=p1
end

function f=mbhs
syms xi yi
f=xi^2+2*yi^2-2*xi*yi-4*xi
```

例 4-3　用共轭梯度法求二次函数 $f(x_1,\ x_2)=x_1^2+2x_2^2-4x_1-2x_1x_2$ 的极小点和极小值，精度 $\varepsilon=0.01$。

解：（1）取初始点 $\boldsymbol{X}^0=[1\quad 1]^{\mathrm{T}}$，则初始梯度 $\nabla f(\boldsymbol{X}^0)=\begin{bmatrix}2x_1-2x_2-4\\4x_2-2x_1\end{bmatrix}=\begin{bmatrix}-4\\2\end{bmatrix}$，初始点的模 $\|\nabla f(\boldsymbol{X}^0)\|=\sqrt{20}$，取：$\boldsymbol{d}^0=-\nabla f(\boldsymbol{X}^0)=\begin{bmatrix}-4\\2\end{bmatrix}$。

（2）沿负梯度方向一维搜索。

$$\boldsymbol{X}^1=\boldsymbol{X}^0-\alpha_0\nabla f(\boldsymbol{X}^0)=\begin{bmatrix}2\\2\end{bmatrix}-\alpha_0\begin{bmatrix}4\\-2\end{bmatrix}=\begin{bmatrix}1+4\alpha_0\\1-2\alpha_0\end{bmatrix}$$

（3）求最优步长。

$$f(\boldsymbol{X}^1)=\min_{\alpha} f[\boldsymbol{X}^0-\alpha\nabla f(\boldsymbol{X}^0)]=\min_{\alpha}\phi(\alpha)$$

$$\phi'(\alpha_0)=0$$

$$\Rightarrow \alpha_0=1/4$$

$$\boldsymbol{X}^1=\begin{bmatrix}2\\1/2\end{bmatrix}$$

（4）计算新的迭代点的梯度及模。

$$\nabla f(\boldsymbol{X}^1)=\begin{bmatrix}2x_1-2x_2-4\\4x_2-2x_1\end{bmatrix}_{X^1}=\begin{bmatrix}-1\\-2\end{bmatrix}\qquad \|\nabla f(\boldsymbol{X}^1)\|=\sqrt{5}$$

（5）迭代终止条件判断。

$\|\nabla f(\boldsymbol{X}^1)\|=\sqrt{5}>\varepsilon$，继续进行迭代计算。

（6）计算迭代点的系数和新的共轭方向。

$$\beta_0=\frac{\|\nabla f(\boldsymbol{X}^1)\|^2}{\|\nabla f(\boldsymbol{X}^0)\|^2}=\frac{5}{20}=\frac{1}{4}$$

$$\boldsymbol{d}^1=-\nabla f(\boldsymbol{X}^1)+\beta_0\boldsymbol{d}^0=\begin{bmatrix}1\\2\end{bmatrix}+\frac{1}{4}\begin{bmatrix}4\\-2\end{bmatrix}=\begin{bmatrix}2\\\frac{3}{2}\end{bmatrix}$$

（7）重复步骤（2）~（6）。

计算新的迭代点 $\boldsymbol{X}^2=\boldsymbol{X}^1+\alpha_1\boldsymbol{d}^1=\begin{bmatrix}2\\1/2\end{bmatrix}+\alpha_1\begin{bmatrix}2\\3/2\end{bmatrix}=\begin{bmatrix}2+2\alpha_1\\1/2+3/2\alpha_1\end{bmatrix}$，求最优步长 $\alpha_1=1$，$\boldsymbol{X}^2=\begin{bmatrix}4\\2\end{bmatrix}$。

X^2 的梯度和模 $\nabla f(\boldsymbol{X}^2)=\begin{bmatrix}2x_1-2x_2-4\\4x_2-2x_1\end{bmatrix}_{X^2}=\begin{bmatrix}0\\0\end{bmatrix}\qquad\|\nabla f(\boldsymbol{X}^2)\|=0$ 满足收敛条件。

因此，极小点是 $\boldsymbol{X}^2$，极小值是 $f(\boldsymbol{X}^*)=-8$。

从共轭梯度法的计算过程可以看出，第一个搜索方向取作负梯度方向，这就是最速下降法。其余各步的搜索方向是将负梯度偏转一个角度，也就是对负梯度进行修正。所以共轭梯度法实质上是对最速下降法的一种改进，故又称为旋转梯度法，是 1964 年由 Fletcher 和 Reeves 两人提出的，优点是程序简单，存储量少，具有最速下降法的优点，而在收敛速度上比最速下降法快，具有二次收敛性。

第四节　变尺度法

变尺度法简称 DFP 法。1959 年由 Davidan 提出，1963 年由 Fletcher 和 Powell 进行了改进，故称 DFP 法。

一、基本思路

梯度法特点是方法简单，开始时目标函数值下降较快，但越来越慢。阻尼牛顿法特点是目标函数值在最优点附近时收敛快，但要用到二阶导数和矩阵求逆。

为了综合梯度法和牛顿法的优点，使 $\boldsymbol{X}^k$ 点无论在可行域的何处都具有较快的收敛速度，并且避免求导以及海塞矩阵求逆的复杂运算。我们可以构造一种优化方法，其迭代式为 $\boldsymbol{X}^{k+1}=\boldsymbol{X}^k-\alpha_k\boldsymbol{H}_k\nabla f(\boldsymbol{X}^k)$，其中对称正定矩阵 $\boldsymbol{H}_k$ 随迭代点 $\boldsymbol{X}^k$ 的变化而变化，称为变尺度矩阵。

式中，$\boldsymbol{H}_k$ 为构造矩阵（在迭代中产生，不用求导和作矩阵求逆）。当 $k=0$，$\boldsymbol{H}_k=\boldsymbol{I}$ 和梯度法一样，便于突破函数的非二次性；迭代终了，$\boldsymbol{H}_k\to[\nabla f^2(\boldsymbol{X}^k)]^{-1}$ 具有二阶收敛性。

在迭代搜索过程中，随着 $\boldsymbol{X}^k\to\boldsymbol{X}^*$，便有 $\boldsymbol{H}_k\to[\nabla f^2(\boldsymbol{X}^k)]^{-1}$，故搜索过程中方向 $\boldsymbol{d}^k=-\boldsymbol{H}_k\nabla f(\boldsymbol{X}^k)$ 逐步逼近方向 $-[\nabla^2 f(\boldsymbol{X}_k)]^{-1}\nabla f(\boldsymbol{X}_k)$，故又称 $-\boldsymbol{H}_k\nabla f(\boldsymbol{X}^k)$ 为拟牛顿方向。要做到这一点，$\boldsymbol{H}_k$ 必须满足以下条件。

1. 矩阵 $\boldsymbol{H}_k$ 必须对称正定

(1) $\boldsymbol{H}_k$ 应为对称矩阵。这是因为 $\boldsymbol{I}$ 和 $[\nabla^2 f(\boldsymbol{X}^k)]^{-1}$ 均为对称矩阵。

(2) $\boldsymbol{H}_k$ 应为正定矩阵。

为确保搜索方向 $\boldsymbol{d}^k=-\boldsymbol{H}_k\nabla f(\boldsymbol{X}^k)$ 指向目标函数值下降的方向，$\boldsymbol{d}^k$ 必须与 $-\nabla f(\boldsymbol{X}^k)$ 的夹角应小于 90°：

$$[-\nabla f(\boldsymbol{X}^k)]^{\mathrm{T}}\boldsymbol{d}^k=[-\nabla f(\boldsymbol{X}^k)]^{\mathrm{T}}[-\boldsymbol{H}_k\nabla f(\boldsymbol{X}^k)]=[\nabla f(\boldsymbol{X}^k)]^{\mathrm{T}}\boldsymbol{H}_k\nabla f(\boldsymbol{X}^k)>0$$

由二次型正定性质知，$\boldsymbol{H}_k$ 为对称正定矩阵。

2. 要求构造变尺度矩阵 $\boldsymbol{H}_k$ 具有简单的迭代运算

$$\boldsymbol{H}_{k+1}=\boldsymbol{H}_k+\boldsymbol{E}_k$$

式中，$\boldsymbol{E}_k$ 为校正矩阵。给出不同的校正矩阵就会有不同的尺度矩阵。

3. $\boldsymbol{H}_k$ 必须满足拟牛顿条件

为使 $\lim\boldsymbol{H}_k\to[\nabla^2 f(\boldsymbol{X}^k)]^{-1}$，$\boldsymbol{H}_k$ 必须满足拟牛顿条件。因为目标函数 $F(\boldsymbol{X})$ 展开成泰勒级数并取二次项时：

$$f(\boldsymbol{X})\approx f(\boldsymbol{X}^k)+\nabla f(\boldsymbol{X}^k)(\boldsymbol{X}-\boldsymbol{X}^k)+\frac{1}{2}(\boldsymbol{X}-\boldsymbol{X}^k)^{\mathrm{T}}\nabla^2 f(\boldsymbol{X}^k)(\boldsymbol{X}-\boldsymbol{X}^k)$$

上式在 $\boldsymbol{X}^{k+1}$ 点处的梯度为：

$$\nabla f(\boldsymbol{X}^{k+1})=\nabla f(\boldsymbol{X}^k)+\nabla^2 f(\boldsymbol{X}^k)(\boldsymbol{X}^{k+1}-\boldsymbol{X}^k)$$

若矩阵 $\nabla^2 f(\boldsymbol{X}^k)$ 为可逆矩阵，则：

$$[\nabla^2 f(\boldsymbol{X}^k)]^{-1}[\nabla f(\boldsymbol{X}^{k+1})-\nabla f(\boldsymbol{X}^k)]=\boldsymbol{X}^{k+1}-\boldsymbol{X}^k$$

故变尺度矩阵 $\boldsymbol{H}_{k+1}$ 也应满足上式，所以：

$$\boldsymbol{H}_{k+1}[\nabla f(\boldsymbol{X}^{k+1})-\nabla f(\boldsymbol{X}^k)]=\boldsymbol{X}^{k+1}-\boldsymbol{X}^k$$

那么，$\boldsymbol{H}_k$ 就可以很好的近似于海赛矩阵，因此，把上式称作拟牛顿条件。

4. $\boldsymbol{H}_{k+1}$ 的构造方法

令 $\boldsymbol{y}_k=\nabla f(\boldsymbol{X}^{k+1})-\nabla f(\boldsymbol{X}^k)$，$\boldsymbol{s}^k=\boldsymbol{X}^{k+1}-\boldsymbol{X}^k$，则拟牛顿条件可写成：

$$\boldsymbol{H}_{k+1}y_k=\boldsymbol{s}_k，即(\boldsymbol{H}_k+\boldsymbol{E}_k)\boldsymbol{y}_k=\boldsymbol{s}_k 或 \boldsymbol{E}_k y_k=\boldsymbol{s}_k-\boldsymbol{H}_k\boldsymbol{y}_k \tag{4-4}$$

DFP 算法中的校正矩阵 $\boldsymbol{E}_k$ 取为下列形式：

$$\boldsymbol{E}_k=\alpha_k\boldsymbol{u}_k\boldsymbol{u}_k^{\mathrm{T}}+\beta_k\boldsymbol{v}_k\boldsymbol{v}_k^{\mathrm{T}}$$

其中，α_k，β_k 为待定系数；$\boldsymbol{u}_k\boldsymbol{u}_k^{\mathrm{T}}$，$\boldsymbol{v}_k\boldsymbol{v}_k^{\mathrm{T}}$ 用于保证对称性，如：

$$\begin{bmatrix}1\\2\\3\end{bmatrix}[1\quad 2\quad 3]=\begin{bmatrix}1&2&3\\2&4&6\\3&6&9\end{bmatrix}$$

因此，代入式（4-4）：

$$(\alpha_k\boldsymbol{u}_k\boldsymbol{u}_k^{\mathrm{T}}+\beta_k\boldsymbol{v}_k\boldsymbol{v}_k^{\mathrm{T}})y_k=\boldsymbol{s}_k-\boldsymbol{H}_k\boldsymbol{y}_k$$

即：

$$\alpha_k\boldsymbol{u}_k\boldsymbol{u}_k^{\mathrm{T}}y_k+\beta_k\boldsymbol{v}_k\boldsymbol{v}_k^{\mathrm{T}}y_k=s_k-\boldsymbol{H}_ky_k$$

满足上面方程的待定系数 $\boldsymbol{u}_k$，$\boldsymbol{v}_k$ 有多种取法，取：

$$\alpha_k\boldsymbol{u}_k\boldsymbol{u}_k^{\mathrm{T}}\boldsymbol{y}_k=\boldsymbol{s}_k,\ \beta_k\boldsymbol{v}_k\boldsymbol{v}_k^{\mathrm{T}}\boldsymbol{y}_k=-\boldsymbol{H}_k\boldsymbol{y}_k$$

$$\boldsymbol{u}_k=\boldsymbol{s}_k,\ \boldsymbol{v}_k=\boldsymbol{H}_k\boldsymbol{y}_k$$

则：

$$\alpha_k=\frac{1}{\boldsymbol{s}_k^{\mathrm{T}}\boldsymbol{y}_k},\ \beta_k=-\frac{1}{\boldsymbol{y}_k^{\mathrm{T}}\boldsymbol{H}_k\boldsymbol{y}_k}$$

从而可得 DFP 算法的校正公式（$\boldsymbol{H}^k$ 对称矩阵的转置是它本身）：

$$\boldsymbol{H}_{k+1}=\boldsymbol{H}_k+\frac{\boldsymbol{s}_k\boldsymbol{s}_k^{\mathrm{T}}}{\boldsymbol{s}_k^{\mathrm{T}}\boldsymbol{y}_k}-\frac{\boldsymbol{H}_k\boldsymbol{y}_k\boldsymbol{y}_k^{\mathrm{T}}\boldsymbol{H}_k}{\boldsymbol{y}_k^{\mathrm{T}}\boldsymbol{H}_k\boldsymbol{y}_k}$$

因此，变尺度法的迭代式为：

$$\begin{cases}\boldsymbol{X}^{k+1}=\boldsymbol{X}^k-\alpha_k\boldsymbol{H}_k\nabla f(\boldsymbol{X}^k)\\[2mm]\boldsymbol{H}_{k+1}=\boldsymbol{H}_k+\dfrac{\boldsymbol{s}_k\boldsymbol{s}_k^{\mathrm{T}}}{\boldsymbol{s}_k^{\mathrm{T}}\boldsymbol{y}_k}-\dfrac{\boldsymbol{H}_k\boldsymbol{y}_k\boldsymbol{y}_k^{\mathrm{T}}\boldsymbol{H}_k}{\boldsymbol{y}_k^{\mathrm{T}}\boldsymbol{H}_k\boldsymbol{y}_k}\end{cases}$$

二、计算步骤

（1）给定初始点 $\boldsymbol{X}^0$，精度 ε，维数 n。

（2）$k\leftarrow0$，$\boldsymbol{H}_0\leftarrow0$，计算 $g_0=\nabla f(\boldsymbol{X}^0)$。

（3）求搜索方向 $\boldsymbol{d}^k=-\boldsymbol{H}_kg_k$。

（4）用一维优化方法确定 $\boldsymbol{d}^k$ 方向上的最优步长因子 α_k，计算 $\boldsymbol{X}^{k+1}=\boldsymbol{X}^k+\alpha_k\boldsymbol{d}^k$。

（5）终止条件判别 $|\nabla F(\boldsymbol{X}^{k+1})|<\varepsilon$？若成立，输出最优解 $\boldsymbol{X}^*=\boldsymbol{X}^{k+1}$，$F^*=F(\boldsymbol{X}^*)$。否则，进行下一步。

（6）$k=n$？若 $k=n$，则令 $\boldsymbol{X}^0=\boldsymbol{X}^{k+1}$，转步骤（2）。若 $k<n$，进行下一步。

（7）求 $\boldsymbol{H}_{k+1}$ 令 $k=k+1$，转步骤（3）。

三、程序框图

图 4-9 是变尺度法程序框图。

四、算法程序

```
function bcdfa
```

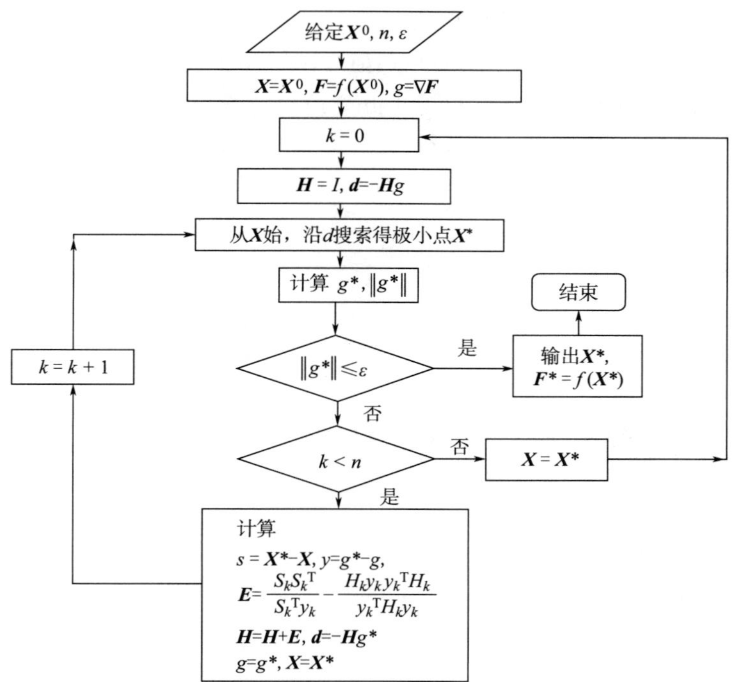

图 4-9　变尺度法程序框图

```
%BCDFA       变尺度法
% 适用于 2 维空间,只需修改目标函数
clear;
syms xi yi b % xi,yi--自变量,b--步长因子
x0=[2;2]; t=0.01   %初始点与误差精度
H0=[1,0;0,1]   %初始变尺度矩阵为单位矩阵
f=mbhs             %目标函数
dfdx=diff(f,xi);dfdy=diff(f,yi);
%求得初始点 x0 梯度
dfdx0=subs(dfdx,{xi,yi},x0);
dfdy0=subs(dfdy,{xi,yi},x0);
g0=[dfdx0;dfdy0]
s=-H0*g0
x1=x0+b*s       %首次搜索--s 是迭代方向
%求最优步长
[p q]=jtf(x1)
k1=hjfg(x1,p,q)
x1=subs(x1,b,k1)
dfdx1=subs(dfdx,{xi,yi},x1);
dfdy1=subs(dfdy,{xi,yi},x1);
g1=[dfdx1;dfdy1];
```

```
y0=g1-g0;s=x1-x0;
H1=H0+s*s'/(s'*y0)-H0*y0*y0'*H0/(y0'*H0*y0);
model=sqrt((x1(1)-x0(1))^2+(x1(2)-x0(2))^2);
while model>t            %误差精度判断
    s=-H1*g1;x1=x0+b*s
%变尺度法迭代--s是迭代方向
    %求最优步长因子b
    [p q]=jtf(x1)
    k1=hjfg(x1,p,q)
    x1=subs(x1,b,k1)
    model=sqrt((x1(1)-x0(1))^2+(x1(2)-x0(2))^2);
    dfdx1=subs(dfdx,{xi,yi},x1);
    dfdy1=subs(dfdy,{xi,yi},x1);
    g1=[dfdx1;dfdy1];
    y0=g1-g0;s=x1-x0;
    x0=x1;
    H0=H1;
    H1=H0+s*s'/(s'*y0)-H0*y0*y0'*H0/(y0'*H0*y0);
end
fy=subs(f,{xi,yi},x1);
fprintf(1,'    x*          x*=%3.4f\n',x1(1))
fprintf(1,'                  %3.4f\n',x1(2))
fprintf(1,'    f*          f*=%3.4f\n',fy)

function xm=hjfg(x0,p,q)
syms xi yi b
f=mbhs;
f00=subs(f,{xi,yi},x0);
epsilon=0.01;
a1=q-0.618*(q-p);
f1=subs(f00,b,a1);
a2=p+0.618*(q-p);
f2=subs(f00,b,a2);
while (q-p)>epsilon
    if f1<=f2
      q=a2;a2=a1;f2=f1;
      a1=q-0.618*(q-p);
      f1=subs(f00,b,a1);
    else
      p=a1;a1=a2;f1=f2;
```

```
        a2=p+0.618*(q-p);
        f2=subs(f00,b,a2);
    end;
end
xm=0.5*(q+p);

function [p q]=jtf(x0)
syms xi yi b
f=mbhs
f00=subs(f,{xi,yi},x0);
h0=0.1;h=h0   %步长
p1=0;f1=subs(f00,b,p1)
p2=p1+h;f2=subs(f00,b,p2)
if f1<f2
    h=-h;p3=p1;f3=f1;p1=p2;f1=f2;p2=p3;f2=f3
end
p3=p2+h;f3=subs(f00,b,p3)
while(f2>=f3)
    p1=p2;f1=f2;p2=p3;f2=f3;
    p3=p2+2*h;f3=subs(f00,b,p3)
end
if h>0
    p=p1;q=p3
else
    p=p3;q=p1
end

function f=mbhs
syms xi yi
f=xi^2+2*yi^2-2*xi*yi-4*xi
```

例 4-4 用 DFP 算法求 $f(x_1,\ x_2)=x_1^2+2x_2^2-4x_1-2x_1x_2$ 的极值解。

解：（1）取初始点 $\boldsymbol{X}^0=[1\ 1]^{\mathrm{T}}$，初始变尺度矩阵 $\boldsymbol{H}_0=\boldsymbol{I}$。

初始点梯度：
$$g_0=\nabla f(\boldsymbol{X}^0)=\begin{bmatrix}2x_1-2x_2-4\\4x_2-2x_1\end{bmatrix}_{\boldsymbol{X}^0}=\begin{bmatrix}-4\\2\end{bmatrix}$$

则第一次搜索方向：
$$\boldsymbol{d}^0=-\boldsymbol{H}_0g_0=-\begin{bmatrix}1&0\\0&1\end{bmatrix}\begin{bmatrix}-4\\2\end{bmatrix}=\begin{bmatrix}4\\-2\end{bmatrix}$$

沿 $\boldsymbol{d}^0$ 方向一维搜索：
$$\boldsymbol{X}^1=\boldsymbol{X}^0+\alpha_0\boldsymbol{d}^0=\begin{bmatrix}1\\1\end{bmatrix}+\alpha_0\begin{bmatrix}4\\-2\end{bmatrix}=\begin{bmatrix}1+4\alpha_0\\1-2\alpha_0\end{bmatrix}$$

其中 α_0 应满足
$$f(\boldsymbol{X}^1)=\min_{\alpha}f(\boldsymbol{X}^0+\alpha\boldsymbol{d}^0)=\min_{\alpha}(40\alpha^2-20\alpha-3)\Rightarrow\alpha_0=0.25$$

$$X^1=\begin{bmatrix}2\\0.5\end{bmatrix}$$

（2）按 DFP 法构造 X^1 方向 d^1。

$$g_1=\begin{bmatrix}2x_1-2x_2-4\\4x_2-2x_1\end{bmatrix}_{X^1}=\begin{bmatrix}-1\\-2\end{bmatrix}\quad y_0=g_1-g_0=\begin{bmatrix}-1\\-2\end{bmatrix}\quad s_0=X^1-X^0=\begin{bmatrix}1\\-0.5\end{bmatrix}$$

$$H_1=H_0+E_0=\begin{bmatrix}1&0\\0&1\end{bmatrix}+\frac{s_0[s_0]^{\mathrm T}}{[s_0]^{\mathrm T}y_0}-\frac{H_0y_0[y_0]^{\mathrm T}H_0}{y_0^{\mathrm T}H_0y_0}=\begin{bmatrix}\frac{21}{25}&\frac{19}{50}\\\frac{19}{50}&\frac{41}{100}\end{bmatrix}$$

则第二次搜索方向：

$$d^1=-H_1g_1=\begin{bmatrix}8/5\\6/5\end{bmatrix}$$

沿 d^1 方向一维搜索，$X^2=X^1+\alpha_1d^1=\begin{bmatrix}2\\0.5\end{bmatrix}+\alpha_1\begin{bmatrix}8/5\\6/5\end{bmatrix}=\begin{bmatrix}2+8/5\alpha_0\\0.5+6/5\alpha_0\end{bmatrix}$

其中 α_1 应满足 $f(X^2)=\min\limits_{\alpha}f(X^1+\alpha d^1)=\min\limits_{\alpha}\left(\frac{8}{5}\alpha^2-4\alpha-\frac{11}{2}\right)\Rightarrow\alpha_1=\frac{5}{4}$

$$X^2=\begin{bmatrix}4\\2\end{bmatrix}$$

（3）继续迭代，满足精度要求。

$$X^*=\begin{bmatrix}4\\2\end{bmatrix}\quad f(X^*)=-8$$

当初始矩阵 H_0 选为对称正定矩阵时，DFP 算法将保证以后的迭代矩阵 H_k 都是对称正定的，将 DFP 法用于非二次函数也是如此，从而保证算法总是下降的。这种算法用于高维问题（如 20 个变量以上）时，具有收敛速度快，效果好的优点。DFP 算法是无约束优化方法中最有效的方法之一，因为它不仅利用向量传递信息，还采用了矩阵来传递信息。

第五节　坐标轮换法

一、基本思路

坐标轮换法又称单变量法，它是把一个多维无约束优化问题转化为依次沿各坐标方向的一维优化问题。

$$\begin{cases}e_1=[1\quad 0\quad\cdots\quad 0]^{\mathrm T}\\e_2=[0\quad 1\quad\cdots\quad 0]^{\mathrm T}\\\qquad\cdots\\e_n=[0\quad 0\quad\cdots\quad 1]^{\mathrm T}\end{cases}$$

当沿所有各坐标轴方向搜索完一遍，称为完成一个搜索轮，并进行终止条件判别。为了便于理解，先以二维问题为例进行说明。

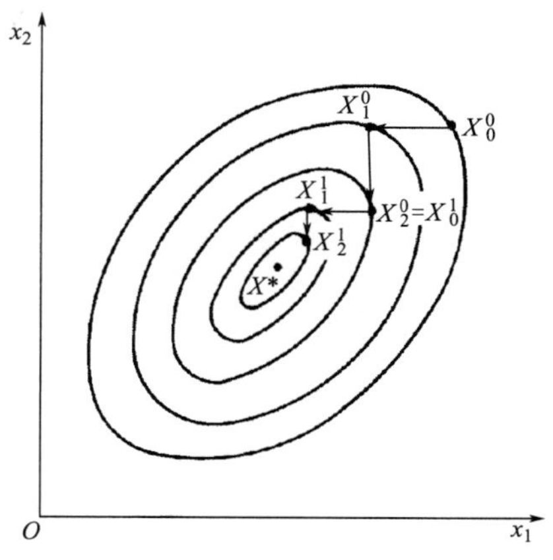

图 4-10　坐标轮换法的搜索过程

设有二维目标函数$f(\boldsymbol{X})$，其等值线如图 4-10 所示，坐标轮换法基本作法如下。

（1）选择初始迭代点$\boldsymbol{X}^0$，搜索精度ε。

（2）以$\boldsymbol{X}^0$为起点，并沿坐标轴方向$\boldsymbol{e}_1=[1\quad 0]^{\mathrm{T}}$搜索，采用一维优化方法确定最优步长$\alpha_1$，并计算$\boldsymbol{X}^1=\boldsymbol{X}^0+\alpha_1\boldsymbol{e}_1$。

（3）再以$\boldsymbol{X}^1$为起点，并沿坐标轴方向$\boldsymbol{e}_2=[0\quad 1]^{\mathrm{T}}$搜索，采用一维优化方法确定最优步长$\alpha_2$，计算$\boldsymbol{X}^2=\boldsymbol{X}^1+\alpha_2\boldsymbol{e}_2$。

（4）到此完成一轮搜索，进行终止条件判别：$|\boldsymbol{X}^2-\boldsymbol{X}^0|<\varepsilon$？若条件满足，则输出最优解$\boldsymbol{X}^*\leftarrow\boldsymbol{X}^2$，$F^*\leftarrow f(\boldsymbol{X}^2)$。否则，进行下一步。

（5）$\boldsymbol{X}^0\leftarrow\boldsymbol{X}^2$，转步骤（2），进行下一轮的迭代运算。

二、计算步骤

若将上述特例推广至n维问题，坐标轮换法计算步骤如下。

（1）给定初始点$\boldsymbol{X}^0\in R^n$，迭代精度ε，维数n，搜索方向$\boldsymbol{d}_i^1=\boldsymbol{e}_i(i=1\sim n)$。

（2）置$k\leftarrow 1$。

（3）置$i\leftarrow 1$。

（4）置$\boldsymbol{X}^0\rightarrow\boldsymbol{X}_{i-1}^k$。

（5）从$\boldsymbol{X}_{i-1}^k$点出发，沿$\boldsymbol{d}_i^k$方向进行关于α_k的一维搜索，求出最优步长α_i^k，使$f(\boldsymbol{X}_{i-1}^k+\alpha_i^k\boldsymbol{d}_i^k)=\min f(\boldsymbol{X}_{i-1}^k+\alpha^k\boldsymbol{d}_i^k)$，置$\boldsymbol{X}_{i-1}^k+\alpha^k\boldsymbol{d}_i^k\rightarrow\boldsymbol{X}^k$。

（6）判别$i=n$？若满足条件则进行步骤（7）；否则置$i+1\rightarrow I$，返回步骤（5）。

（7）检验是否满足终止迭代条件$|\boldsymbol{X}_n{}^k-\boldsymbol{X}_0{}^k|<\varepsilon$？若满足则输出最优解；否则置$\boldsymbol{d}_i^k\rightarrow\boldsymbol{d}_i{}^{k+1}$$(i=1\sim n)$，$\boldsymbol{X}_n{}^k\rightarrow\boldsymbol{X}^0$，$k+1\rightarrow k$，返回步骤（3）。

三、程序框图

图 4-11 是坐标轮换法流程图。

四、算法程序

```
function zblhfa
%ZBLHFA      坐标轮换法
clear;
syms w1 w2 b          % w1,w2--自变量,b--步长因子
x0=[0.9;31];n=2;          %初始点与维数
f=mbhs
```

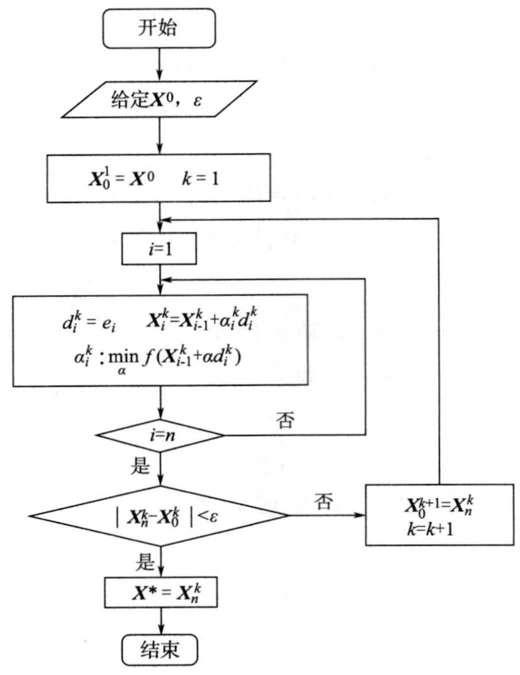

图 4-11　坐标轮换法流程图

```
epsilon=0.001        %误差精度
e=eye(n)       %单位矩阵,用于形成搜索方向
s=ones(n,1);
x00=x0;
while norm(s)>epsilon        %norm 是求 s 矩阵的范数
  for i=1:n       %完成 n 维方向一次迭代搜索
    x0=x0+b*e(:,i);       %搜索方向
    [p q]=jtf(x0);k1=hjfg(x0,p,q);x0=subs(x0,b,k1);%求最优步长
  end
    s=x00-x0;x00=x0;
end
fy=subs(f,{w1,w2},x0);
fprintf(1,'        最小点        x*=% 3.4f\n',x0)
fprintf(1,'  最小目标函数值        f*=% 3.4f\n',fy)

function xm=hjfg(x0,p,q)
syms w1 w2 b
f=mbhs;
f00=subs(f,{w1,w2},x0);
epsilon=0.001;
a1=q-0.618*(q-p);
```

```
f1=subs(f00,b,a1);
a2=p+0.618*(q-p);
f2=subs(f00,b,a2);
while (q-p)>epsilon
   if f1<=f2
      q=a2;a2=a1;f2=f1;
      a1=q-0.618*(q-p);
      f1=subs(f00,b,a1);
   else
      p=a1;a1=a2;f1=f2;
      a2=p+0.618*(q-p);
      f2=subs(f00,b,a2);
   end;
end
xm=0.5*(q+p);

function [p q]=jtf(x0)
syms w1 w2 b
f=mbhs
f00=subs(f,{w1,w2},x0);
h0=0.1;h=h0
p1=0;f1=subs(f00,b,p1)
p2=p1+h;f2=subs(f00,b,p2)
if f1<f2
end
p3=p2+h;f3=subs(f00,b,p3)
while(f2>=f3)
   p1=p2;f1=f2;p2=p3;f2=f3;
   p3=p2+2*h;f3=subs(f00,b,p3)
end
if h>0
   p=p1;q=p3
else
   p=p3;q=p1
end

function f=mbhs
syms w1 w2
f=w1^2+25*w2^2
```

例 4-5　用坐标轮换法求 $f(\boldsymbol{X})=x_1^2+2x_2^2-4x_1-2x_1x_2$ 的极小值，给定 $\varepsilon=0.001$。

解：（1）取初始点 $\boldsymbol{X}^0=[1\quad 1]^{\mathrm{T}}$，沿 $\boldsymbol{e}_1$ 方向一维搜索，得：

$$\boldsymbol{X}_1^0=\boldsymbol{X}^0+\alpha_1^0\boldsymbol{e}_1=\begin{bmatrix}1\\1\end{bmatrix}+\alpha_1^0\begin{bmatrix}1\\0\end{bmatrix}=\begin{bmatrix}1+\alpha_1^0\\1\end{bmatrix}$$

其中，α_1^0 为一维搜索最佳步长，应满足 $f(\boldsymbol{X}_1^0)=\min\limits_{\alpha}f(\boldsymbol{X}^0+\alpha_1^0\boldsymbol{e}_1)=\min\limits_{\alpha}(\alpha^2-4\alpha-3)$，得：$\alpha=2$，因此，

$$\boldsymbol{X}_1^0=\begin{bmatrix}3\\1\end{bmatrix}$$

沿 $\boldsymbol{e}_2$ 方向一维搜索，得：

$$\boldsymbol{X}_2^0=\boldsymbol{X}_1{}^0+\alpha_2^0\boldsymbol{e}_2=\begin{bmatrix}3\\1\end{bmatrix}+\alpha_2^0\begin{bmatrix}0\\1\end{bmatrix}=\begin{bmatrix}3\\1+\alpha_2^0\end{bmatrix}$$

其中，α_2^0 为一维搜索最佳步长，应满足 $f(\boldsymbol{X}_2^0)=\min\limits_{\alpha}f(\boldsymbol{X}_1{}^0+\alpha_2^0\boldsymbol{e}_1)=\min\limits_{\alpha}(2\alpha^2-2\alpha-7)$，得：$\alpha=1/2$，因此，

$$\boldsymbol{X}_2^0=\begin{bmatrix}3\\3/2\end{bmatrix}$$

计算误差 $$|\boldsymbol{X}_2^0-\boldsymbol{X}_0^0|=2.06>\varepsilon$$

（2）第二次迭代搜索。沿 $\boldsymbol{e}_1$ 方向一维搜索，得：

$$\boldsymbol{X}_1^1=\boldsymbol{X}_2{}^0+\alpha_1^1\boldsymbol{e}_1=\begin{bmatrix}3\\3/2\end{bmatrix}+\alpha_1^1\begin{bmatrix}1\\0\end{bmatrix}=\begin{bmatrix}3+\alpha_1^1\\3/2\end{bmatrix}$$

其中 α_1^1 为一维搜索最佳步长，应满足 $f(\boldsymbol{X}_1^1)=\min\limits_{\alpha}f(\boldsymbol{X}_2^0+\alpha_1^1e_1)=\min\limits_{\alpha}(\alpha^2-\alpha-15/2)$，得：$\alpha=1/2$，因此，

$$\boldsymbol{X}_1^1=\begin{bmatrix}7/2\\3/2\end{bmatrix}$$

沿 $\boldsymbol{e}_2$ 方向一维搜索，得：

$$\boldsymbol{X}_2^1=\boldsymbol{X}_1^1+\alpha_2^1e_2=\begin{bmatrix}7/2\\3/2\end{bmatrix}+\alpha_2^1\begin{bmatrix}0\\1\end{bmatrix}=\begin{bmatrix}7/2\\3/2+\alpha_2^1\end{bmatrix}$$

其中 α_2^1 为一维搜索最佳步长，应满足 $f(\boldsymbol{X}_2^1)=\min\limits_{\alpha}f(\boldsymbol{X}_1^1+\alpha_2^1\boldsymbol{e}_2)=\min\limits_{\alpha}(2\alpha^2-\alpha-31/4)$，得：$\alpha=1/4$，因此，

$$\boldsymbol{X}_2^1=\begin{bmatrix}7/2\\7/4\end{bmatrix}$$

计算误差 $$|\boldsymbol{X}_2^1-\boldsymbol{X}_2^0|=0.56>\varepsilon$$

（3）同理，继续迭代，共迭代 24 次，可得到 $\boldsymbol{X}^*=\begin{bmatrix}4\\2\end{bmatrix}$，$f^*=-8$。

五、方法特点

结构简单，易于掌握，但收敛速度较慢，只适于 $n<10$ 的小型优化问题。当目标函数 $F(\boldsymbol{X})$ 的等值线存在“脊线”时，坐标轮换法可能失效。另外，这种方法的收敛速度在很

大程度上还取决于目标函数的性质。当函数的等值线族为长、短轴分别于坐标轴平行的椭圆时［图 4-12（a）］，这种方法的效率很高，只需做一轮搜索便可以求得最优点。但当函数的等值线族仍为椭圆，只是长短轴倾斜时［图 4-12（b）］，效率便大大降低。当函数的等值线出现“脊线”时［图 4-12（c）］，坐标轮换法无效。

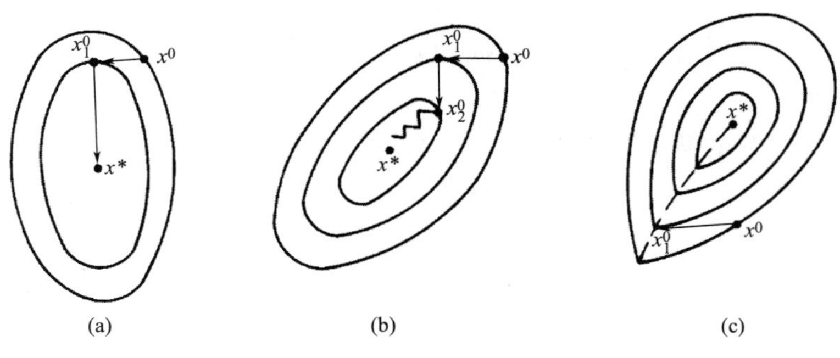

图 4-12　搜索过程情况

第六节　鲍威尔法

一、原始鲍威尔法

（一）基本思想

原始鲍威尔（Powell）法的基本思想是依次沿构成的共轭矢量进行优化搜索。下面以三维函数为例，说明原始鲍威尔法的搜索原理，如图 4-13 所示。

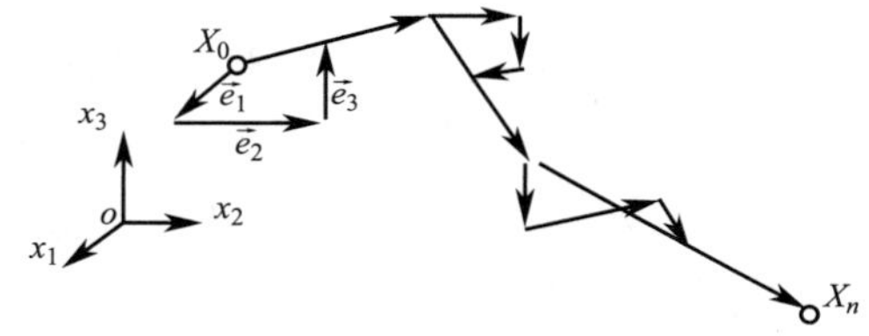

图 4-13　三维情况的鲍威尔法

（二）搜索步骤

首先作第一环搜索：

设第一环搜索的基本搜索方向组为：$\boldsymbol{d}_1^{(1,1)} \leftarrow \boldsymbol{e}_1$、$\boldsymbol{d}_2^{(1,1)} \leftarrow \boldsymbol{e}_2$、$\boldsymbol{d}_3^{(1,1)} \leftarrow \boldsymbol{e}_3$，以初始点 $\boldsymbol{X}^0 \rightarrow \boldsymbol{X}_0^{(1,1)}$ 为搜索起点，沿基本方向组的第一个方向 $\boldsymbol{d}_1^{(1,1)}$ 作一维优化搜索，得其方向上的极小点 $\boldsymbol{X}_1^{(1,1)}$，再以 $\boldsymbol{X}_1^{(1,1)}$ 为起点，沿 $\boldsymbol{d}_2^{(1,1)}$ 方向优化搜索得极小点 $\boldsymbol{X}_2^{(1,1)}$，同理可得 $\boldsymbol{d}_3^{(1,1)}$ 方向上的极小点 $\boldsymbol{X}_3^{(1,1)}$。

则产生第一环搜索的新生方向 $\boldsymbol{d}_4^{(1,1)} = \boldsymbol{X}_3^{(1,1)} - \boldsymbol{X}_0^{(1,1)}$，再沿新生方向作一维优化搜索可得其方向上的极小点 $\boldsymbol{X}^{(1,1)}$，至此完成第一环搜索。

进行第二环搜索：

第二环搜索的起点 $\boldsymbol{X}_0^{(1,2)} \leftarrow \boldsymbol{X}^{(1,1)}$，而第二环搜索的基本搜索方向组为 $\boldsymbol{d}_1^{(1,2)} \leftarrow \boldsymbol{d}_2^{(1,1)}$、$\boldsymbol{d}_2^{(1,2)} \leftarrow \boldsymbol{d}_3^{(1,1)}$、$\boldsymbol{d}_3^{(1,2)} \leftarrow \boldsymbol{d}_4^{(1,1)}$。同理也可以获得各搜索方向上的极小点 $\boldsymbol{X}_1^{(1,2)}$、$\boldsymbol{X}_2^{(1,2)}$、$\boldsymbol{X}_3^{(1,2)}$，可得第二环的新生方向 $\boldsymbol{d}_4^{(1,2)} = \boldsymbol{X}_3^{(1,2)} - \boldsymbol{X}_0^{(1,2)}$，及极小点 $\boldsymbol{X}^{(1,2)}$。

进行第三环搜索：

第三环搜索的起点为 $\boldsymbol{X}_0^{(1,3)} \leftarrow \boldsymbol{X}^{(1,2)}$，而第三环搜索的基本搜索方向组为 $\boldsymbol{d}_1^{(1,3)} \leftarrow \boldsymbol{d}_2^{(1,2)}$、$\boldsymbol{d}_2^{(1,3)} \leftarrow \boldsymbol{d}_3^{(1,2)}$、$\boldsymbol{d}_3^{(1,3)} \leftarrow \boldsymbol{d}_4^{(1,2)}$。同样也可以获得各搜索方向上的极小点 $\boldsymbol{X}_1^{(1,3)}$、$\boldsymbol{X}_2^{(1,3)}$、$\boldsymbol{X}_3^{(1,3)}$，可得第三环的新生方向 $\boldsymbol{d}_4^{(1,3)}=\boldsymbol{X}_3^{(1,3)}-\boldsymbol{X}_0^{(1,3)}$，及极小点 $\boldsymbol{X}^{(1,3)}$。

至此已完成一轮迭代，其中 $\boldsymbol{d}_4^{(1,1)}$、$\boldsymbol{d}_4^{(1,2)}$、$\boldsymbol{d}_4^{(1,3)}$ 互为共轭。

如果目标函数为二次正定函数，由于原始鲍威尔法具有二次收敛性，则 $\boldsymbol{X}^{(1,3)}$ 一定为目标函数的最优点（忽略计算误差）。若目标函数为非二次函数，且 $|\boldsymbol{X}^{(1,3)}-\boldsymbol{X}_0^{(1,1)}|<\varepsilon$，应进行第二轮迭代运算。

第二轮第一环迭代的搜索起点为 $\boldsymbol{X}_0^{(2,1)} \leftarrow \boldsymbol{X}^{(1,3)}$，而第二轮搜索的基本方向组为 $\boldsymbol{d}_1^{(2,1)} \leftarrow \boldsymbol{e}_1$、$\boldsymbol{d}_2^{(2,1)} \leftarrow \boldsymbol{e}_2$、$\boldsymbol{d}_3^{(2,1)} \leftarrow \boldsymbol{e}_3$，按第一轮方法计算。

下一轮搜索方向组的生成：去掉前一轮搜索组中的第一个方向，并将最后一个方向用前一轮搜索的新方向代替。

（三）在 n 维问题的应用

把上述三维问题的原始鲍威尔法推广到 n 维问题，可以总结以下几点。

（1）每一环的基本方向组有 n 个方向。

（2）每一环产生一个新生方向。

（3）每一环搜索包含 $n+1$ 个方向。

（4）淘汰本环基本搜索方向组的第一个方向，而引入新生方向，可以构成下一环搜索的基本方向组：$\boldsymbol{d}_1^{(k+1)} \leftarrow \boldsymbol{d}_2^{(k)}$、$\boldsymbol{d}_2^{(k+1)} \leftarrow \boldsymbol{d}_3^{(k)}$、$\boldsymbol{d}_3^{(k+1)} \leftarrow \boldsymbol{d}_4^{(k)}$，…，$\boldsymbol{d}_n^{(k+1)} \leftarrow \boldsymbol{d}_{n+1}^{(k)}$。

（5）每环产生的新生方向相互共轭。

（6）n 环搜索构成一个搜索轮。所以，每个搜索轮包括 $n(n+1)$ 个迭代方向。

（7）每完成一个搜索轮，方可进行终止条件判别，即 $|\boldsymbol{X}^{(n)}-\boldsymbol{X}_0^{(n)}|<\varepsilon$。

原始鲍威尔法具有二次收敛性，但由于其基本搜索方向组的构成规则，可能导致基本搜索方向组的线性相关（平行），而造成降维搜索，从而造成原鲍威尔法的失效。下面分析了造成原始鲍威尔法降维的原因。

比如 $\boldsymbol{e}_2$ 与 $\boldsymbol{d}_1$ 平行，这样，对于下一轮搜索 $\boldsymbol{e}_2$，$\boldsymbol{d}_1$，实际上是沿着一个方向 $\boldsymbol{e}_2$ 在进行。这种现象称为退化。退化使搜索过程总是在某个降维的领域（如二维在直线，三维在平面）内进行，其结果导致无法求得目标函数的最小值。

为了避免原始鲍威尔法产生降维，可对基本方向组的构造规律加以改进。

二、改进原始鲍威尔法

（一）基本思想

选取 n 个线性无关且尽可能共轭的方向作为下一轮搜索的方向组。

做法：形成新的搜索方向组时，不是固定的去掉前一次搜索方向组中的第一个方向，而是首先根据 Powell 条件，判断原方向组是否需要替换，若需要，则进一步判断原方向组中哪个方向最坏，并以前一轮新生成的搜索方向替换本轮中这个最坏方向。

（二）Powell 条件

改进鲍威尔法与原始鲍威尔法的根本区别在于基本方向组的构成不同，改进鲍威尔法的基本方向组的构成与下列两个判别条件有关：一是 $F_3<F_0$；二是 $(F_0-2F_2+F_3)(F_0-F_2-\Delta_m)^2<0.5\Delta_m(F_0-F_3)^2$。

式中，$F_0=F(\boldsymbol{X}_0^k)$、$F_2=F(\boldsymbol{X}_n^k)$、$F_3=F(\boldsymbol{X}_{n+1}^k)$，其中 $\boldsymbol{X}_{n+1}^k=2\boldsymbol{X}_n^k-\boldsymbol{X}_0^k$ 为映射点，$\Delta_m=\max\{F(\boldsymbol{X}_{j-1}^k)-F(\boldsymbol{X}_j^k)\}=F(\boldsymbol{X}_{m-1}^k)-F(\boldsymbol{X}_m^k)$，为基本方向组中各搜索方向上目标函数值下降量最大者。

若两个判别条件中至少有一个不成立，则第 $k+1$ 环的基本方向仍用第 k 环的基本方向组，而初始点 $\boldsymbol{X}_0^{k+1}$ 应选取 $\boldsymbol{X}_n^k$、$\boldsymbol{X}_{n+1}^k$ 点中函数值小者，即当 $F_2\leqslant F_3$ 时，$\boldsymbol{X}_0^{k+1}\leftarrow\boldsymbol{X}_n^k$；若 $F_2\geqslant F_3$ 时，$\boldsymbol{X}_0^{k+1}\leftarrow\boldsymbol{X}_{n+1}^k$。如果两个判别条件均成立，则第 $k+1$ 环的基本方向组为 $\boldsymbol{d}_1^k$，$\boldsymbol{d}_2^k$，…，$\boldsymbol{d}_m^k$，$\boldsymbol{d}_{m+1}^k$，…，$\boldsymbol{d}_n^k$，$\boldsymbol{d}_{n+1}^k$ 而初始点应取第 k 环中沿新生方向 $\boldsymbol{d}_{n+1}^k$ 作一维搜索的极小点 $\boldsymbol{X}^k$，即 $\boldsymbol{X}_0^{k+1}\leftarrow\boldsymbol{X}^k$。

（三）程序框图

图 4-14 是改进鲍威尔法流程图。

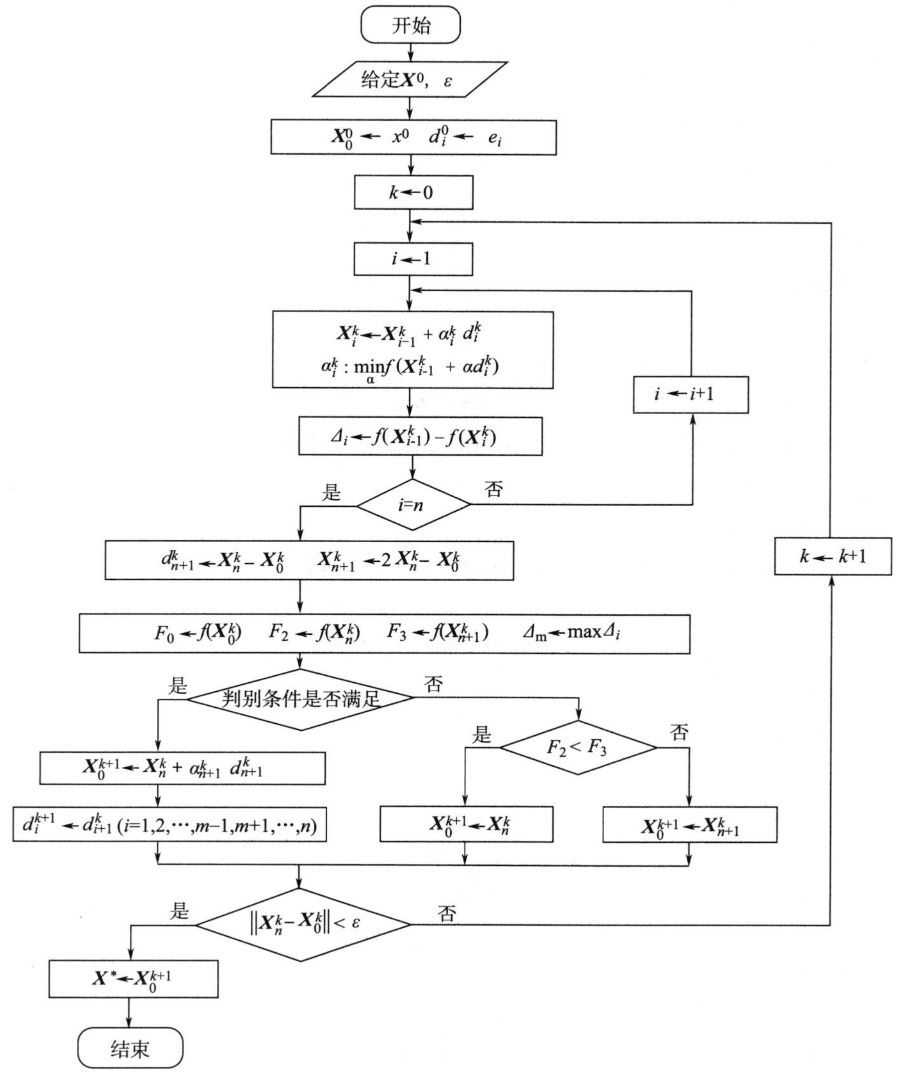

图 4-14　改进鲍威尔法流程图

(四) 算法程序

```
function powell%POWELL      鲍威尔法
clear;
syms w1 w2 b      % w1,w2--自变量,b--步长因子
x0=[0.9;31];n=2;      %初始点与维数----需要根据条件修改
f=mbhs
epsilon=0.001      %误差精度
e=eye(n)      %单位矩阵,用于形成搜索方向
s=ones(n,1);
x00=x0;
while norm(s)>epsilon      %norm 是求 s 矩阵得范数
    delm=-1;F0=subs(f,{w1,w2},x0);F1=F0;xx1=x0;x=xx1;
    for i=1:n      %完成 n 维方向一次迭代搜索
      x=x+b*e(:,i);      %搜索方向
      [p q]=jtf(x);k1=hjfg(x,p,q);x=subs(x,b,k1);%求最优步长
      F=subs(f,{w1,w2},x);del=F0-F;
      if del>delm      %找出下降量最大者
        delm=del;M=i;
      end
      F0=F;
    end
    xx2=x;F2=subs(f,{w1,w2},xx2);
    e=cat(2,e,(x-xx1));      %添加 n+1 方向
    xx3=2*xx2-xx1;F3=subs(f,{w1,w2},xx3);%计算反射点
    if((F3<F1)&(((F1+F3-2*F2)*(F1-F2-delm)^2)<(0.5*delm*(F1-F3)^2)))
      x=x+b*e(:,n+1);
      [p q]=jtf(x);k1=hjfg(x,p,q);x=subs(x,b,k1);%求最优步长
      x0=x;  %新的初始点
      e=cat(2,e(:,1:M-1),e(:,M+1:end));%新的搜索方向
    elseif F2<F3
      x0=xx2;
    else
      x0=xx3;
    end
    s=x00-x0;x00=x0; %s 是用于计算误差
end
fy=subs(f,{w1,w2},x0);
fprintf(1,'      最小点      x*=% 3.4f\n',x0)
fprintf(1,' 最小目标函数值      f*=% 3.4f\n',fy)
```

```
function xm=hjfg(x0,p,q)
syms w1 w2 b
f=mbhs;
f00=subs(f,{w1,w2},x0);
epsilon=0.001;
a1=q-0.618*(q-p);
f1=subs(f00,b,a1);
a2=p+0.618*(q-p);
f2=subs(f00,b,a2);
while (q-p)>epsilon
    if f1<=f2
       q=a2;a2=a1;f2=f1;
       a1=q-0.618*(q-p);
       f1=subs(f00,b,a1);
    else
       p=a1;a1=a2;f1=f2;
       a2=p+0.618*(q-p);
       f2=subs(f00,b,a2);
    end;
end
xm=0.5*(q+p);

function [p q]=jtf(x0)
syms w1 w2 b
f=mbhs
f00=subs(f,{w1,w2},x0);
h0=0.1;h=h0   %步长
p1=0;f1=subs(f00,b,p1)
p2=p1+h;f2=subs(f00,b,p2)
if f1<f2
    h=-h;p3=p1;f3=f1;p1=p2;f1=f2;p2=p3;f2=f3
end
p3=p2+h;f3=subs(f00,b,p3)
while(f2>=f3)
    p1=p2;f1=f2;p2=p3;f2=f3;
    p3=p2+2*h;f3=subs(f00,b,p3)
end
if h>0
    p=p1;q=p3
else
```

```
    p=p3;q=p1
end

function f=mbhs
syms w1 w2
f=10*(w1+w2-5)^2+(w1-w2)^2
```

例 4-6 用鲍威尔法求函数 $f(x_1, x_2) = 10(x_1 + x_2 - 5)^2 + (x_1 - x_2)^2$ 的极小值。

解：选取初始点 $\boldsymbol{X}_0^0 = [0 \quad 0]^{\mathrm{T}}$，初始搜索方向 $\boldsymbol{d}_1^0 = \boldsymbol{e}_1 = [1 \quad 0]^{\mathrm{T}}$，$\boldsymbol{d}_2^0 = \boldsymbol{e}_2 = [0 \quad 1]^{\mathrm{T}}$。初始点处的函数值 $F_0 = f0 = f(\boldsymbol{X}_0^0) = 25$。

第一轮迭代：

（1）沿 $\boldsymbol{d}_1^0$ 方向进行一维搜索，得：$\boldsymbol{X}_1^0 = \boldsymbol{X}_0^0 + \alpha_1 \boldsymbol{d}_1^0 = \begin{bmatrix} 0 \\ 0 \end{bmatrix} + \alpha_1 \begin{bmatrix} 1 \\ 0 \end{bmatrix} = \begin{bmatrix} \alpha_1 \\ 0 \end{bmatrix}$

其中 α_1 为一维搜索最佳步长，应满足：

$$f1 = f(\boldsymbol{X}_1^0) = \min_{\alpha} f(\boldsymbol{X}_0^0 + \alpha_1 \boldsymbol{d}_1^0) = \min_{\alpha}(11\alpha_1{}^2 - 100\alpha_1 - 250)$$

得：　$\alpha_1 = 50 \div 11 = 4.5455$　　$\boldsymbol{X}_1^0 = \begin{bmatrix} 4.5455 \\ 0 \end{bmatrix}$

所以，　$f1 = f(\boldsymbol{X}_1^0) = 22.727$　　$\Delta_1 = f0 - f1 = 250 - 22.727 = 227.273$

（2）再沿 $\boldsymbol{d}_2^0$ 方向进行一维搜索，得：

$$\boldsymbol{X}_2^0 = \boldsymbol{X}_1^0 + \alpha_2 \boldsymbol{d}_2^0 = \begin{bmatrix} 4.5455 \\ 0 \end{bmatrix} + \alpha_2 \begin{bmatrix} 0 \\ 1 \end{bmatrix} = \begin{bmatrix} 4.5455 \\ \alpha_2 \end{bmatrix}$$

其中 α_2 为一维搜索最佳步长，应满足：

$$f2 = f(\boldsymbol{X}_2^0) = \min_{\alpha} f(\boldsymbol{X}_1^0 + \alpha_2 \boldsymbol{d}_2^0) = \min_{\alpha}(11\alpha_2{}^2 - 200\alpha_2/11 + 250/11)$$

得：　$\alpha_2 = 0.8264$　　$\boldsymbol{X}_2^0 = \begin{bmatrix} 4.5455 \\ 0.8264 \end{bmatrix}$

所以，　$F2 = f2 = f(\boldsymbol{X}_2^0) = 15.214$　　$\Delta_2 = f1 - f2 = 22.727 - 15.214 = 7.513$

取沿 $\boldsymbol{d}_1^0$，$\boldsymbol{d}_2^0$ 搜索的函数值增量的最大者　$\Delta_m = \max\{\Delta_1 \quad \Delta_2\} = \Delta_1 = 227.273$

终点 $\boldsymbol{X}_2^0$ 的反射点和函数值为：$\boldsymbol{X}_3^0 = 2\boldsymbol{X}_2^0 - \boldsymbol{X}_0^0 = \begin{bmatrix} 9.091 \\ 1.6528 \end{bmatrix}$

$$F3 = f(\boldsymbol{X}_3^0) = 385.24$$

（3）Powell 条件判断。

$F3>F0$，不满足判别条件，因而下轮迭代应继续使用原来的搜索方向 $\boldsymbol{e}_1$，$\boldsymbol{e}_2$。

因为 $F2<F3$，所以取 $\boldsymbol{X}_2^0$ 为下轮迭代起始点 $\boldsymbol{X}_0^1$。

第二轮迭代：

$$\boldsymbol{X}_0^1 = \begin{bmatrix} 4.5455 \\ 0.8264 \end{bmatrix} \qquad F0 = f0 = f(\boldsymbol{X}_0^1) = 15.214$$

（1）沿 $\boldsymbol{d}_1^1$ 方向进行一维搜索，得：

$$\boldsymbol{X}_1^1=\boldsymbol{X}_0^1+\alpha_1\boldsymbol{d}_1^1=\begin{bmatrix}4.5455\\0.8264\end{bmatrix}+\alpha_1\begin{bmatrix}1\\0\end{bmatrix}=\begin{bmatrix}4.5455+\alpha_1\\0.8264\end{bmatrix}$$

其中 α_1 为一维搜索最佳步长，应满足：

$$f1=f(\boldsymbol{X}_1^0)=\min_{\alpha}f(\boldsymbol{X}_0{}^0+\alpha_1\boldsymbol{d}_1^0)=\min_{\alpha}(11\alpha_1{}^2+14.8762\alpha_1+15.2148)$$

得：　$\alpha_1=0.6762$　　$\boldsymbol{X}_1^1=\begin{bmatrix}3.8693\\0.8264\end{bmatrix}$

所以，　$f1=f(\boldsymbol{X}_1^1)=10.185$　　$\Delta_1=f0-f1=22.727-10.185=5.029$

（2）再沿 $\boldsymbol{d}_2^1$ 方向进行一维搜索，得：

$$\boldsymbol{X}_2^1=\boldsymbol{X}_1^1+\alpha_2\boldsymbol{d}_2^1=\begin{bmatrix}3.8693\\0.8264\end{bmatrix}+\alpha_2\begin{bmatrix}0\\1\end{bmatrix}=\begin{bmatrix}3.8693\\0.8264+\alpha_2\end{bmatrix}$$

其中 α_2 为一维搜索最佳步长，应满足：

$$f2=f(\boldsymbol{X}_2^1)=\min_{\alpha}f(\boldsymbol{X}_1^1+\alpha_2\boldsymbol{d}_2^1)=\min_{\alpha}(11\alpha_2{}^2-12.1718\alpha_2+10.1852)$$

得：　$\alpha_2=0.5533$　　$\boldsymbol{X}_2^1=\begin{bmatrix}3.8693\\1.3797\end{bmatrix}$

所以，　$F2=f2=f(\boldsymbol{X}_2^1)=6.818$

$\Delta_2=f1-f2=10.185-6.818=3.367$

取沿 d_1^1，d_2^1 搜索的函数值增量的最大者　$\Delta_m=\max\{\Delta_1\quad\Delta_2\}=\Delta_1=5.029$

终点 $\boldsymbol{X}_2^1$ 的反射点和函数值为：$\boldsymbol{X}_3^1=2\boldsymbol{X}_2^1-\boldsymbol{X}_0^1=\begin{bmatrix}3.1931\\1.9330\end{bmatrix}$

$$F3=f(\boldsymbol{X}_3^1)=1.747$$

（3）Powell 条件判断。

满足 $\begin{cases}F3<F0\\(F0-2F2+F3)(F0-F2-\Delta_m)^2<0.5\Delta_m(F_0-F3)^2\end{cases}$

用新方向 $\boldsymbol{d}_3^1$ 替换 $\boldsymbol{d}_1^1=\boldsymbol{e}_1$，下轮搜索方向为$\boldsymbol{e}_2$，$\boldsymbol{d}_3^1$。

$$\boldsymbol{d}_3^1=\boldsymbol{X}_2^1-\boldsymbol{X}_0^1=\begin{bmatrix}-0.6762\\0.5533\end{bmatrix}$$

下轮起始点 $\boldsymbol{X}_0^2$ 为从 $\boldsymbol{X}_2^1$ 出发，沿 $\boldsymbol{d}_3^1$ 搜索的极小点：

$$\boldsymbol{X}_0^2=\boldsymbol{X}_2^1+\alpha_3\boldsymbol{d}_3^1=\begin{bmatrix}3.8693\\1.3797\end{bmatrix}+\alpha_3\begin{bmatrix}-0.6762\\0.5533\end{bmatrix}=\begin{bmatrix}3.8693-0.6762\alpha_3\\1.3797+0.5533\alpha_3\end{bmatrix}$$

其中 α_3 为一维搜索最佳步长，应满足：

$$f2=f(\boldsymbol{X}_0^2)=\min_{\alpha}f(\boldsymbol{X}_2^1+\alpha_3\boldsymbol{d}_3^1)=\min_{\alpha}(1.6627\alpha_3{}^2-6.734\alpha_3+6.8181)$$

得：　$\alpha_3=2.0257$　　$\boldsymbol{X}_0^2=\begin{bmatrix}2.4995\\2.5059\end{bmatrix}$

$$F0=f0=f(\boldsymbol{X}_0^2)=0.0008$$

已足够接近极值点 $[2.5\quad 2.5]^{\mathrm{T}}$。

习题

1. 用牛顿法求 $f(x_1, x_2)=(x_1-2)^4+(x_1-2x_2)^2$ 的极小点（迭代 2 次）。
2. 用阻尼牛顿法求 $f(x_1, x_2)=(x_1-2)^4+(x_1-2x_2)^2$ 的极小点（迭代 2 次）。
3. 用共轭梯度法求 $f(x_1, x_2)=\dfrac{3}{2}x_1^2+\dfrac{1}{2}x_2^2-x_1x_2-2x_1$ 的极小点（迭代 2 次）。
4. 用鲍威尔法求函数 $f(\boldsymbol{X})=x_1^2+2x_2^2-4x_1-2x_1x_2$ 的极小点（迭代 2 次）。

第五章　约束优化方法

机械设计中的大部分问题都是属于下列情况：

$$\min f(\boldsymbol{X})=f(x_1,\ x_2,\ \cdots,\ x_n)$$

$$\text{s. t.}\quad \begin{cases} g_j(\boldsymbol{X})=g_j(x_1,\ x_2,\ \cdots,\ x_n)\leqslant 0(j=1,\ 2,\ \cdots,\ m) \\ h_k(\boldsymbol{X})=h_k(x_1,\ x_2,\ \cdots,\ x_n)\leqslant 0(k=1,\ 2,\ \cdots,\ l) \end{cases}$$

求解这类问题的方法称为约束优化方法。

1. 直接法

将迭代点限制在可行域内（可行性），一步步降低目标函数值（下降性），直至到达最优点。新的迭代点必须满足以下条件：

适应性：$F(\boldsymbol{X}^{k+1})<F(\boldsymbol{X}^{k})$

可行性：$\boldsymbol{X}^{k+1}\in R$

常用方法有：约束坐标轮换法、约束随机方向法、复合形法、可行方向法、线性逼近法等。

2. 间接法

通过约束条件的形变，把约束问题转化为无约束优化问题，再用无约束优化方法进行求解。

常用方法有：罚函数法、增广乘子法等。

第一节　约束随机方向法

一、基本思路

搜索方向采用随机产生的方向，如图 5-1 所示。在可行域内任取一个初始点，取一较小数值作为初始步长，计算新的迭代点。对新点进行如下操作：

(1) 若该方向不适用（不可行），则产生另一方向。

(2) 若该方向适用（可行），则以定步长前进。

(3) 若在某处产生的方向足够多，仍无一适用（可行），则采用收缩步长。

(4) 若步长小于预先给定的误差限则终止迭代。

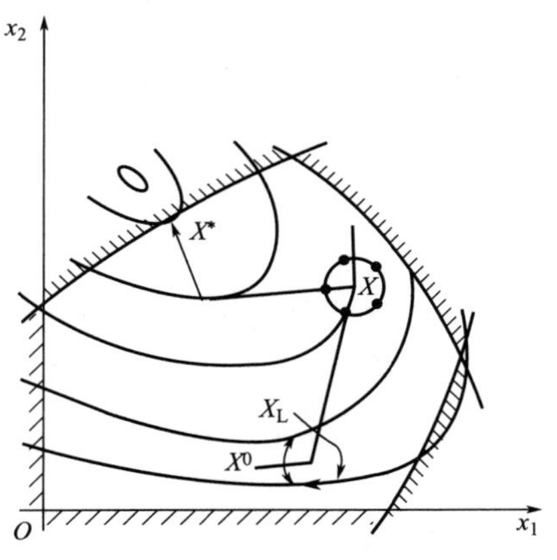

图 5-1　随机方向法的算法原理

二、方法介绍

1. 初始点的选择

初始点 $\boldsymbol{X}^0$ 必须是可行点，即满足全部不等式约束条件：$g_j(\boldsymbol{X}) \leqslant 0(j=1, 2, \cdots, m)$。当约束条件较为复杂时，用人工不易产生可行的初始点时，可用随机选择的方法来产生。其计算步骤如下：

（1）输入设计变量的上下限值：$a_i \leqslant x_i \leqslant b_i(i=1, 2, \cdots, n)$。

（2）用 rand$(n, 1)$ 产生 n 个随机数 q_i，$i=1, 2, \cdots, n(0<q_i<1)$。

（3）计算随机点 $\boldsymbol{X}$ 的各分量：$x_i = a_i + q_i(b_i - a_i)$。

（4）判别 $\boldsymbol{X}$ 是否可行，若可行，则 $\boldsymbol{X}^0 \leftarrow \boldsymbol{X}$，否则，转入步骤（2）新计算，直至产生的随机点可行为止。

2. 随机方向的构成

（1）用 rand(i, j) 产生 $i \times j$ 个随机数 $\xi_i^j(i=1, 2, \cdots, n; j=1, 2, \cdots, k)$，$(0<\xi_i<1)$。

（2）将（0，1）中的随机数 ξ_i^j 变换到（-1，1）中去：$r_i^j = 2\xi_i^j - 1$。

（3）构成随机方向。

$$e^i = \frac{1}{\sqrt{\sum_{i=1}^{n}(r_i^j)^2}}\begin{bmatrix} r_i^j \\ r_2^j \\ \cdots \\ r_n^j \end{bmatrix}(j=1, 2, \cdots, k)$$

例如，对于三维问题：$\xi_1=0.2$，$\xi_2=0.6$，$\xi_3=0.8$，变换得：

$$r_1=-0.6,\ r_2=0.2,\ r_3=0.6$$

于是，

$$\boldsymbol{e} = \frac{1}{\sqrt{(-0.6)^2+0.2^2+0.6^2}}\begin{bmatrix} -0.6 \\ 0.2 \\ 0.6 \end{bmatrix} = \begin{bmatrix} -0.6882 \\ 0.2294 \\ 0.6882 \end{bmatrix}$$

3. 可行搜索方向的产生

（1）取一试验步长 α，按下式计算 k 个随机点。

$$\boldsymbol{X}^j = \boldsymbol{X}^0 + \alpha \boldsymbol{e}^j(j=1, 2, \cdots, k)$$

（2）检验 k 个随机点 $\boldsymbol{X}^j$ 是否是可行点。除去非可行点，计算余下的可行点的目标函数值，选出函数值最小的点 $\boldsymbol{X}_L$。

（3）比较 $f(\boldsymbol{X}_L)$ 和 $f(\boldsymbol{X}^0)$，若 $f(\boldsymbol{X}_L) < f(\boldsymbol{X}^0)$，则可行搜索方向 $\boldsymbol{d} = \boldsymbol{X}_L - \boldsymbol{X}^0$，否则缩小步长使 $\alpha = 0.5\alpha$，重新产生随机方向，返回步骤（1）。

4. 搜索步长的确定

$\boldsymbol{X} = \boldsymbol{X}^0 + \alpha \boldsymbol{d}^1$；如果 $\boldsymbol{X} \in R$，$f(\boldsymbol{X}) < f(\boldsymbol{X}^0)$，则 $\boldsymbol{X}^0 \leftarrow \boldsymbol{X}$。以 $\alpha = 1.3\alpha$ 沿方向 $\boldsymbol{d}^1$ 搜索，直到 $\boldsymbol{X}$ 点不能同时满足可行性和适应性时，则退回到前一个成功点，并以 $\alpha = 0.7\alpha$ 继续反复搜索，直至 $f(\boldsymbol{X}) < f(\boldsymbol{X}^0)$，以此点作为在 $\boldsymbol{d}^1$ 方向的最终成功点 $\boldsymbol{X}^1$。

再以 $\boldsymbol{X}^1$ 为起点，令 $\boldsymbol{X}^0 \leftarrow \boldsymbol{X}^1$，产生另一个随机方向 $\boldsymbol{d}^2$，并以步长 α_0 重复以上迭代。

三、计算步骤

（1）给定初始条件。$\boldsymbol{X}^0$，α_0，n，精度 ε 及最大随机方向数 m。

（2）计算 $F_0=f(\boldsymbol{X}^0)$，$\alpha\leftarrow\alpha_0$。

（3）置方向数寄存器 $k\leftarrow1$，一轮迭代搜索到优于 $\boldsymbol{X}^0$ 点标志寄存器 $j\leftarrow0$。

（4）产生随机方向 $\boldsymbol{d}$，并计算 $\boldsymbol{X}=\boldsymbol{X}^0+\alpha\boldsymbol{d}$。

（5）可行性检验。若 $\boldsymbol{X}\in R$，则进行下一步。否则转步骤（8）。

（6）适应性检验。若 $f(\boldsymbol{X})<f(\boldsymbol{X}^0)$，则进行下一步。否则转步骤（8）。

（7）令 $\boldsymbol{X}^0\leftarrow\boldsymbol{X}$，$F_0=f(\boldsymbol{X})$。置 $j=1$，继续沿着 $\boldsymbol{d}$ 方向搜索 $X=X^0+\alpha\boldsymbol{d}$。返回步骤（5）。

（8）若 $j=0$，则 $k=k+1$，进行下一步。否则，返回步骤（3）。

（9）若 $k\geqslant m$，则进行下一步，否则，返回步骤（4）。

（10）若收敛条件满足精度，则输出最优解 $\boldsymbol{X}^*=\boldsymbol{X}^0$，$F^*=f(\boldsymbol{X}^*)$，终止迭代。否则，步长减半 $\alpha\leftarrow0.5\alpha$，返回步骤（3）。

四、程序框图

图 5-2 是随机方向法程序框图。

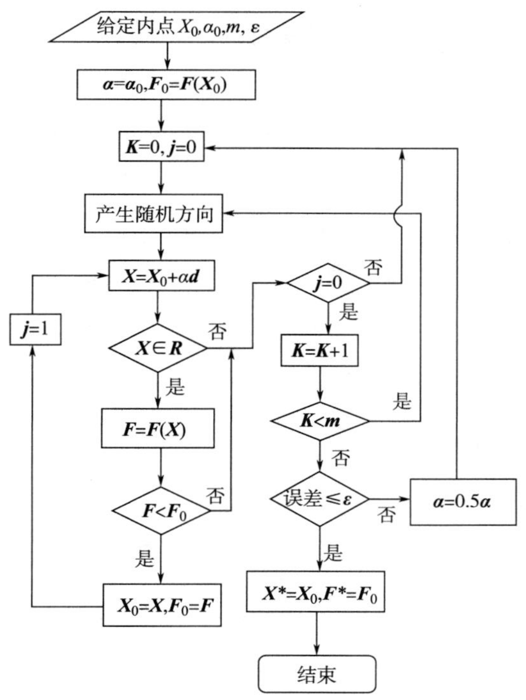

图 5-2　随机方向法程序框图

五、算法程序

用随机方向法求目标函数 $\min f(\boldsymbol{X})=x_1{}^2+x_2$ 的极小值，约束条件：

$$g_1(\boldsymbol{X})=x_1{}^2+x_2{}^2-9<=0$$

$$g_2(\boldsymbol{X})=x_1+x_2-1<=0$$

取初始点 $\boldsymbol{X}^0=\{-2\ 2\}^T$，收敛精度 $\varepsilon=0.01$

```
function sjfxfa
%SJFXFA      --随机方向法
%输入参数:  n--维数;h0--步长;m--随机搜索方向数
%           x0--初始点
clear
n=2
h0=0.01
m=100;
x0=[-2,2];
ep=0.0001;
MODEL=ep+1
h=h0;w=subj(x0);k=1;j=0;   %j=1:F(X)<F(X0)
if w==1      %x0 是可行点
   F0=fxx(x0);
   while (MODEL>ep)|(k<m)   %终止条件
      if j==1
         k=1;j=0;
      end
   p=2*rand(1,n)-1;
   s=p/norm(p);x=x0+h*s;w=subj(x);
   while w==1         %满足约束条件
      F=fxx(x);
      if F<F0
         x0=x;F0=F;j=1;
         x=x0+h*s;w=subj(x);
      else
         w=0;
      end
   end
   if j==0
      k=k+1;
      if k>=m
         h=h/2;
      end
   end
   MODEL=abs((F0-F)/F0);
end
   ['Optimal result:',blanks(3),'xm=[',…
      num2str(x0),']',blanks(6),'fm=',num2str(fxx(x0))]
```

```
else
   ['x0 is not a feasible intial point! ']
end


function f=fxx(x)
f=x(1)^2+x(2);
function w=subj(x)
g(1)=x(1)^2+x(2)^2-9;
g(2)=x(1)+x(2)-1;
if any(g>0)
   w=0;
else
   w=1;
end
```

六、方法特点

随机方向法的优点是对目标函数的形态无特殊要求，程序计算简单，使用方便。缺点是无法求解带有等式约束的优化问题，收敛速度较慢。一般适用于求解 $n<10$ 的小型优化问题。

例 5-1　设有一重量 $P=10000$N 的物体悬挂在两根钢丝绳上，如图 5-3 所示。已知钢丝绳长 $l_1=14.1$m，$l_2=11.5$m，许用应力 $\sigma=100$MPa，弹性模量 $E=2\times10^5$MPa。为保证此悬挂装置正常工作要求，除钢丝绳的工作应力不大于许用应力外，还规定悬挂点的铅垂位移不应超过 $f_0=0.5$cm。现要求得出钢丝绳的截面积 A_1 和 A_2，使承受该载荷的结构重量为最轻。

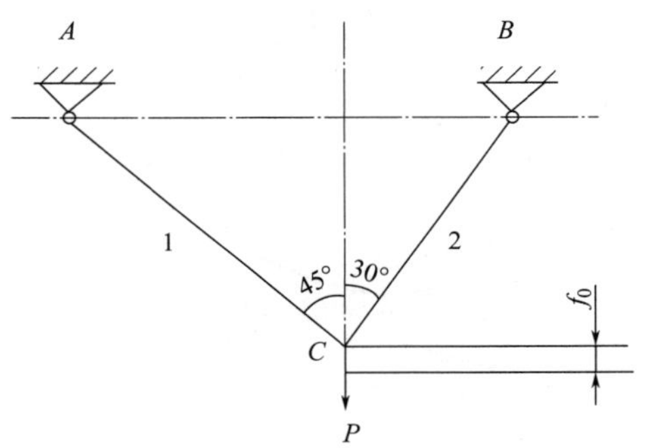

图 5-3　人字架

解：（1）目标函数的建立。

$$W=\gamma\ (14.1A_1+11.5A_2)$$

式中，γ 为材料的单位体积重量（kg/m^3）。

（2）约束条件。

钢丝绳所承受的拉力可用静力平衡方程：

$$N_1\cos45°+N_2\cos30°=P$$

$$N_1\sin45°=N_2\sin30°$$

解得：$N_1=5180$N，$N_2=7320$N。

悬挂点的位移条件（位移=应力×应变）：

$$f=N_1l_1/(EA_1)+N_2l_2/(EA_2)\leqslant f_0$$

化简为：$1/A_1+1.15/A_2-1.37\times10^4\leqslant0$

（3）数学模型。

$$\min f(\boldsymbol{X})=1410x_1+1150x_2$$

$$\text{s.t.}\begin{cases}g_1(\boldsymbol{X})=-1.37x_1x_2+x_2+1.15x_1\leqslant0\\g_2(\boldsymbol{X})=-x_1+0.518\leqslant0\\g_3(\boldsymbol{X})=-x_2+0.732\leqslant0\end{cases}$$

应用随机方向法可以解得：$\boldsymbol{X}^*=[1.452\quad1.688]^{\mathrm{T}}\qquad f^*=3988.51$

第二节　复合形法

一、基本思路

如图 5-4 所示，在可行域内构造一个具有 k 个顶点的初始复合形（通常 $n+1<k<2n$），对该复合形各顶点的目标值进行比较，找到目标函数值最大的顶点（称最坏点），然后按照一定的法则求出目标函数值有所下降的可行的新点，并用此点代替最坏点，构成新的复合形，复合形的形状每改变一次，就向最优点移动一步，直至逼近最优点。

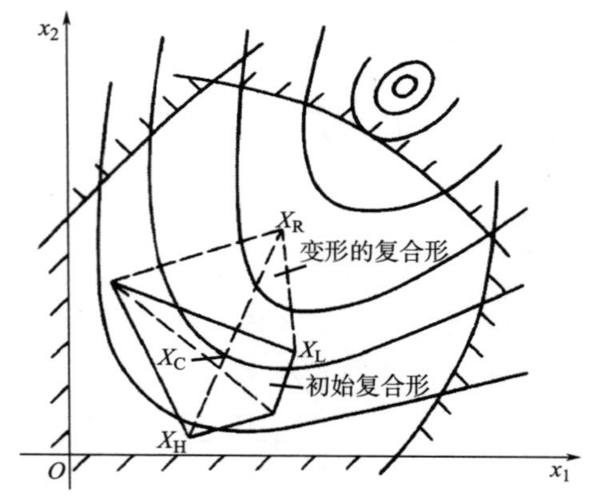

图 5-4　复合形法的算法原理

二、计算方法

（一）初始复合形的生成

1. 用试凑方法产生

适用于低维情况。

2. 用随机方法产生

（1）用随机方法产生 k 个顶点。

先用随机函数产生 n 个随机数 $r_i(0<r_i<1)$，然后变换到预定的区间 $a_i<x_i<b_i$ 中。

$$x_i=(b_i-a_i)r_i+a_i,\ i=1,\ 2,\ \cdots,\ n$$

得到了一个顶点，要连续产生 k 个顶点。

（2）将非可行点调入可行域内。

① 检查已获得的各顶点的可行性，若无一可行，则重新产生随机点；若有 L 个可行，则转下一步。

②计算 L 个可行点点集的几何中心。

$$x_j=\frac{1}{L}\sum_{j=1}^{L}X_j$$

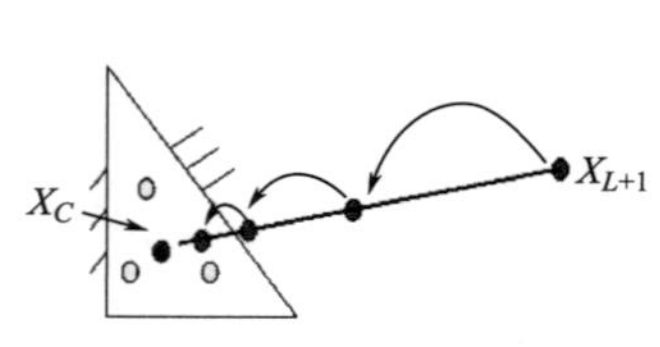

图 5-5　非可行点调入可行域

③将非可行点逐一调入可行域内。

$$X_{L+1}=X_c+0.5(X_{L+1}-X_c)$$

若仍不可行，则重复此步骤，直至进入可行域为止，如图 5-5 所示。

（二）复合形的搜索方法

1. 反射

在坏点的对侧试探新点：先计算除最坏点外各顶点的几何中心，再作映射计算。

（1）计算复合形各顶点目标函数值，找出最好点 $\boldsymbol{X}_L$、最坏点 $\boldsymbol{X}_H$ 及次坏点 $\boldsymbol{X}_G$。

（2）计算除去最坏点外的（$k-1$）个顶点的中心　$\boldsymbol{X}_C=\frac{1}{k-1}\sum_{j=1}^{k}\boldsymbol{X}_j$。

（3）计算反射点。

$$\boldsymbol{X}_R=\boldsymbol{X}_C+\alpha(\boldsymbol{X}_C-\boldsymbol{X}_H)$$

式中，α 为反射系数，一般取 $\alpha=1.3$。

（4）判别反射点的位置。

若 $\boldsymbol{X}_R$ 为可行点：

$f(\boldsymbol{X}_R)<f(\boldsymbol{X}_H)$，则用 $\boldsymbol{X}_R$ 取代 $\boldsymbol{X}_H$，构成新的复合形；

$f(\boldsymbol{X}_R)\geqslant f(\boldsymbol{X}_H)$，则 $\alpha=0.7\alpha$，重新计算反射点，若仍不行，继续缩小 α，直至 $f(\boldsymbol{X}_R)<f(\boldsymbol{X}_H)$。

若 $\boldsymbol{X}_R$ 为非可行点，将 $\alpha=0.7\alpha$，重新计算反射点，直至可行为止，然后重复以上步骤，如图 5-6 所示。

反射成功条件：$\begin{cases} g_j(\boldsymbol{X}_R)\leqslant 0(j=1,2,\cdots,m) \\ f(\boldsymbol{X}_R)<f(\boldsymbol{X}_H) \end{cases}$

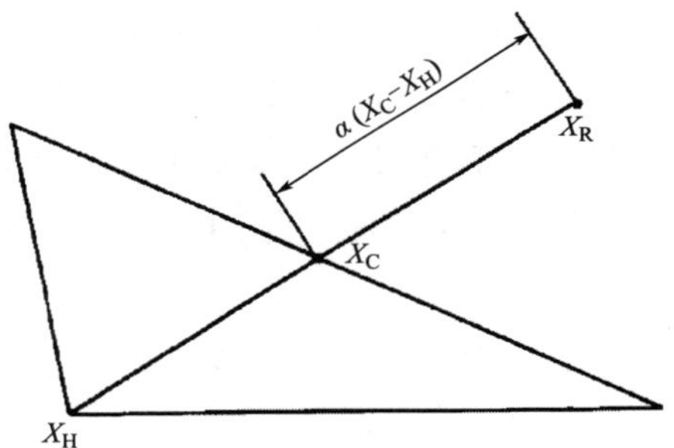

图 5-6　$\boldsymbol{X}_R$ 与 $\boldsymbol{X}_H$、$\boldsymbol{X}_C$ 相对位置

2. 扩张

当求得 $\boldsymbol{X}_R$ 可行，且目标函数下降较多，可沿反射方向继续移动，如图 5-7 所示。

$$\boldsymbol{X}_E=\boldsymbol{X}_R+\gamma(\boldsymbol{X}_R-\boldsymbol{X}_C)$$

式中，γ 为扩张系数，一般取 $\gamma=1$。

3. 收缩

若在中心点外找不到好的反射点，可以在 $\boldsymbol{X}_C$ 以内寻找，如图 5-8 所示。

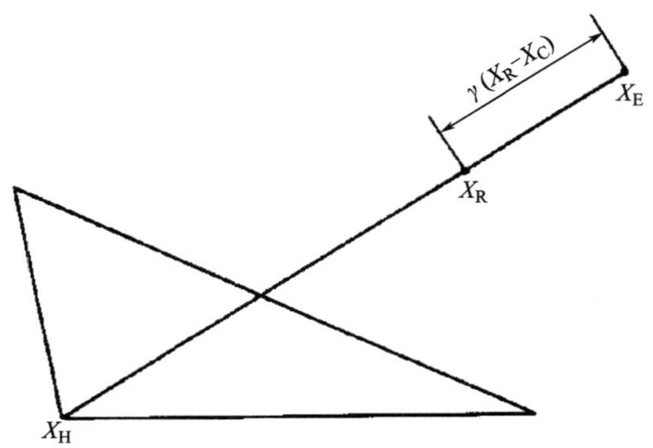

图 5-7　$\boldsymbol{X}_E$ 与 $\boldsymbol{X}_H$、$\boldsymbol{X}_C$ 相对位置

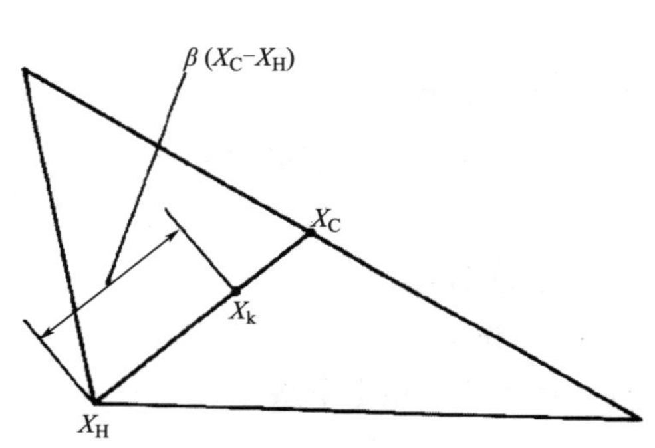

图 5-8　$\boldsymbol{X}_k$ 与 $\boldsymbol{X}_H$、$\boldsymbol{X}_C$ 相对位置

$$X_k = X_H + \beta(X_C - X_H)$$

式中，β 为收缩系数，一般取 $\beta = 0.7$。

4. 压缩

若采用上述方法均无效，还可以将复合形各顶点向最好点 X_L 靠拢，即采用压缩的方法来改变复合形的形状。压缩后的各顶点的计算公式为：

$$X_j = X_L - 0.5(X_L - X_j)$$

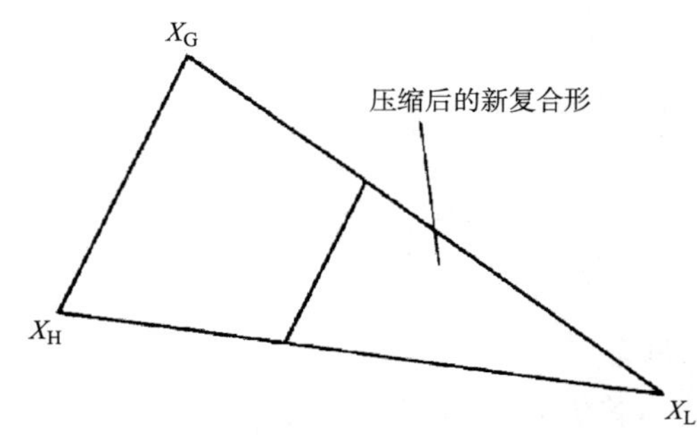

图 5-9　复合形的压缩变形

压缩后的复合形各定点的对应位置如图 5-9 所示。再对压缩后的复合形采用反射、扩张或收缩等方法，继续改变复合形的形状。

除此之外，还可以采用旋转等方法来改变复合形的形状。应注意，采用改变复合形的方法越多，程序设计越复杂，有可能降低计算效率及可靠性。因此，程序设计时，应针对具体情况，采用更有效的方法。

三、计算步骤

（1）选择复合形的顶点数 k。建议 $n+1 \leqslant k \leqslant 2n$。

（2）计算复合形各顶点目标函数值。找出最好点 X_L，最坏点 X_H，次坏点 X_G。

（3）计算除最坏点外 $k-1$ 个顶点的中心 X_C。若 X_C 是可行点，转步骤（4）；否则，重新计算设计变量的上下限值，即令：$a = X_L$，$b = X_C$。然后转步骤（1），重新构造初始复合形。

（4）计算反射点 $X_R = X_C + \alpha(X_C - X_H)$，必要时修改 α，直至满足反射成功条件：

$$\begin{cases} g_j(X_R) \leqslant 0 \\ f(X_R) < f(X_H) \end{cases}$$

（5）判断收敛条件 $\frac{1}{k-1}\sum_{j=1}^{k}[f(X_j) - f(X_L)]^2\}^{\frac{1}{2}} \leqslant \varepsilon$。不满足转步骤（2），满足则停止迭代。

四、程序框图

图 5-10 是复合形法的程序框图。

五、算法程序

```
function fhxfa
%   输入自变量上下限 a,b,维数 n,
clear;
a1=2;b1=4;a2=0.5;b2=1;
n=2;k=2*n;
```

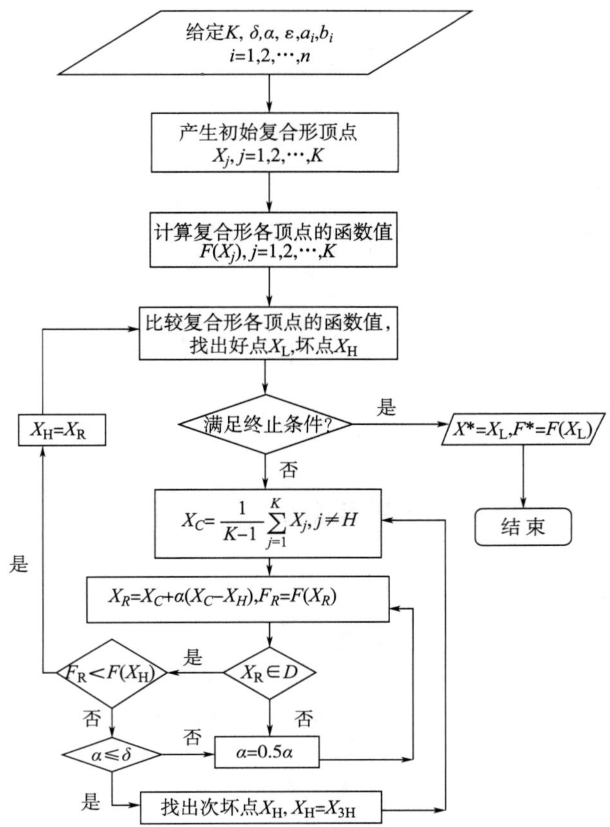

图 5-10　复合形法的程序框图

```
epsilon=0.001;a=1.3;
x=zeros(k,1);y=zeros(k,1);F=zeros(k,1);
w=0;
p=0;
while w==0          %确定初始点
   x(1)=a1+rand(1)*(b1-a1);
   y(1)=a2+rand(1)*(b2-a2);
   s=[x(1);y(1)]
   w=subj(s)
end
xj=[x(1);y(1)]
%求解初始变量值
for i=2:k
   x(i)=a1+rand(1)*(b1-a1);
   y(i)=a2+rand(1)*(b2-a2);
   s=[x(i);y(i)]
```

```
        w=subj(s)
        while w==0
            s=xj+0.5*(s-xj)
            w=subj(s)
        end
        x(i)=s(1);y(i)=s(2);
        xj=[sum(x)/i;sum(y)/i];
    end
    %计算初始函数值
    for i=1:k
        s=[x(i);y(i)]
        F(i)=fxx(s)
    end
    %定义一个初始的在可行域内的映射点函数值
    FR=sum(F)/k-2*epsilon;
    %判断迭代终止条件
    while(sqrt((sum(F-FR)/k)^2)>epsilon)
        [m l]=min(F);[n h]=max(F);        %得到最大最小值
        XC=(sum(x)-x(h))/(k-1);YC=(sum(y)-y(h))/(k-1);        %计算除去坏点
后,好点的形心
        s=[XC;YC]
        w=subj(s)
        %重新确定初始复合形
        while (w==0)
            a1=x(1);b1=XC;
            a2=y(1);b2=YC;
            while w==0        %确定初始点
                x(1)=a1+rand(1)*(b1-a1);
                y(1)=a2+rand(1)*(b2-a2);
                s=[x(1);y(1)]
                w=subj(s)
        end
        xj=[x(1);y(1)]
        %求解初始变量值
        for i=2:k
            x(i)=a1+rand(1)*(b1-a1);
            y(i)=a2+rand(1)*(b2-a2);
            s=[x(i);y(i)]
            w=subj(s)
            while w==0
```

```
        s=xj+0.5*(s-xj)
        w=subj(s)
      end
      x(i)=s(1);y(i)=s(2);
      xj=[sum(x)/i;sum(y)/i];
    end
    for i=1:k
      s=[x(i);y(i)]
      F(i)=fxx(s)
    end
    [m l]=min(F);[n h]=max(F);%得到最大最小值
      XC=(sum(x)-x(h))/(k-1);YC=(sum(y)-y(h))/(k-1);%计算除去坏点后,好点的形心
      s=[XC;YC]
      w=subj(s)
    end
    %------------复合形建立结束
    alfa=a;
    XR=XC+alfa*(XC-x(h));
    YR=YC+alfa*(YC-y(h));%映射点
    s=[XR;YR]
    w=subj(s)
    while(w==0) %当映射点不满足约束条件
      alfa=alfa/2;
      XR=XC+alfa*(XC-x(h));
      YR=YC+alfa*(YC-y(h));
      s=[XR;YR];
      w=subj(s)
    end
    s=[XR;YR]
    FR=fxx(s)   %映射点函数值
    alfa=a
    while (FR>=F(h))   %当映射点函数值大于坏点函数值时,缩小映射系数 alfa
      alfa=alfa/2;
      XR=XC+alfa*(XC-x(h));
      YR=YC+alfa*(YC-y(h));
      s=[XR;YR]
      FR=fxx(s)   %映射点函数值
    end
    x(h)=XR;y(h)=YR   %将映射点替代坏点
```

```
    F(h)=FR;
    p=p+1;
end
fprintf(1,'    x*        x*=% 3.4f\n',XR)
fprintf(1,'    y*        y*=% 3.4f\n',YR)
fprintf(1,'    F*        F*=% 3.4f\n',FR)
fprintf(1,'    迭代次数       p=% 3.4f\n',p)

function f=fxx(x)
f=25/(x(1)*x(2)^3);
function w=subj(x)
g(1)=5-3/(x(1)*x(2)^2);
g(2)=1-0.4*x(1)*x(2);
g(3)=x(1)-2
g(4)=4-x(1)
g(5)=x(2)-0.5
g(6)=1-x(2)
if any(g<0)
    w=0;  %不满足约束条件
else
    w=1;  %满足约束条件
end
```

六、方法特点

复合形法计算方便，收敛速度较快，计算结果可靠，所以复合形法是一种有效的约束最优化直接法。

例 5-2 试用复合形法求解如下约束优化问题。

$$\min f(\mathbf{X}) = \frac{25}{x_1 x_2^3}$$

$$\text{s. t.} \begin{cases} \dfrac{30}{x_1 x_2^2} - 50 \leqslant 0 \\ 0.0004x_1x_2 - 0.001 \leqslant 0 \\ 2 \leqslant x_1 \leqslant 4 \\ 0.5 \leqslant x_2 \leqslant 1 \end{cases}$$

解：(1) 构造初始复合形。

取顶点数 $k = 2n = 4$，用随机法产生初始全部顶点，取伪随机数：

$$r_1^1 = 0.1,\ r_1^2 = 0.2,\ r_1^3 = 0.3,\ r_1^4 = 0.4$$

$$r_2^1 = 0.1,\ r_2^2 = 0.2,\ r_2^3 = 0.3,\ r_2^4 = 0.4$$

根据 $X_i^j = a_i + r^j(b_i - a_i)$，得到：

$$X^1 = \begin{bmatrix} 2.2 \\ 0.55 \end{bmatrix},\ X^2 = \begin{bmatrix} 2.4 \\ 0.6 \end{bmatrix},\ X^3 = \begin{bmatrix} 2.6 \\ 0.65 \end{bmatrix},\ X^4 = \begin{bmatrix} 2.8 \\ 0.7 \end{bmatrix}$$

（2）进行调优迭代计算。

①计算函数值，找出最大最小点。

$$f(X^1) = 68.3013,\ f(X^2) = 48.2253,\ f(X^3) = 35.0128,\ f(X^4) = 26.0308$$

显然，$X_L = X^4$，$X_H = X^1$。

②计算除坏点外其余三点的形心 X_C。

$X_C = (X^2 + X^3 + X^4)/(k-1) = \begin{bmatrix} 2.6 \\ 0.65 \end{bmatrix}$，代入约束条件，该点在可行域内。

③求坏点的映射点 X_R，取 $\alpha = 1.3$。

$X_R = X_C + \alpha(X_C - X^1) = \begin{bmatrix} 2.6 \\ 0.65 \end{bmatrix} + 1.3\left(\begin{bmatrix} 2.6 \\ 0.65 \end{bmatrix} - \begin{bmatrix} 2.2 \\ 0.55 \end{bmatrix}\right) = \begin{bmatrix} 3.12 \\ 0.78 \end{bmatrix}$，代入约束条件，该点在可行域内。

④计算 $f(X_R)$ 并与 $f(X_H)$ 比较。

$f(X_R) = 16.885 < f(X_H)$，故用映射点 X_R 替代 X^1，构成新的复合形。

$$X^1 = \begin{bmatrix} 3.12 \\ 0.78 \end{bmatrix},\ X^2 = \begin{bmatrix} 2.4 \\ 0.6 \end{bmatrix},\ X^3 = \begin{bmatrix} 2.6 \\ 0.65 \end{bmatrix},\ X^4 = \begin{bmatrix} 2.8 \\ 0.7 \end{bmatrix}$$

计算各顶点函数值，得：$X_L = X^1$，$X_H = X^2$。

⑤计算新复合形除坏点外其余三点的形心 X_C。

$X_C = (X^1 + X^3 + X^4)/(k-1) = \begin{bmatrix} 2.84 \\ 0.71 \end{bmatrix}$，代入约束条件，该点在可行域内。

⑥求坏点的映射点 X_R，取 $\alpha = 1.3$。

$X_R = X_C + \alpha(X_C - X^2) = \begin{bmatrix} 2.84 \\ 0.71 \end{bmatrix} + 1.3\left(\begin{bmatrix} 2.84 \\ 0.71 \end{bmatrix} - \begin{bmatrix} 2.4 \\ 0.6 \end{bmatrix}\right) = \begin{bmatrix} 3.412 \\ 0.853 \end{bmatrix}$，代入约束条件，不满足第二个约束条件，将 α 减半，重新计算映射点 X_R。

$X_R = X_C + \alpha(X_C - X^2) = \begin{bmatrix} 2.84 \\ 0.71 \end{bmatrix} + 0.65\left(\begin{bmatrix} 2.84 \\ 0.71 \end{bmatrix} - \begin{bmatrix} 2.4 \\ 0.6 \end{bmatrix}\right) = \begin{bmatrix} 3.126 \\ 0.7815 \end{bmatrix}$，代入约束条件，该点在可行域内。

⑦计算新映射点，$f(X_R)$ 并与 $f(X_H)$ 比较。

$f(X_R) = 16.7558 < f(X_H)$，故用映射点 X_R 替代 X^2，构成新的复合形，依次重复。

例 5-3 销轴结构参数的优化。

图 5-11 为圆形等截面销轴的结构，销轴一端固定在机架上，另一端作用载荷 $P = 10000\text{N}$ 和扭矩 $M = 100\text{N}\cdot\text{m}$，轴长 $l \geqslant 8\text{cm}$，已知许用弯曲应力 $[\sigma_W] = 120\text{MPa}$；许用扭剪应力 $[\tau] = 80\text{MPa}$；允许挠度 $[f] = 0.01\text{cm}$；密度 ρ

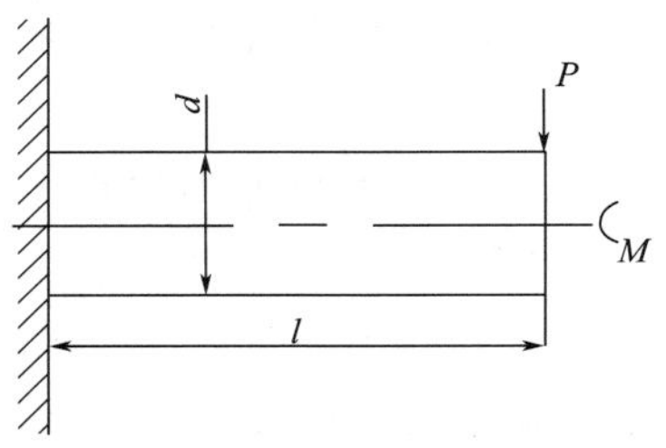

图 5-11 销轴结构

$=7.8\text{t/m}^3$；弹性模量 $E=2\times10^5\text{MPa}$。求销轴最轻质量。

解：质量计算公式：
$$Q=\frac{1}{4}\pi d^2 l\rho$$

约束条件

弯曲强度：
$$\sigma_{\max}=\frac{Pl}{0.1d^3}\leqslant[\sigma_W]$$

扭转强度：
$$\tau=\frac{M}{0.2d^3}\leqslant[\tau]$$

刚度：
$$f=\frac{Pl^3}{3EJ}=\frac{64Pl^3}{3E\pi d^4}\leqslant[f]$$

结构尺寸：
$$l\geqslant l_{\min}$$

问题的数学表达式是：
$$Q=0.00613d^2 l$$
$$\text{s.t.}\begin{cases}d^3-8.33l\geqslant 0\\ d^3-6.25\geqslant 0\\ d^4-0.34l^3\geqslant 0\\ l-8\geqslant 0\end{cases}$$

采用复合形法，可以得到 $d^*=4.0699\text{cm}$，$l^*=8.0007\text{cm}$，$Q=0.8124\text{kg}$。

第三节　可行方向法

可行方向法的特点是注意到约束最优点通常在约束边界上。为此，可先找出一个边界点，然后沿边界搜索。

可行方向法是求解大型约束优化问题的主要方法。

一、寻找边界点的方法

图 5-12 给出了寻找初始边界点的方法：

（1）在 D 内取一初始点，然后沿负梯度方向搜索，直至使迭代点超越 D 或落在边界上；

（2）若迭代点在 D 外，则将它调回到边界上。

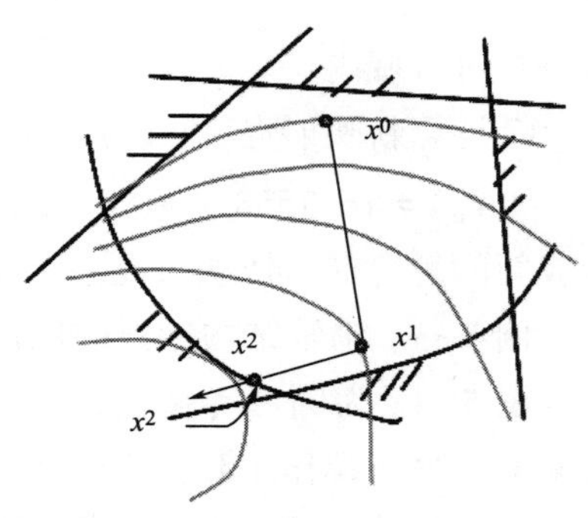

图 5-12　寻找初始边界点

二、产生可行方向的条件

1. 可行性条件

（1）可行方向。迭代公式：$\boldsymbol{X}^{k+1}=\boldsymbol{X}^k+\alpha_k\boldsymbol{d}^k$

只要取适当的 $\alpha_k>0$，能使 $\boldsymbol{X}^{k+1}$ 仍在可行域 D 内，则 $\boldsymbol{d}^k$ 称为可行方向。

（2）可行性条件。如图 5-13 所示，$\boldsymbol{d}^k$ 与起作用的约束函数在 $\boldsymbol{X}^k$ 点的梯度 $\nabla g(\boldsymbol{X}^k)$ 的夹角大于或等于 90°：

$$[\nabla g(\boldsymbol{X}^k)]^{\mathrm{T}}\boldsymbol{d}^k \leqslant 0$$

若迭代点 $\boldsymbol{X}^k$ 处于 J 个约束边界的相交处，应同时成立：

$$[\nabla g_j(\boldsymbol{X}^k)]^{\mathrm{T}}\boldsymbol{d}^k \leqslant 0 \quad (j=1,\ 2,\ \cdots,\ J)$$

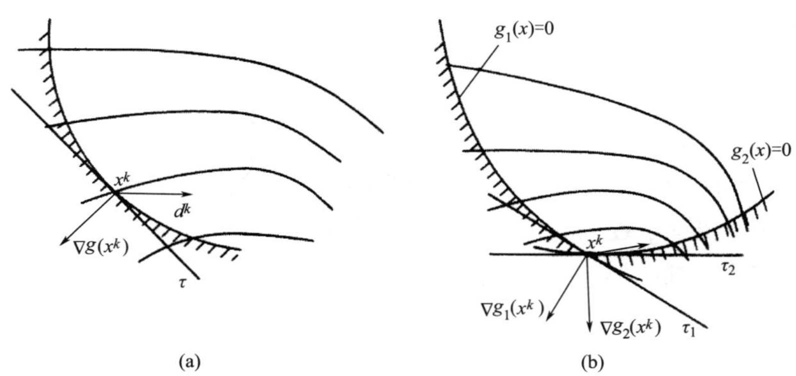

图 5-13　方向的可行性条件

2. 下降性条件

$\boldsymbol{d}^k$ 与目标函数在 $\boldsymbol{X}^k$ 点的梯度$\nabla f(\boldsymbol{X}^k)$ 的夹角大于 90°：

$$[\nabla f(\boldsymbol{X}^k)]^{\mathrm{T}}\boldsymbol{d}^k < 0$$

图 5-14 和图 5-15 分别给出了下降条件和下降方向区。综上所述，当 $\boldsymbol{X}^k$ 处于 J 个起作用的约束面上时，实用可行方向的数学条件是：

$$\begin{cases}[\nabla g_j(\boldsymbol{X}^k)]^{\mathrm{T}}\boldsymbol{d}^k \leqslant 0(j=1,\ 2,\ \cdots,\ J)\\ [\nabla f(\boldsymbol{X}^k)]^{\mathrm{T}}\boldsymbol{d}^k < 0\end{cases}$$

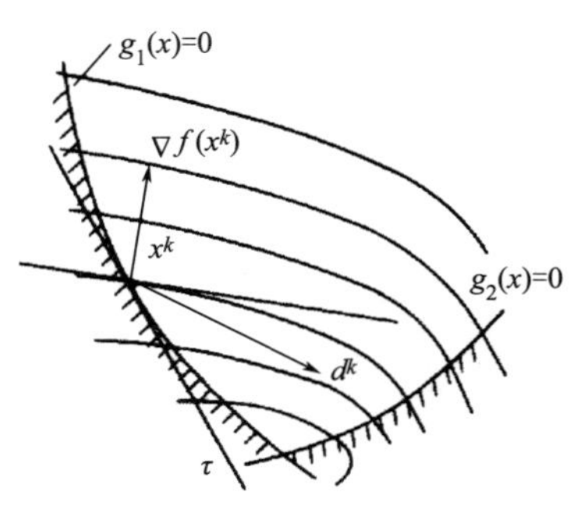

图 5-14　下降条件

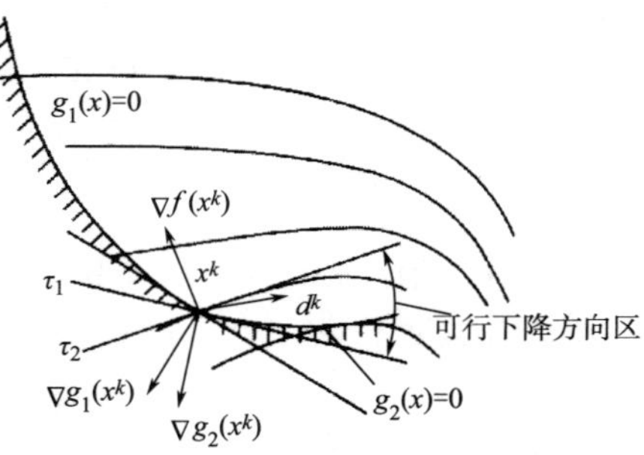

图 5-15　下降方向区

三、最有利的可行方向的产生方法

1. 优选方向法

在扇形区内搜索可行方向下降最快的方向作为本次迭代的搜索方向，因此，这是一个以

搜索方向 $\boldsymbol{d}$ 为设计变量的约束优化问题，新的模型为：

$$\min[\nabla f(\boldsymbol{X}^k)]^{\mathrm{T}}\boldsymbol{d}$$

$$\text{s. t.}\begin{cases}[\nabla g_j(\boldsymbol{X}^k)]^{\mathrm{T}}\boldsymbol{d}\leqslant 0 \quad (j=1,\ 2,\ \cdots,\ J)\\ [\nabla f(\boldsymbol{X}^k)]^{\mathrm{T}}\boldsymbol{d}<0\\ \|\boldsymbol{d}\|\leqslant 1\end{cases}$$

可以用线性规划方法求解 d^*。

2. 梯度投影法

图 5-16 为约束面上的梯度投影方向。

$$\boldsymbol{d}^k=\frac{-\boldsymbol{P}\nabla f(\boldsymbol{X}^k)}{\|\boldsymbol{P}\nabla f(\boldsymbol{X}^k)\|}$$

式中，$\boldsymbol{P}$ 为投影算子，$\boldsymbol{P}=\boldsymbol{I}-\boldsymbol{G}[\boldsymbol{G}^{\mathrm{T}}\boldsymbol{G}]^{-1}\boldsymbol{G}^{\mathrm{T}}$，为 $n\times n$ 矩阵；$\boldsymbol{I}$ 为 $n\times n$ 单位矩阵；$\boldsymbol{G}$ 为起作用约束函数的梯度矩阵，为 $n\times J$ 矩阵；$\boldsymbol{G}=[\nabla g_1(\boldsymbol{X}^k)\ \nabla g_2(\boldsymbol{X}^k)\ \cdots\nabla g_J(\boldsymbol{X}^k)]$。

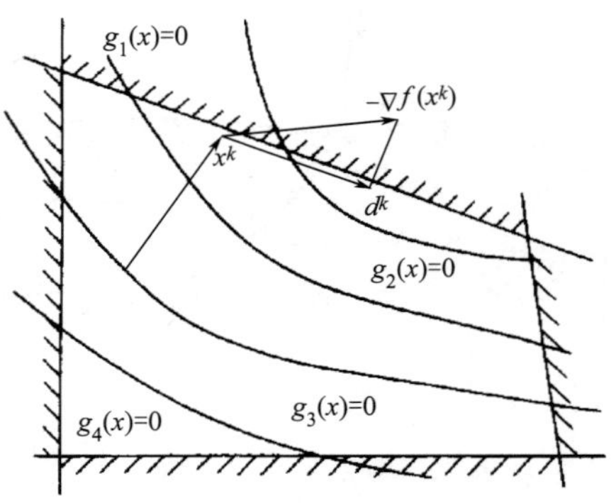

图 5-16 约束面上的梯度投影方向

四、步长的确定

可行方向 $\boldsymbol{d}^k$ 确定后，新的迭代点计算公式为：$\boldsymbol{X}^{k+1}=\boldsymbol{X}^k+\alpha_k\boldsymbol{d}^k$。步长 α_k 的确定有以下两种方法：

1. 最优步长因子（迭代点为内点时使用）

迭代公式： $\boldsymbol{X}^{k+1}=\boldsymbol{X}^k-\alpha^*\boldsymbol{d}^k$

若新点为内点，则本次迭代的步长取 $\alpha_k=\alpha^*$。

2. 试验步长因子 α_t

一维最优化搜索后得到的点为不可行点，应改变步长，使新点 $\boldsymbol{X}$ 返回到约束面上来。使新点 $\boldsymbol{X}$ 恰好位于约束面上的步长成为最大步长 α_M。则本次迭代的步长取 $\alpha_k=\alpha_M$。α_M 的确定可按以下步骤确定：

（1）取一试验步长 α_t，计算试验点 $\boldsymbol{X}_t$。定义目标函数相对下降量：

$$\Delta_f=\frac{f(\boldsymbol{X}^k)-f(\boldsymbol{X}_t)}{|f(\boldsymbol{X}^k)|}$$

将 $f(\boldsymbol{X})$ 在 $\boldsymbol{X}^k$ 处作泰勒展开，仅取到线性项：

$$f(\boldsymbol{X}_t)=f(\boldsymbol{X}^k+\alpha_t\boldsymbol{d}^k)\approx f(\boldsymbol{X}^k)+[\nabla f(\boldsymbol{X}^k)]^{\mathrm{T}}(\boldsymbol{X}_t-\boldsymbol{X}^k)=f(\boldsymbol{X}^k)+[\nabla f(\boldsymbol{X}^k)]^{\mathrm{T}}\alpha_t\boldsymbol{d}^k$$

$$\Rightarrow\alpha_t=-\frac{\Delta_f|f(\boldsymbol{X}^k)|}{[\nabla f(\boldsymbol{X}^k)]^{\mathrm{T}}\boldsymbol{d}^k}$$

为保证 $\boldsymbol{X}_t$ 是 $\boldsymbol{X}^k$ 的一个邻近点，Δ_f 的值不能取得太大。通常 $\Delta_f=0.05\sim0.1$。

试验步长选定后，实验点计算公式为：$\boldsymbol{X}_t=\boldsymbol{X}^k+\alpha_t\boldsymbol{d}^k$

（2）判别试验点 $\boldsymbol{X}_t$ 的位置。$\boldsymbol{X}_t$ 可能在约束面上，也可能在可行域或非可行域。若 $\boldsymbol{X}_t$ 不在约束面上，应设法将其调整到约束面上。在实际计算中，应给约束边界一个允许的误差限，即容差带如图 5-17 所示：

$$-\delta \leqslant g_j(X_t) \leqslant 0,\ j=1,\ 2,\ \cdots,\ J$$

式中，δ 通常取 0.001~0.01；只要迭代点进入容差带，即认为达到了边界。

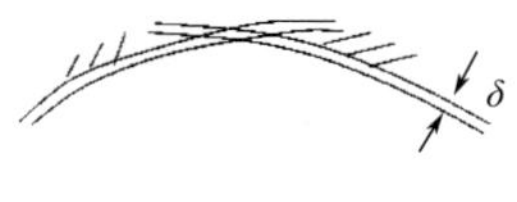

图 5-17　容差带

若试验点 $\boldsymbol{X}_t$ 位于非可行域，则转步骤（3）。

若在可行域内，则应沿 $\boldsymbol{d}^k$ 以步长 $\alpha_t \leftarrow 2\alpha_t$ 继续向前搜索，直至新的试验点 $\boldsymbol{X}_t$ 到边界或域外时止。

（3）用试探法调整步长因子（将已出界的迭代点调回到边界上）。

当试验点位于非可行域时，缩短步长 α_t；当试验点位于可行域时，增大步长 α_t。即不断调整步长 α_t 的大小，使 $\boldsymbol{X}_t$ 落在容差带上。

试探法程序框图如图 5-18 所示。

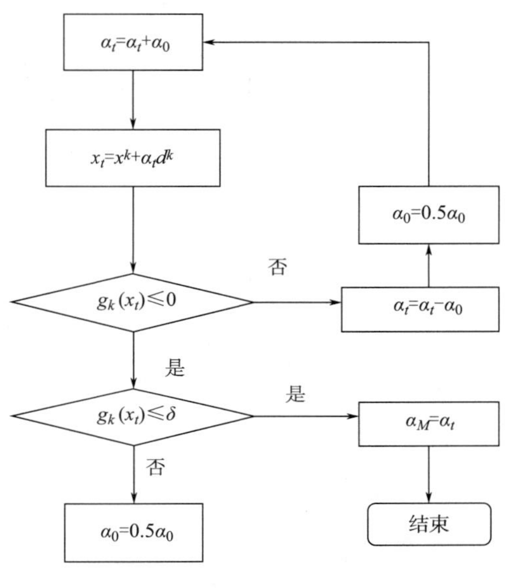

图 5-18　试探法试验步长框图

五、收敛条件

（1）当设计点 $\boldsymbol{X}^k$ 满足：$\|\nabla f(\boldsymbol{X}^k)\| \leqslant \varepsilon$

（2）当设计点 X^k 处于约束面上，且满足 K-T 条件：

$$\begin{cases}\nabla f(\boldsymbol{X}^k)+\sum\limits_{j=1}^{J}\lambda_j \nabla g_j(\boldsymbol{X}^k)=0\\ \lambda_j \geqslant 0 \quad (j=1,\ 2,\ \cdots,\ J)\end{cases}$$

（3）当设计点 $\boldsymbol{X}^k$ 及约束允差满足：

$$\begin{cases}|[\nabla f(\boldsymbol{X}^k)]^{\mathrm{T}}\boldsymbol{d}^k| \leqslant \varepsilon\\ \delta \leqslant \varepsilon_2\end{cases}$$

六、计算步骤

（1）在可行域内选择一个初始点 $\boldsymbol{X}$，给出约束允差 $\delta(0.05)$ 和收敛精度 $\varepsilon(10^{-3})$，$\varepsilon_2=10^{-5}$，迭代次数 $k=0$，步长 $h=0.01$。

（2）计算 $\nabla f(\boldsymbol{X})$，沿负梯度方向 $\boldsymbol{d}=-\nabla f(\boldsymbol{X})$ 一维搜索得到试验步长 α。

（3）用试算法确定最优步长，得到新点 $\boldsymbol{X}$。

（4）判断 $g_j(\boldsymbol{X})$ 满足适时约束的集合。计算新的可行方向 $\boldsymbol{d}=\dfrac{-\boldsymbol{P}\nabla f(\boldsymbol{X})}{\|\boldsymbol{P}\nabla f(\boldsymbol{X})\|}$。

（5）判断收敛条件 $|[\nabla f(\boldsymbol{X})]^{\mathrm{T}}\boldsymbol{d}|$：

① $|[\nabla f(\boldsymbol{X})]^{\mathrm{T}}\boldsymbol{d}| > \varepsilon$：转入步骤（7）；

② $|[\nabla f(\boldsymbol{X})]^{\mathrm{T}}\boldsymbol{d}| \leqslant \varepsilon$：转入下一步。

（6）判断收敛条件 $\delta \leqslant \varepsilon_2$，若收敛，则输出结果；否则，$\delta \leftarrow \delta/2$，$k=k+1$，转向步骤（7）。

（7）试验步长因子 $\alpha=-\dfrac{0.05|f(\boldsymbol{X})|}{[\nabla f(\boldsymbol{X})]^{\mathrm{T}}\boldsymbol{d}}$，用试算法确定最优步长，得到新点 $\boldsymbol{X}$，转向步骤（4）。

七、程序框图

图 5-19 是可行方向法流程图。

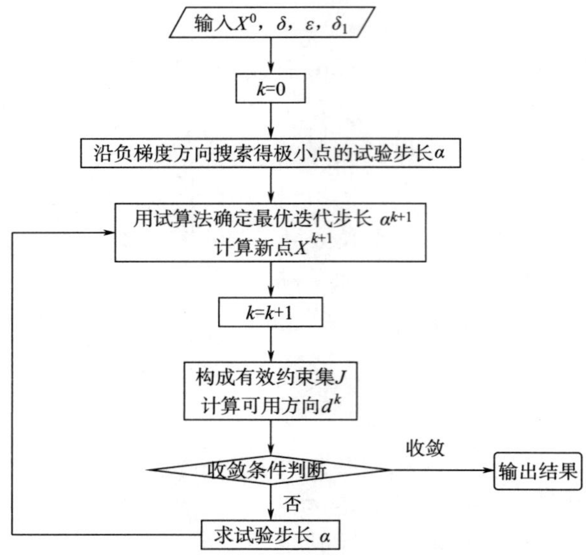

图 5-19　可行方向法流程图

八、算法程序

```
function kxfxfa
syms x1 x2 b
var=[x1;x2]
x0=[0;1]
delt=0.05;eps=1.0e-2;delt2=1.0e-5;
n=5;  %约束函数个数
k=0; f0=eps
f1=f0+eps*3
h=n+1
gradf=-jacobian(mbhs,var);  %雅克比矩阵 计算梯度
d=(subs(gradf,{x1,x2},x0))'
x0=x0+b*d
[p q]=jtf(x0)
k1=hjfg(x0,p,q)
x0=x0+b*d
[h w]=step(x0,k1,n,h)
x0=subs(x0,{b},w)
while (delt>delt2)&(abs(f0-f1)>eps)
   G=(subs(jacobian(yshs(h),var),{x1,x2},x0))'
```

```
    P=[1 0;0 1]-G*(G'*G)^-1*G'
    Z=(subs(jacobian(mbhs,var),{x1,x2},x0))'
    d=-P*Z/norm(P*Z)
    k1=-0.05*abs(subs(mbhs,{x1,x2},x0))/(Z'*d)
    if norm(Z'*d)<=eps
      if delt>delt2
        delt=delt/2
      end
    end
    x0=x0+b*d
    [h w]=step(x0,k1,n,h)
    x0=subs(x0,{b},w)
    f1=f0
    f0=subs(mbhs,{x1,x2},x0)
end
fprintf(1,' x*        x*=% 3.4f\n',x0)
fprintf(1,' f*        f*=% 3.4f\n',f0)

function [h w]=step(x0,a,n,h)
%STEP   --试算步长
%    a:初始步长
%    x0:迭代点
%    n:约束函数个数
syms b
p=h
m=0.01; k=0
x=subs(x0,{b},a)
for i=1:n
  g(i)=yshs(i,x)
end
g(p)=-5
[w h]=max(g)
while (g(h)>0|g(h)<-0.001)
  while g(h)>0
    a=a-m
    x=subs(x0,{b},a)
    for i=1:n
      g(i)=yshs(i,x)
    end
    g(p)=-5
```

```
        [r h]=max(g)
        k=k+1
      end
      while g(h)<-0.001
        a=a+m
          x=subs(x0,{b},a)
        for i=1:n
          g(i)=yshs(i,x)
        end
        g(p)=-5
        [r h]=max(g)
        k=k+1
      end
      m=m/2
    end
    w=a

    function xm=hjfg(x0,p,q)
    syms x1 x2 b
    f=mbhs;
    f00=subs(f,{x1,x2},x0);
    epsilon=0.01;
    a1=q-0.618*(q-p);
    f1=subs(f00,b,a1);
    a2=p+0.618*(q-p);
    f2=subs(f00,b,a2);
    while (q-p)>epsilon
      if f1<=f2
        q=a2;a2=a1;f2=f1;
        a1=q-0.618*(q-p);
        f1=subs(f00,b,a1);
      else
        p=a1;a1=a2;f1=f2;
        a2=p+0.618*(q-p);
        f2=subs(f00,b,a2);
      end;
    end
    xm=0.5*(q+p);

    function [p q]=jtf(x0)
```

```
syms x1 x2 b
f=mbhs
f00=subs(f,{x1,x2},x0);
h0=0.1;h=h0   %步长
p1=0;f1=subs(f00,b,p1)
p2=p1+h;f2=subs(f00,b,p2)
if f1<f2
      h=-h;p3=p1;f3=f1;p1=p2;f1=f2;p2=p3;f2=f3
end
p3=p2+h;f3=subs(f00,b,p3)
while(f2>=f3)
   p1=p2;f1=f2;p2=p3;f2=f3;
   p3=p2+2*h;f3=subs(f00,b,p3)
end
if h>0
   p=p1;q=p3
else
   p=p3;q=p1
end

function f=mbhs
syms x1 x2
f=60-10*x1-4*x2+x1^2+x2^2-x1*x2

function g=yshs(i,x)
if nargin==1
      syms x1 x2
else
      x1=x(1);x2=x(2);
end
g(1)=-x1
g(2)=-x2
g(3)=x1-6
g(4)=x2-8
g(5)=x1+x2-11
g=g(i);
```

例 5-4　用可行方向法求以下约束优化问题的约束最优解。

$$\min f(\boldsymbol{X}) = 60 - 10x_1 - 4x_2 + x_1^2 + x_2^2 - x_1x_2$$

$$\text{s.t.}\begin{cases} g_1(\boldsymbol{X}) = -x_1 \leqslant 0 \\ g_2(\boldsymbol{X}) = -x_2 \leqslant 0 \\ g_3(\boldsymbol{X}) = x_1 - 6 \leqslant 0 \\ g_4(\boldsymbol{X}) = x_2 - 8 \leqslant 0 \\ g_5(\boldsymbol{X}) = x_1 + x_2 - 11 \leqslant 0 \end{cases}$$

解：(1) 第1次迭代。

①取初始点 $\boldsymbol{X}^0 = [0 \quad 1]^{\mathrm{T}}$，搜索方向为负梯度方向。

$$-\nabla f(\boldsymbol{X}^0) = -\begin{bmatrix} -10 + 2x_1 - x_2 \\ -4 - x_1 + 2x_2 \end{bmatrix}_{\mathbf{X}_0} = \begin{bmatrix} 11 \\ 2 \end{bmatrix}$$

新点应为： $\boldsymbol{X}^1 = \boldsymbol{X}^0 + \alpha\nabla f(\boldsymbol{X}^0) = \begin{bmatrix} 0 \\ 1 \end{bmatrix} + \alpha\begin{bmatrix} 11 \\ 2 \end{bmatrix}$。

②一维搜索得到初始步长 $\alpha_t = 0.6069$。

③用试算法确定步长因子，见表5-1。

设 $h = 0.01$，$\delta = 0.001$， $\alpha = \alpha_t + h$

表5-1 第1次迭代时迭代次数与各值对应关系

迭代次数	α_t	$g_1(\boldsymbol{X}_t)$	$g_2(\boldsymbol{X}_t)$	$g_3(\boldsymbol{X}_t)$	$g_4(\boldsymbol{X}_t)$	$g_5(\boldsymbol{X}_t)$	
1	0.6069	−13.3517	−3.4276	7.3517	−4.5724	5.7793	可行域外
⋮	⋮	⋮	⋮	⋮	⋮	⋮	
54	0.2727	−5.9993	−2.0908	−0.0007	−5.9092	−2.9099	边界

所以 $\alpha = 0.2727$， $\boldsymbol{X}^1$ 应位于 $g_3(\boldsymbol{X}^1) = 0$ 的约束面上，其新点为：

$$\boldsymbol{X}^1 = \begin{bmatrix} 0 \\ 1 \end{bmatrix} + 0.2727 \times \begin{bmatrix} 11 \\ 2 \end{bmatrix} = \begin{bmatrix} 5.9998 \\ 2.0909 \end{bmatrix}$$

(2) 第2次迭代。

①从 $\boldsymbol{X}^1$ 出发，应沿可行方向 $\boldsymbol{d}$ 移动。可行方向 $\boldsymbol{d}$ 可以通过梯度投影法求得：

$$\boldsymbol{P} = \boldsymbol{I} - \boldsymbol{G}[\boldsymbol{G}^{\mathrm{T}}\boldsymbol{G}]^{-1}\boldsymbol{G}^{\mathrm{T}} = \boldsymbol{I} - \nabla g_3(\boldsymbol{X}^1)[\nabla g_3(\boldsymbol{X}^1)^{\mathrm{T}}\nabla g_3(\boldsymbol{X}^1)]^{-1}\nabla g_3(\boldsymbol{X}^1)^{\mathrm{T}}$$

$$= \begin{bmatrix} 1 & 0 \\ 0 & 1 \end{bmatrix} - \begin{bmatrix} 1 \\ 0 \end{bmatrix}\left\{[1 \quad 0]\begin{bmatrix} 1 \\ 0 \end{bmatrix}\right\}^{-1}[1 \quad 0] = \begin{bmatrix} 0 & 0 \\ 0 & 1 \end{bmatrix}$$

$$\boldsymbol{d}^2 = \frac{-\boldsymbol{P}\nabla f(\boldsymbol{X}^1)}{\|\boldsymbol{P}\nabla f(\boldsymbol{X}^1)\|} = \begin{bmatrix} 0 \\ 1 \end{bmatrix}$$

②估算试验步长 α_t 的确定。

$$\alpha_t = -\frac{0.05\,|f(\boldsymbol{X}^1)|}{[\nabla f(\boldsymbol{X}^1)]^{\mathrm{T}}\boldsymbol{d}^1} = -\frac{0.05 \times 19.4623}{[0 \quad -5.818]\begin{bmatrix} 0 \\ 1 \end{bmatrix}} = 0.1673$$

③用试算法确定步长因子，见表5-2。

设 $h = 0.01$，$\delta = 0.001$， $\alpha = \alpha_t + h$

表 5-2　第 2 次迭代时迭代次数与各值的关系

迭代次数	α_t	$g_1(\boldsymbol{X}_t)$	$g_2(\boldsymbol{X}_t)$	$g_3(\boldsymbol{X}_t)$	$g_4(\boldsymbol{X}_t)$	$g_5(\boldsymbol{X}_t)$	
1	0. 1673	−6	−2. 2583		−5. 7417	−2. 7417	可行域内
⋮	⋮	⋮	⋮	⋮	⋮	⋮	
282	2. 9085	−6	−5		−3	0	边界

所以 $\alpha=2.9085$，$\boldsymbol{X}^2$ 应位于 $g_5(\boldsymbol{X}^2)=0$ 的约束面上，其新点为：

$$\boldsymbol{X}^2=\begin{bmatrix}6\\2.091\end{bmatrix}+2.9085\times\begin{bmatrix}0\\1\end{bmatrix}=\begin{bmatrix}6\\5\end{bmatrix}$$

④计算收敛精度。

$$\left|\left[\nabla f\left(\boldsymbol{X}^2\right)\right]^T\boldsymbol{d}^1\right|=0<\varepsilon$$

迭代结束，否则令新点 $\boldsymbol{X}^2=\boldsymbol{X}_t$，重复步骤②。

图 5-20 是例 5-4 的图解。

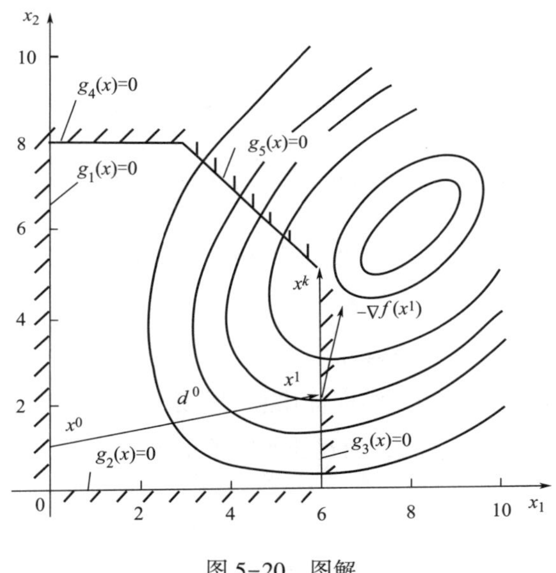

图 5-20　图解

第四节　惩罚函数法

一、概述

（一）基本思想

惩罚函数法属于间接约束优化方法，通过约束函数的某种形变，把约束优化问题转化为无约束优化问题，进而使用第四章中各种无约束优化方法加以求解。但这种从有约束到无约束的转变，必须满足两个条件：一是不破坏原约束条件的作用；二是最优点保持不变。

将约束问题 $\min\limits_{x\in D\subset R^n} F(X)$ 转化成无约束问题 $\min\limits_{x\in R^n}\Phi(X, r^k)$ 求解。

构造惩罚函数（$\Phi = F +$ 惩罚项）的基本要求：一是惩罚项用约束条件构造；二是到达最优点时，惩罚项的值为 0；三是当约束不满足或未到达最优点时，惩罚项的值大于 0。

（二）分类

根据惩罚函数构成的形式不同，又分为三种不同的惩函数法：

（1）内点法。将迭代点限制在可行域内。

（2）外点法。迭代点一般在可行域外。

（3）混合法。将外点法和内点法结合起来解 GP 型问题。

二、内点惩罚函数法（内点法）

1. 罚函数的构成

设 $f(X)\to\min$，　s. t.　$g_j(X)\leqslant 0$，$u=1, 2, \cdots, m$

可构成内点罚函数：

$$\varphi(X, r) = f(X) - r\sum_{u=1}^{m}\frac{1}{g_j(X)}$$

或：

$$\varphi(X, r) = f(X) - r\sum_{u=1}^{m}\ln[-g_j(X)]$$

式中，r 为惩罚因子，为递减数列。$r^{k+1}=cr^k$，且 $\lim\limits_{k\to\infty} r^k\to 0$，$\sum\limits_{j=1}^{m}\frac{1}{g_j(X)}$ 或 $\sum\limits_{u=1}^{m}\ln[-g_j(X)]$ 为障碍项。

2. 惩罚函数与原约束优化问题的内在联系

（1）当初始点 $X^0\in R$ 时，在用无约束优化方法搜索时，若罚函数的迭代点 X_φ^k 有越出可行域的趋势，则惩罚项的值迅速增大，通过罚函数值的增大来避免迭代点 X_φ^k 在搜索过程成为非可行点。

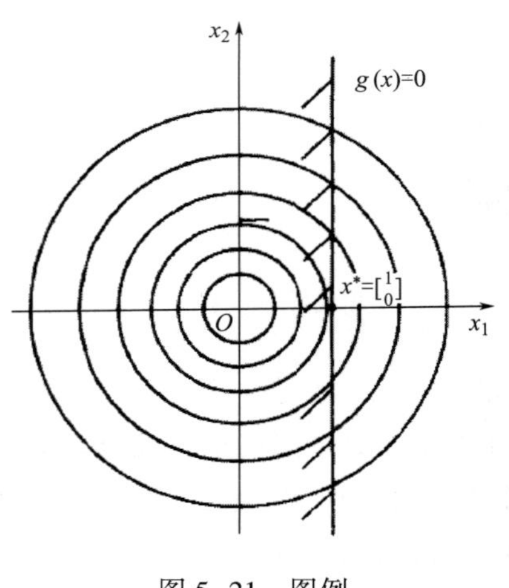

图 5-21　图例

（2）随迭代搜索，由于 $\lim r^k\to 0$，使惩罚顶的作用逐渐消除，故有：$\varphi(X, r^k)\to F(X)$，便有 $\lim X_\varphi^k\to X^*$。

（3）$\varphi(X, r^k)$ 为非增数列。

3. 引例

设有一不等式模型的约束最优解。

$$\min f(X) = x_1^2 + x_2^2$$

$$\text{s. t.}\quad g(X) = 1 - x_1 \leqslant 0$$

解： 如图 5-21 所示，问题的最优解是 $X^* = [1\ \ 0]^{\mathrm T}$。它是目标函数等值线与约束边界线的切点，最优值 $f* = 1$。用内点法求解该问题，首先构造内点惩罚函数 $\varphi(X, r) = x_1^2 + x_2^2 - r\ln(x_1 - 1)$。用解析法求极小值，即令 $\nabla\phi = 0$。

$$\begin{cases}\dfrac{\partial\phi}{\partial x_1}=2x_1-\dfrac{r}{x_1-1}=0\\ \dfrac{\partial\phi}{\partial x_2}=2x_2=0\end{cases}\Rightarrow\begin{cases}x_1=\dfrac{1\pm\sqrt{1+2r}}{2}\\ x_2=0\end{cases}$$

因为 $x_1=\dfrac{1-\sqrt{1+2r}}{2}$ 不满足约束条件。无约束极值点为：$x_1(r)=\dfrac{1+\sqrt{1+2r}}{2}$，$x_2(r)=0$。

当 $r=4$ 时：$\boldsymbol{X}^*(r)=[2,\ 0]^{\mathrm{T}}$，$f(\boldsymbol{X}^*)=4$

当 $r=1.2$ 时：$\boldsymbol{X}^*(r)=[1.422,\ 0]^{\mathrm{T}}$，$f(\boldsymbol{X}^*)=2.022$

当 $r=0.36$ 时：$\boldsymbol{X}^*(r)=[1.156,\ 0]^{\mathrm{T}}$，$f(\boldsymbol{X}^*)=1.336$

当 $r=0$ 时：$\boldsymbol{X}^*(r)=[1,\ 0]^{\mathrm{T}}$，$f(\boldsymbol{X}^*)=1$

由计算知，逐步减小 r 值，函数值将在可行域之内逐步逼近最优值。图 5-22 给出了逼近的图例。

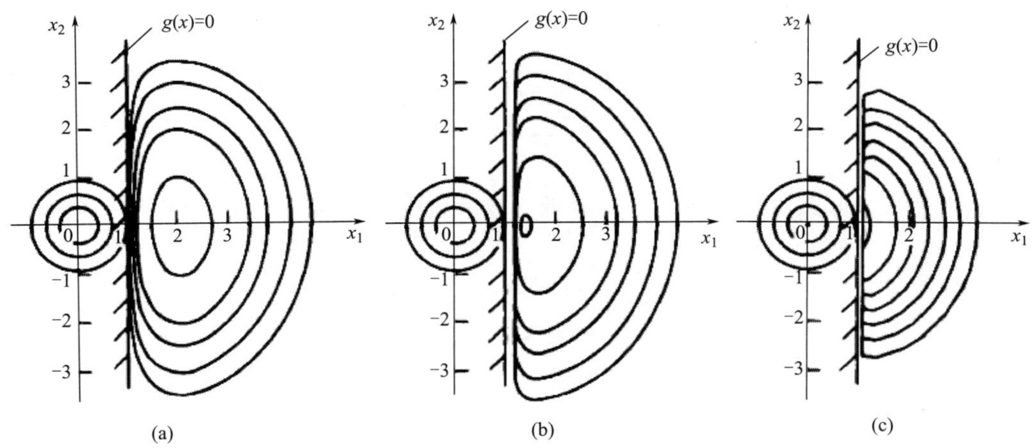

图 5-22　内点惩罚函数的极小点向最优点逼近

图 5-22（a）为 $r=4$，$\boldsymbol{X}^*(r)=\begin{bmatrix}2\\0\end{bmatrix}$；图 5-22（b）为 $r=1.2$，$\boldsymbol{X}^*(r)=\begin{bmatrix}1.422\\0\end{bmatrix}$；图 5-22（c）为 $r=0.36$，$\boldsymbol{X}^*(r)=\begin{bmatrix}1.156\\0\end{bmatrix}$。

4. 计算步骤

（1）选择初始条件 $\boldsymbol{X}^0\in R$，r^0，c 精度 ε，令 $k\rightarrow1$。

（2）以 $\boldsymbol{X}^{k-1}$ 为起点，用无约束优化方法求 $\varphi(\boldsymbol{X},\ r^{k-1})$ 的最优点 $\boldsymbol{X}^k$。

（3）终止判别：$\|\boldsymbol{X}^k-\boldsymbol{X}^{k-1}\|\leqslant\varepsilon$？若满足迭代终止条件，则转步骤（5）。否则进行下一步。

（4）$r^k\leftarrow cr^{k-1}$，令 $k=k+1$，返回步骤（2）。

（5）输出最优解，$\boldsymbol{X}^*\leftarrow\boldsymbol{X}^k$，$F^*\leftarrow F(\boldsymbol{X}^k)$。

图 5-23 是内点惩罚函数的流程图。

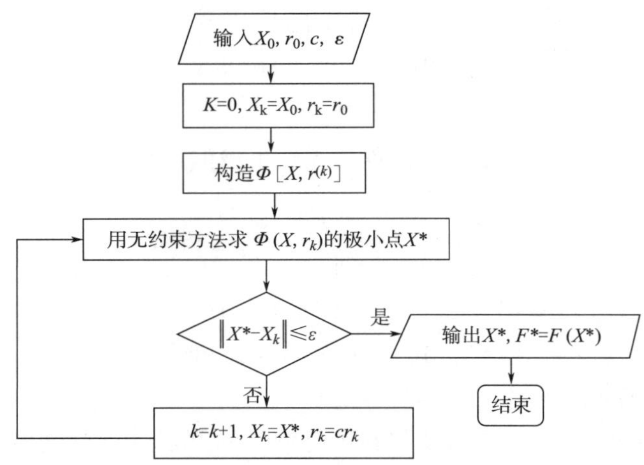

图 5-23　内点惩罚函数的流程图

5. 关于 r^0，c 的选取

（1）r^0 的选取是否适当与能否求解成功关系很大。若 r^0 过小，罚函数在边界处出现“深沟谷地”，性态变坏，不仅增加搜索时间，而且极有可能使 X^k 落入非可行域，导致算法失效；若 r^0 过大，收敛过程变慢，效率变低。故一般 $r^0=1\sim50$。或取 $r^0=\left|\dfrac{F(\boldsymbol{X}^0)}{\sum\dfrac{1}{g_u(\boldsymbol{X}^0)}}\right|$，使惩罚函数中的障碍项与目标函数的值的大致相等。

（2）缩减系数 c 对求解影响不大，一般取 $c=0.1\sim0.7$。

6. 内点法的特点

（1）只适用于仅有不等式约束条件的优化问题。

（2）要求初始点 $\boldsymbol{X}^0$ 选在可行域内。

（3）整个搜索发生在可行域内。

7. 算法程序

```
function ndcffa
%NDCFFA   内点惩罚法
clear;
syms w1 w2;
x0=[1;30];n=2;   %初始点与维数----需要根据条件修改
epsilon =0.01
c=0.7
r=3
s=ones(n,1);
x00=x0;
i=0;
```

```
while norm(s)>epsilon
   x0=powell(x0,r);
   r=c*r
   s=x00-x0;x00=x0;      %s是用于计算误差
   i=i+1;
end
f=mbhs(r);
fy=subs(f,{w1,w2},x0);
fprintf(1,'     迭代次数      i=% 3.4f\n',i)
fprintf(1,'     最小点        x*=% 3.4f\n',x0)
fprintf(1,'  最小目标函数值    f*=% 3.4f\n',fy)

function u=powell(x0,r)
syms w1 w2 b
n=2;     %初始点与维数----需要根据条件修改
f=mbhs(r)
epsilon=0.001
e=eye(n)
s=ones(n,1);
x00=x0;
while( norm(s))^2>epsilon
   delm=-1;F0=subs(f,{w1,w2},x0);F1=F0;xx1=x0;x=xx1;
   for i=1:n
      x=x+b*e(:,i);
      [p q]=jtf(x,r);
      k1=hjfg(x,p,q,r);x=subs(x,b,k1);
      F=subs(f,{w1,w2},x);del=F0-F;
      if del>delm
         delm=del;M=i;
      end
      F0=F;
   end
   xx2=x;F2=subs(f,{w1,w2},xx2);
   e=cat(2,e,(x-xx1));
   xx3=2*xx2-xx1;
   F3=subs(f,{w1,w2},xx3);
   if((F3<F1)&(((F1+F3-2*F2)*(F1-F2-delm)^2)<(0.5*delm*(F1-F3)^2)))
   x=x+b*e(:,n+1);
   [p q]=jtf(x,r);
   k1=hjfg(x,p,q,r);
```

```
        x=subs(x,b,k1);
        x0=x;
        e=cat(2,e(:,1:M-1),e(:,M+1:end));
    elseif F2<F3
        x0=xx2;
    else
        x0=xx3;
    end
    s=x00-x0;x00=x0;
end
u=x00;

function xm=hjfg(x0,p,q,r)
syms w1 w2 b
f=mbhs(r);
f00=subs(f,{w1,w2},x0);
epsilon=0.001;
a1=q-0.618*(q-p);
f1=subs(f00,b,a1);
a2=p+0.618*(q-p);
f2=subs(f00,b,a2);
while (q-p)>epsilon
    if f1<=f2
        q=a2;a2=a1;f2=f1;
        a1=q-0.618*(q-p);
        f1=subs(f00,b,a1);
    else
        p=a1;a1=a2;f1=f2;
        a2=p+0.618*(q-p);
        f2=subs(f00,b,a2);
    end;
end
xm=0.5*(q+p);

function [p q]=jtf(x0,r)
syms w1 w2 b
f=mbhs(r)
f00=subs(f,{w1,w2},x0);
h0=0.001;h=h0
p1=0;f1=subs(f00,b,p1)
```

```
p2=p1+h;f2=subs(f00,b,p2)
if f1<f2
   h=-h;p3=p1;f3=f1;p1=p2;f1=f2;p2=p3;f2=f3
end
p3=p2+h;f3=subs(f00,b,p3)
while(f2>=f3)
   p1=p2;f1=f2;p2=p3;f2=f3;
   p3=p2+2*h;f3=subs(f00,b,p3)
end
if h>0
   p=p1;q=p3
else
   p=p3;q=p1
end

function f=mbhs(r)
syms w1 w2
y=120*w1+w2
g1=w1
g2=w2
g3=0.25*w2-1
g4=7/45*w1*w2-1
g5=7/45*w1^3*w2-1
g6=1/320*w1*w2^2-1
f=y+r*(1/g1+1/g2+1/g3+1/g4+1/g5+1/g6)
```

例 5-5　如图 5-24 所示，设有一箱型盖板，已知长度 $l_0=600\text{cm}$，宽度 $b=60\text{cm}$，厚度 $t_s=0.5\text{cm}$。翼板厚度为 t_f(cm)，它承受最大的单位载荷 $q=0.01\text{MPa}$。要求在满足强度，刚度和稳定性等条件下，设计一个重量最轻的结构方案。

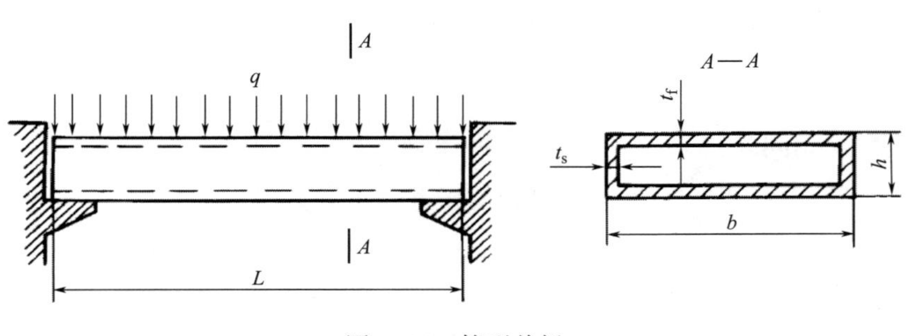

图 5-24　箱型盖板

解：(1) 设计分析。

设箱型盖板为铝合金制成，其弹性模量 $E=7\times10^4\text{MPa}$，泊松比 $\nu=0.3$，允许弯曲应力

$[\sigma_u]=70\text{MPa}$，允许剪切应力 $[\tau]=45\text{MPa}$。经过力学分析，得到如下公式及数据：

截面惯性矩近似取 $\boldsymbol{I}=1/2bt_fh^2=30t_fh^2$

最大剪应力为：

$$\tau_{max}=Q/(2t_sh)=18000/h$$

式中，Q 为最大剪力，$Q=0.5Lbq=0.5\times600\times60\times0.01\times10^2=18000(\text{N})$

最大弯曲应力（翼板中间）为：

$$\sigma_{max}=Mh/(2I)=450/(t_fh)$$

翼板中的屈曲临界稳定应力为：

$$\sigma_k=\pi^2E/[12(1-\mu^2)]\times(t_f/b)^2\times4\approx70t_f^2$$

最大挠度为：

$$f=5/384\times qbL^4/(EI)=480/(t_fh^2)$$

盖板单位长度的质量（kg/cm）为：

$$W=(2bLt_f+2hLt_s)\rho=6000\rho(120t_f+h)$$

式中，ρ 为材料的比重（t/m^3）。

（2）数学模型。

根据设计要求，建立如下设计模型：

设计变量：$\boldsymbol{X}=(x_1;\ x_2)=(t_f;\ h)$

目标函数：$f(\boldsymbol{X})=120x_1+x_2$

设计约束：按照强度、刚度和稳定性建立约束条件：

$$g_1(\boldsymbol{X})=x_1>0$$

$$g_2(\boldsymbol{X})=x_2>0$$

剪应力：$g_3(\boldsymbol{X})=[\tau]/\tau_{max}-1=0.25x_2-1\geqslant0$

弯曲应力：$g_4(\boldsymbol{X})=[\sigma_u]/\sigma_{max}-1=7/45x_1x_2-1\geqslant0$

屈曲临界稳定应力：$g_5(\boldsymbol{X})=\sigma_k/\sigma_{max}-1=7/45x_1^3x_2-1\geqslant0$

刚度：$g_6(\boldsymbol{X})=[f]/f-1=1/320x_1x_2^2-1\geqslant0$

单位长度允许挠度：$[f]/l_0=1/400$

应用内点法解得：$\boldsymbol{X}_m=[0.608188\quad 28.5948]^T$ $\quad f_m=101.5774$

三、外点惩罚函数法（外点法）

1. 惩罚函数的构造

考虑非线性规划问题：

$$\min f(\boldsymbol{X}),\ X\in D\subset R^n$$

$$\text{s.t.}\begin{cases}g_j(\boldsymbol{X})\leqslant0,\ j=1,\ 2,\ \cdots,\ m\\h_k(\boldsymbol{X})=0,\ k=1,\ 2,\ \cdots,\ l\end{cases}$$

惩罚函数可取为：

$$\Phi(\boldsymbol{X},\ r)=f(\boldsymbol{X})+r\left\{\sum_{j=1}^{m}\{\max[0,\ g_j(\boldsymbol{X})]\}^2+\sum_{k=1}^{l}[h_k(\boldsymbol{X})]^2\right\}$$

式中，r 为递增惩因子，$c>1$。$r^{k+1}=cr^k$，且 $\lim r^k\to\infty$。

$\sum_{j=1}^{m}\{\max[0,\ g_j(\boldsymbol{X})]\}^2+\sum_{k=1}^{l}[h_k(\boldsymbol{X})]^2$ 为惩罚项。

无论 $\boldsymbol{X}^0$ 是不为可行点，其罚函数 $\varphi(\boldsymbol{X},\ r)$ 的最优点 $\boldsymbol{X}^{k+1}$ 均为非可行点，当 $\lim r^k \to \infty$，$\lim \boldsymbol{X}^k \to \boldsymbol{X}^*$。

(1) $\boldsymbol{X}\in D$ 时，惩罚项为 0，不惩罚；$\boldsymbol{X}\notin D$ 时，惩罚项大于 0，有惩罚作用。

(2) 惩罚因子 r。

因 $\boldsymbol{X}^k\to D$ 边界时，惩罚项中大括号中的值趋于 0，为保证惩罚作用，应取 $r^0<r^1<r^2<\cdots<r^k$，当 $k\to\infty$ 时，$r^k\to\infty$。

2. 引例

用外点法求一不等式模型的约束最优解。

$$\min f(\boldsymbol{X})=x_1^2+x_2^2$$

$$\text{s.t.}\quad g(\boldsymbol{X})=1-x_1\leqslant 0$$

解：构造外点惩罚函数

$$\varphi(\boldsymbol{X},\ r)=x_1^2+x_2^2+r\times\max\{0,\ (1-x_1)^2\}=x_1^2+x_2^2+r(1-x_1)^2$$

$$令\ \nabla\phi=0:\begin{cases}\dfrac{\partial\phi}{\partial x_1}=2x_1+2r(1-x_1)=0\\ \dfrac{\partial\phi}{\partial x_2}=2x_2=0\end{cases}\Rightarrow\begin{cases}x_1=\dfrac{r}{1+r}\\ x_2=0\end{cases}$$

当 $r=0.3$ 时：$\boldsymbol{X}^*(r)=[0.231,\ 0]^{\mathrm{T}}$，$f(\boldsymbol{X}^*)=0.053$

当 $r=1.5$ 时：$\boldsymbol{X}^*(r)=[0.6,\ 0]^{\mathrm{T}}$，$f(\boldsymbol{X}^*)=0.36$

当 $r=7.5$ 时：$\boldsymbol{X}^*(r)=[0.882,\ 0]^{\mathrm{T}}$，$f(\boldsymbol{X}^*)=0.78$

当 $r=\infty$ 时：$\boldsymbol{X}^*(r)=[1,\ 0]^{\mathrm{T}}$，$f(\boldsymbol{X}^*)=1$

由计算知，逐步增大 r 值，函数值将在可行域之外逐步逼近最优值。图 5-25 给出了逼近的图例。

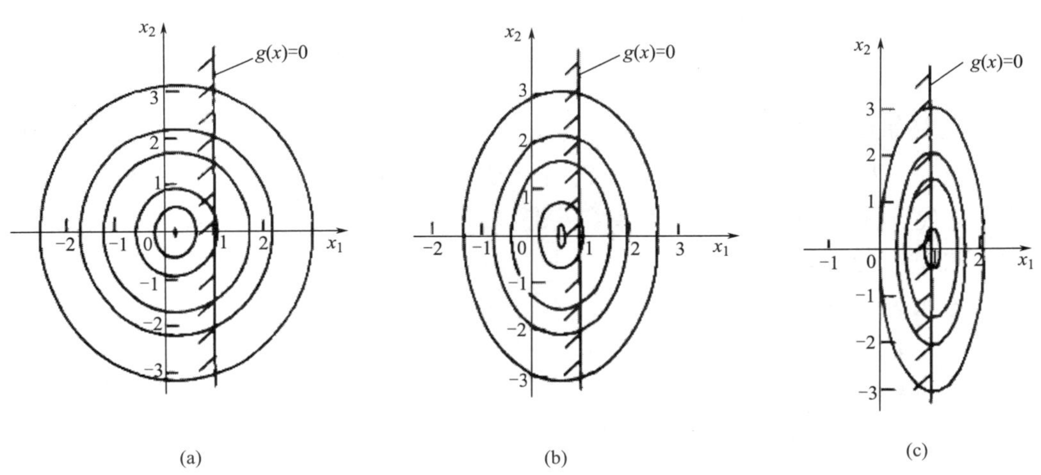

图 5-25　外点惩罚函数的极小点向最优点逼近

图 5-25（a）为 $r=0.3$，$\boldsymbol{X}^*(r)=\begin{bmatrix}0.231\\0\end{bmatrix}$；图 5-25（b）为 $r=1.5$，$\boldsymbol{X}^*(r)=\begin{bmatrix}0.6\\0\end{bmatrix}$；图 5-25（c）$r=7.5$，$\boldsymbol{X}^*(r)=\begin{bmatrix}0.882\\0\end{bmatrix}$。

3. 计算步骤

（1）选择初始条件 $\boldsymbol{X}^0$，r^0，c 精度 ε，令 $k\to 0$。

（2）以 $\boldsymbol{X}^k$ 为起点，用无约束优化方法求 $\varphi(\boldsymbol{X},\ r^k)$ 的最优点 $\boldsymbol{X}^{k+1}$。

（3）终止判别：$\|\boldsymbol{X}^k-\boldsymbol{X}^{k-1}\|\leqslant\varepsilon$？若成立，则转步骤（5）。否则进行下一步。

（4）令 $r^k\leftarrow cr^{k-1}$，$k=k+1$，返回步骤（2）。

（5）输出最优解，$\boldsymbol{X}^*\leftarrow\boldsymbol{X}^{k+1}$，$F^*\leftarrow F(\boldsymbol{X}^{k+1})$。

图 5-26 为外点惩罚函数的流程图。

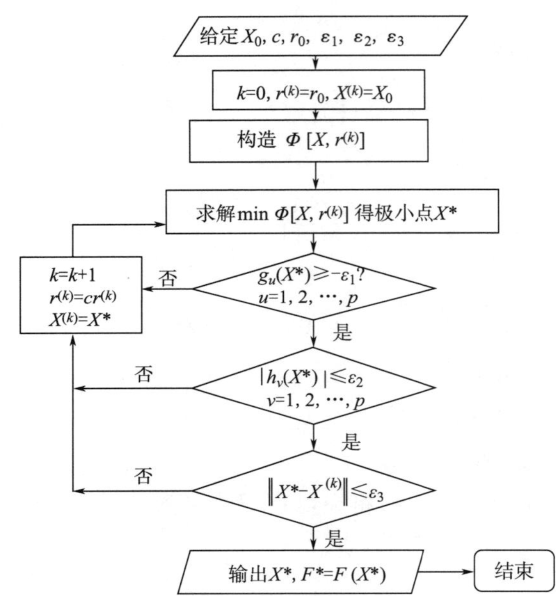

图 5-26　外点惩罚函数的流程图

其中，$\boldsymbol{X}_0$ 为初始点，对凸规划可任意给定；ε_1 为不等式约束允许的误差限；ε_2 为等式约束允许的误差限；ε_3 为外点法点距精度；c 为罚因子的放大系数；r_0 通常取 $10^{-10}\sim10^{-2}$。

为使迭代点进入可行域，可设约束容差带：将 $g_u(\boldsymbol{X})$ 改为 $g_u(\boldsymbol{X})-\varepsilon_1$，则有：$g_u(\boldsymbol{X})-\varepsilon_1\geqslant-\varepsilon_1$ 即：$g_u(\boldsymbol{X})\geqslant 0$。

4. 算法程序

```
function wdcffa
%WDCFFA　外点惩罚法
%　需要修改 POWELL 函数;jtf 和 hifg 都要增加输入变量 r。
clear;
syms w1 w2;
```

```
x0=[15.2;76.2];n=2;   %初始点与维数----需要根据条件修改
epsilon =0.01
c=2
r=0.2
s=ones(n,1);
x00=x0;
i=0;
while norm(s)>epsilon
  x0=powell(x0,r);
  r=c*r
s=x00-x0;x00=x0;      %s是用于计算误差
i=i+1;
end
f=mbhs(r);
fy=subs(f,{w1,w2},x0);
fprintf(1,'      迭代次数      i=% 3.4f\n',i)
fprintf(1,'      最小点        x* =% 3.4f\n',x0)
fprintf(1,' 最小目标函数值      f* =% 3.4f\n',fy)

function u=powell(x0,r)
syms w1 w2 b
n=2;%初始点与维数----需要根据条件修改
f=mbhs(r)
epsilon=0.001
e=eye(n)
s=ones(n,1);
x00=x0;
while( norm(s))^2>epsilon
  delm=-1;F0=subs(f,{w1,w2},x0);F1=F0;xx1=x0;x=xx1;
  for i=1:n
    x=x+b*e(:,i);
    [p q]=jtf(x,r);
    k1=hjfg(x,p,q,r);x=subs(x,b,k1);
    F=subs(f,{w1,w2},x);del=F0-F;
    if del>delm
      delm=del;M=i;
    end
    F0=F;
  end
  xx2=x;F2=subs(f,{w1,w2},xx2);
```

```
    e=cat(2,e,(x-xx1));
    xx3=2*xx2-xx1;F3=subs(f,{w1,w2},xx3);
    if((F3<F1)&(((F1+F3-2*F2)*(F1-F2-delm)^2)<(0.5*delm*(F1-F3)^2)))
      x=x+b*e(:,n+1);
    [p q]=jtf(x,r);k1=hjfg(x,p,q,r);x=subs(x,b,k1);
      x0=x;
      e=cat(2,e(:,1:M-1),e(:,M+1:end));
    elseif F2<F3
      x0=xx2;
    else
      x0=xx3;
    end
    s=x00-x0;x00=x0;
end
u=x00;

function xm=hjfg(x0,p,q,r)
syms w1 w2 b
f=mbhs(r);
f00=subs(f,{w1,w2},x0);
epsilon=0.001;
a1=q-0.618*(q-p);
f1=subs(f00,b,a1);
a2=p+0.618*(q-p);
f2=subs(f00,b,a2);
while (q-p)>epsilon
    if f1<=f2
      q=a2;a2=a1;f2=f1;
      a1=q-0.618*(q-p);
      f1=subs(f00,b,a1);
    else
      p=a1;a1=a2;f1=f2;
      a2=p+0.618*(q-p);
      f2=subs(f00,b,a2);
    end;
end
xm=0.5*(q+p);

function [p q]=jtf(x0,r)
syms w1 w2 b
```

```
f=mbhs(r)
f00=subs(f,{w1,w2},x0);
h0=0.001;h=h0
p1=0;f1=subs(f00,b,p1)
p2=p1+h;f2=subs(f00,b,p2)
if f1<f2
  h=-h;p3=p1;f3=f1;p1=p2;f1=f2;p2=p3;f2=f3
end
p3=p2+h;f3=subs(f00,b,p3)
while(f2>=f3)
  p1=p2;f1=f2;p2=p3;f2=f3;
  p3=p2+2*h;f3=subs(f00,b,p3)
end
if h>0
  p=p1;q=p3
else
  p=p3;q=p1
end

function f=mbhs(r)
syms w1 w2
y=0.013*w1*(5776+w2^2)^(1/2);
g1=-(1909.859*(5776+w2^2)^(1/2)/(w1*w2)-703);
g2=-(1909.859*(5776+w2^2)^(1/2)/(w1*w2)-2.66*10^5*(w1^2+0.0625)/(5776
+w2^2));
f=y+r*(((-g1+abs(g1))/2)^2+((-g2+abs(g2))/2)^2)
```

5. 外点法与内点法的比较

（1）外点法可解各类问题，内点法仅适于 IP 型问题。

（2）外点法的初始点可任选，内点法的初始点必须为内点。

（3）外点法的极小点系列一般在 D 外，内点法的极小点系列在 D 内（全为可行点）。

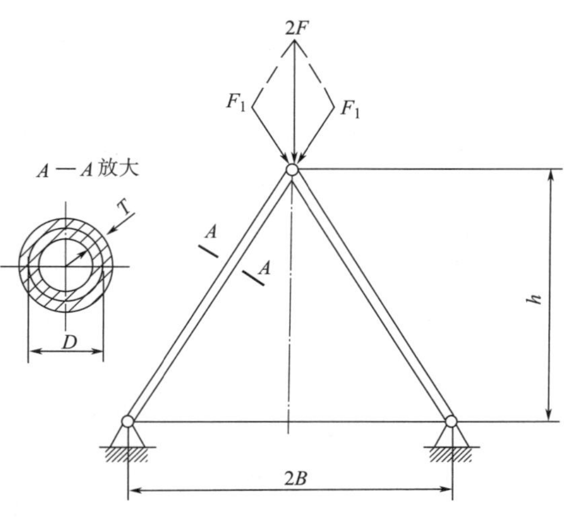

图 5-27　支架

例 5-6　如图 5-27 所示为一对称的两杆支架，在支架的顶点承受一个载荷 $2F=300000\text{N}$，支座之间的水平距离为 $2B=152\text{cm}$，若已选择壁厚 $T=0.25\text{cm}$ 的钢管，弹性模量 $E=2.16\times10^5\text{MPa}$，比重 $\rho=8.3\text{t/m}^3$，

屈服极限 $\sigma_y=703\text{MPa}$，现在要求满足强度与稳定条件下设计最轻的桁架尺寸。

解：（1）数学模型的建立。

设计变量 $\boldsymbol{X}=(x_1\quad x_2)^{\mathrm{T}}=（D\ H)^{\mathrm{T}}$

目标函数为 $f(\boldsymbol{X})=2\pi\rho TD（B^2+H^2)^{1/2}=0.013x_1（5776+{x_2}^2)$

约束条件：

①圆管杆件中的压应力应小于或等于材料的屈服极限 σ_y，即：

$$\sigma=F(B^2+H^2)^{1/2}/(\pi TDH)\ \leqslant\sigma_y$$

于是得到：$g_1(\boldsymbol{X})=-1909.859（5776+x_2^2)^{1/2}/x_1x_2+703\geqslant0$

②圆管杆件中的压应力应小于或等于压杆稳定的临界应力，由欧拉公式得钢管的压杆稳定应力：

$$\sigma_c=\pi^2EI/l^2A=\pi^2E(D^2+T^2)/[8(B^2+H^2)]=2.66\times10^5({x_1}^2+0.0625)/(5776+{x_2}^2)$$

于是得到：

$$g_2(\boldsymbol{X})=\sigma_c-\sigma=-1909.859(5776+{x_2}^2)^{1/2}/x_1x_2+2.66\times10^5({x_1}^2+0.0625)/(5776+{x_2}^2)\geqslant0$$

（2）求解方法和结果。

采用外点惩罚函数 $\boldsymbol{\Phi}(\boldsymbol{X},r^k)=f(\boldsymbol{X})+r^k[((|g_1|-g_1)/2)^2+((|g_2|-g_2)/2)^2]$

取初始点 $\boldsymbol{X}^0=(15.2,\ 76.2)^{\mathrm{T}}$，$\boldsymbol{X}^*=[4.8941\quad 50.7199]^{\mathrm{T}}$，$f^*=5.8132\text{kg}$。

四、混合惩罚函数法

有等式约束时内点法不能用，要求迭代点始终满足不等式约束时外点法不能用。此时可将外点法和内点法结合起来解 GP 型问题。

$$\boldsymbol{\Phi}(\boldsymbol{X},\ r)=f(\boldsymbol{X})-r\sum_{j=1}^{m}\frac{1}{g_j(\boldsymbol{X})}+\frac{1}{\sqrt{r}}\sum_{k=1}^{l}[h_k(\boldsymbol{X})]^2$$

式中，$r\sum_{j=1}^{m}\frac{1}{g_j(\boldsymbol{X})}$ 为障碍项，惩罚因子 r 按内点发选取，即 $r^0>r^1>r^2>\cdots\to0$；$\frac{1}{\sqrt{r}}\sum_{k=1}^{l}[h_k(\boldsymbol{X})]^2$ 为惩罚项，惩罚因子 $\frac{1}{\sqrt{r}}$，当 $r\to0$ 时，$\frac{1}{\sqrt{r}}\to\infty$ 满足外点法对惩罚因子的要求。

注：迭代点应始终满足 $\boldsymbol{X}^k=D_g\{\boldsymbol{X}|g_u(\boldsymbol{X})\leqslant0,\ u=1,\ 2,\ \cdots,\ p\}$

习题

1. 已知约束优化问题：

$$\min f(\boldsymbol{X})=(x_1-2)^2+(x_2-1)^2$$

$$\text{s.t.}\begin{cases}g_1(\boldsymbol{X})={x_1}^2-x^2\leqslant0\\g_2(\boldsymbol{X})=x_1+x^2-2\leqslant0\end{cases}$$

试从第 k 次的迭代点 $x^k=[-1\ 2]^{\mathrm{T}}$ 出发，沿由（-1，1）区间的随机数 0.562 和-0.254

所确定的方向进行搜索，完成一次迭代，获取一个新的迭代点，并作图画出目标函数的等值线、可行域和本次迭代的搜索路线。

2. 已知约束优化问题：

$$\min f(\boldsymbol{X})=4x_1-x_2^2-12$$

$$\text{s. t.}\quad \begin{cases} g_1(\boldsymbol{X})=x_1^2+x_2^2-25\leqslant 0 \\ g_2(\boldsymbol{X})=-x_1\leqslant 0 \\ g_3(\boldsymbol{X})=-x_2\leqslant 0 \end{cases}$$

试以 $\boldsymbol{X}_{10}=[2,\ 1]^{\mathrm{T}}$，$\boldsymbol{X}_{20}=[4,\ 1]^{\mathrm{T}}$，$\boldsymbol{X}_{30}=[3,\ 3]^{\mathrm{T}}$ 为复合形的初始顶点，用复合形法进行两次迭代计算。

3. 已知约束优化问题：

$$\min f(\boldsymbol{X})=4/3(x_1^2-x_1\times x_2+x_2^2)^{3/4}-x_3$$

$$\text{s. t.}\quad \begin{cases} g_1(\boldsymbol{X})=-x_1\leqslant 0 \\ g_2(\boldsymbol{X})=-x_2\leqslant 0 \\ g_3(\boldsymbol{X})=-x_3\leqslant 0 \end{cases}$$

试求在 $\boldsymbol{X}=[0\quad 1/4\quad 1/2]^{\mathrm{T}}$ 点的梯度投影方向。

4. 用内点法求下列问题的最优解：

$$\min f(\boldsymbol{X})=x_1^2+x_2^2-2x_1+1$$

$$\text{s. t.}\quad g(\boldsymbol{X})=2-x_2\leqslant 0$$

（提示：可构造惩罚函数，然后用解析法求解。）

第六章　多目标优化方法与离散变量优化问题

第一节　概述

实际的工程设计和产品设计问题通常有多个设计目标，或有多个评判设计方案优劣的标准。为了使设计更加符合实际，要求同时考虑多个评价标准，建立多个目标函数，这就是多目标优化问题。其数学模型为：

$$\boldsymbol{X}=\{x_1,\ x_2,\ \cdots,\ x_n\}^{\mathrm{T}}\in R^n$$

求解：

$$\begin{aligned}&\min f_1(\boldsymbol{X})\\&\min f_2(\boldsymbol{X})\\&\cdots\\&\min f_q(\boldsymbol{X})\\&\text{s. t.}\quad g_u(\boldsymbol{X})\leqslant 0(u=1,\ 2,\ \cdots,\ m)\end{aligned}$$

在一般的机械最优化设计中，多目标函数的情况较多，目标函数越多，设计的综合效果越好，但问题的求解也越复杂。在多数情况下各个目标函数的优化又往往是相互矛盾的，不能期望它们同时达到最优解，有时会产生完全对立的情况，即一个目标函数是优点，对另一个目标函数却是劣点，这就需要在各个目标函数的最优解之间进行协调，相互间做出“让步”，以便取得整体最优，这就与单目标函数的最优化有很大的不同，因此，在设计中需要对不同的设计目标进行不同的处理，以求获得对每一个目标函数都比较满意的折中方案。

1. 概念

若各个目标函数在可行域内的同一点都取得极小值，则称该点为完全最优解；使至少一个目标函数取得最大值的点称为劣解；除完全最优解和劣解之外的所有解称为有效解。

多目标的优化实际上是根据重要性对各个目标进行量化，将不可比问题转化为可比问题，以求取一个对每个目标来说都相对最优的有效解。

2. 分类

根据处理各个目标的不同方式分为两类：一类是将多目标问题转化为一系列单目标问题求解；另一类则根据多个目标构造一个综合的评价函数，然后以单目标优化问题进行求解。常用的方法有：主要目标法、统一目标法（线性加权法或加权组合法、理想点法或目标规划法、功效系数法、乘除法）、协调曲线法和设计分析法。

第二节　多目标优化方法

一、统一目标法

统一目标法将各个目标函数或称为分目标函数 $f_1(\boldsymbol{X})$，$f_2(\boldsymbol{X})$，$f_3(\boldsymbol{X})$，…，$f_q(\boldsymbol{X})$ 统一到一个总的统一目标函数 $f(\boldsymbol{X})$ 中，即令：

$$f(\boldsymbol{X}) = f\{f_1(\boldsymbol{X}),\ f_2(\boldsymbol{X}),\ f_3(\boldsymbol{X}),\ \cdots,\ f_q(\boldsymbol{X})\}$$

使多目标函数的最优化问题转变为单目标函数的最优化问题来求解。

f 的具体确定方法如下。

（一）线性加权法

线性加权法也称为加权组合法或加权因子法，即在将各个分目标函数组合为总的统一目标函数的过程中，引入加权因子，以平衡各指标及各分目标间的相对重要性以及它们在量纲和量级上的差异，因此，原目标函数可写为：

$$\min f(\boldsymbol{X}) = \sum_{j=1}^{q} w_j f_j(\boldsymbol{X})$$

$$\text{s.t.} \quad g_u(\boldsymbol{X}) \leqslant 0 (u = 1,\ 2,\ \cdots,\ m)$$

式中，w_j 为第 j 项分目标函数 $f_j(\boldsymbol{X})$ 的加权因子，($w_j > 0$)，其值决定于各目标的数量级及重要程度。

如何确定合理的加权因子是这一方法的核心，多数情况下加权因子可以根据设计经验直接给出，但对实际问题来说，此时应注意目标函数值量纲的影响，建议首先对目标函数进行无量纲化。有时也可按下式计算得到加权因子：

$$w_j = \frac{1}{f_j(\boldsymbol{X}^*)} (j = 1,\ 2,\ \cdots,\ q)$$

式中，$f_j(\boldsymbol{X}^*)$ 为以第 j 项的分目标函数构成的单目标优化问题的最优值。

（二）目标规划法（或理想点法）

先分别求出各个分目标函数的最优值 $f_i(\boldsymbol{X}^*)$，然后根据多目标函数最优设计的总体要求，做适当调整，制定出理想的最优值 $f_i(\boldsymbol{X}^*)$，构造如下评价函数和单目标优化问题：

$$\min f(\boldsymbol{X}) = \sum_{i=1}^{q} \left[\frac{f_i(\boldsymbol{X}) - f_i(\boldsymbol{X}^*)}{f_i(\boldsymbol{X}^*)}\right]^2$$

$$\text{s.t.} \quad \begin{cases} g_u(\boldsymbol{X}) \leqslant 0 (u = 1,\ 2,\ \cdots,\ m) \\ h_v(\boldsymbol{X}) = 0 (v = 1,\ 2,\ \cdots,\ p) \end{cases}$$

由所有目标函数各自的最优点所构成的解为完全最优点（又称为理想点），而上述方法的目的是寻求一个最接近完全最优解的有效解，故称这种方法为求解多目标问题的理想点法。

在上式的基础上，再引入加权因子，并取 $f(\boldsymbol{X}) = \sum_{i=1}^{q} w_i \left[\frac{f_i(\boldsymbol{X}) - f_i(\boldsymbol{X}^*)}{f_i(\boldsymbol{X}^*)}\right]^2$ 作为评价函数

构成单目标优化问题：

$$\min f(\boldsymbol{X}) = \sum_{i=1}^{q} w_i \left[\frac{f_i(\boldsymbol{X}) - f_i(\boldsymbol{X}^*)}{f_i(\boldsymbol{X}^*)} \right]^2$$

$$\text{s. t.} \quad \begin{cases} g_u(\boldsymbol{X}) \leqslant 0 (u = 1, 2, \cdots, m) \\ h_v(\boldsymbol{X}) = 0 (v = 1, 2, \cdots, p) \end{cases}$$

此问题的最优解既考虑了目标函数的重要性，又最接近完全最优解，因此，它是原多目标优化问题的一个更加理想、更加切合实际的相对最优解。

（三）功效系数法

每个分目标函数 $f_i(\boldsymbol{X})$ 都可以用各个功效系数 $\eta_i(0 \leqslant \eta_i \leqslant 1)$ 来表示该项设计指标的好坏，规定 $\eta_i = 1$ 表示第 i 个目标函数的效果最好，$\eta_i = 0$ 表示第 i 个目标函数的效果最差。

那么，多目标问题的一个设计方案的好坏程度可以用各功效系数的平均值加以评定，即用总的功效系数 $\eta = \sqrt[q]{\eta_1 \eta_2 \cdots \eta_q}$ 的大小来评价该设计方案的好坏，显然，最优设计方案应是：

$$\eta = \sqrt[q]{\eta_1 \eta_2 \cdots \eta_q} \rightarrow \max$$

这样，当 $\eta = 1$ 时表示取得最理想的设计方案；反之，当 $\eta = 0$ 时表示这种设计方案不可行，也表明必有某项分目标系数的 $\eta_i = 0$。

η_i 可按如下思路求解。一般第 i 个目标函数在点 $\boldsymbol{X}^*$ 上的功效系数值可以由以下线性插值关系得到：

$$\eta_i = \frac{f_{i\max}(\boldsymbol{X}^k) - f_i(\boldsymbol{X}^k)}{f_{i\max}(\boldsymbol{X}^k) - f_{i\min}(\boldsymbol{X}^k)}$$

式中，$f_{i\max}(\boldsymbol{X}^k)$ 和 $f_{i\min}(\boldsymbol{X}^k)$ 分别表示第 i 个目标函数的最大值和最小值。

此法计算比较烦琐，但较为有效，比较直观，调整容易，不论各分目标的量级及量纲如何，最终都转化为 0~1 间的数值，且一旦有一分目标函数值不理想（$\eta_i = 0$）时，其总功效系数 η 必为零，表明设计方案不可接受，须重新调整约束条件或各分目标函数的临界值；另外，这种方法易于处理有的目标函数既不是越大越好，也不是越小越好的情况。

（四）乘除法

乘除法是将多目标函数最优化问题中的全部 q 个目标分为：目标函数值越小越好的所谓费用类（如材料、工时、成本和重量等）和目标函数值越大越好的所谓效益类（如产量、产值、利润和效益等），且前者有 s 项 $\left[\sum_{i=1}^{s} f_i(\boldsymbol{X}) \right]$，后者有 $(q-s)$ 项 $\left[\sum_{i=s+1}^{q} f_i(\boldsymbol{X}) \right]$，则统一目标函数可取为：$f(X) = \dfrac{\sum_{i=1}^{s} f_i(\boldsymbol{X})}{\sum_{i=s+1}^{q} f_i(\boldsymbol{X})}$，显然，求 $\min f(\boldsymbol{X})$ 可得最优解。

二、主要目标法

针对在多目标函数最优化问题中，往往各目标函数的重要程度是不一样的。首先应考虑主要目标，同时兼顾次要目标。设计时先将全部目标函数按其重要程度进行排列，最重要的排在最前面，然后依次求各个目标函数的约束最优值，这时其他目标函数则根据初步设计的考虑，给予适当的最优值的估计值（并估计出最大值和最小值，在求得实际最优值后应以实际最优值进行替换），作为辅助约束处理，这样就可将多目标函数的约束最优化问题，转换成一些单目标函数的约束最优化问题，寻求整个设计可以接受的相对最优解。

数学形式为原模型：

$$\begin{aligned}&\min f_1(\boldsymbol{X})\\&\min f_2(\boldsymbol{X})\\&\cdots\\&\min f_q(\boldsymbol{X})\end{aligned}$$

$$\text{s. t.}\quad\begin{cases}g_u(\boldsymbol{X})\leqslant 0(u=1,\ 2,\ \cdots,\ m)\\h_v(\boldsymbol{X})=0\end{cases}$$

主要目标法构成的单目标优化问题的模型是：

$$\min f_z(\boldsymbol{X})\quad \boldsymbol{X}\in R^n$$

$$\text{s. t.}\quad\begin{cases}g_u(\boldsymbol{X})\leqslant 0\\h_v(\boldsymbol{X})=0\\f_i(\boldsymbol{X})\geqslant f_i^{(1)}\\f_i(\boldsymbol{X})\leqslant f_i^{(2)}(i=1,\ 2,\ \cdots,\ q,\ i\neq z)\end{cases}$$

其中，$f_i^{(1)}$ 和 $f_i^{(2)}$ 分别是目标函数 $f_i(\boldsymbol{X})$ 的下限和上限。

三、协调曲线法（图解法）

此法是在整个设计空间，根据各个目标函数的等值线以及约束面在设计空间的协调关系，来寻求多目标函数最优设计的最优方案。

四、设计分析法

用设计分析法求解：

$$\begin{aligned}&\min f_1(\boldsymbol{X})\\&\min f_2(\boldsymbol{X})\\&\cdots\\&\min f_q(\boldsymbol{X})\end{aligned}$$

$$\text{s. t.}\quad\begin{cases}g_u(\boldsymbol{X})\leqslant 0(u=1,\ 2,\ \cdots,\ m)\\h_v(\boldsymbol{X})=0\end{cases}$$

$\boldsymbol{X}\in R^n$ 问题时，先求出每一个（单）目标函数的约束最优解，$\{\boldsymbol{X}^*,\ f_i(\boldsymbol{X}^*)(i=1,\ 2,\ \cdots,\ q)\}$，再相互制约地对设计进行分析、协调、修改，把各个设计目标调整到要求值上，并得到最理想的协调关系。

第三节 离散变量优化问题

凡是包含离散变量的优化问题称为离散变量优化问题。

在工程设计中，如产品的数量、齿轮的齿数等必须取整数值，设计中如齿轮的模数、钢板的厚度等则必须取离散型的标准数值，这些只能取整数值的变量或取标准数值的变量统称为离散变量。尽管许多离散优化问题可以先按连续变量优化问题求解得到连续最优解，再进行离散化处理得到离散解，但有些问题，则需要直接求解离散最优解。直接求解离散优化问题的解法就是离散优化方法。

由于离散变量不具备连续、可微等一系列解析性质，因此几乎所有连续变量优化方法对于求解离散变量优化问题都不适用。目前，对离散变量优化方法的研究在理论上和程序上仍不成熟，下面介绍离散变量优化问题的基本概念和一般解法。

数学模型：

$$\min f(\boldsymbol{X}) \qquad X \in R^n$$

$$\text{s. t.} \quad \begin{cases} g_u(\boldsymbol{X}) \leqslant 0 (u=1,\ 2,\ \cdots,\ m) \\ h_v(\boldsymbol{X}) = 0 (v=1,\ 2,\ \cdots,\ p) \\ x_i \in \boldsymbol{I} (i=1,\ 2,\ \cdots,\ e) \end{cases}$$

其中 $\boldsymbol{I}$ 为离散数列集合，可见离散变量优化问题的求解，就是在满足所有约束条件的离散点的集合中寻求使目标函数极小化的离散最优点。由于设计变量不连续，所有满足约束条件的点只能构成可行集，记作 $\boldsymbol{I}$，不满足约束条件的点构成非可行集，记作 $\bar{\boldsymbol{I}}$。

一、穷举法

对某些实际问题，如果它的每个变量都是离散变量，且其离散点数是有限的，可以考虑采用穷举法，即计算各离散变量取值的所有组合的目标函数值，然后通过比较这些函数值来寻找最优点。这种方法适用于变量取值组合数有限的情况。

二、连续解离散化

运用连续变量优化法求出问题的连续解，再将这个解离散化。假设离散变量共有 c 个，则求出连续解 $\boldsymbol{X}^*$ 后，将此解中要求取离散值的 c 个变量分别取两个与连续解相邻的离散值，可得到 2^c 个离散解，对这些离散解进行可行性分析，并计算所有可行离散解的目标函数值，即可得出问题的离散最优解。

在处理离散型变量时，应注意：

（1）考虑有关的标准及规范。凡是与国家标准、其他标准或设计规范有关的参数，都应参照相应数值进行修正，如滚珠直径、弹簧直径等，一般略大于优化参数值。

（2）考虑实际允许偏差处理时，要考虑设计参数规定的允差（及公差），如配合尺寸孔径或轴径，在将优化所得的尺寸进行修正时，都应考虑配合种类及精度等级。

三、离散惩罚函数法

针对变量的离散型约束条件，可以建立如下形式的惩罚项：

$$r_k \sum_{i \in I} [4p_i(1 - p_i)]^\beta$$

式中，$p_i = \dfrac{x_i - z_i''}{z_i' - z_i''}$，$z_i' \leq x_i \leq z_i''$；$I$ 为离散变量的下标集，$\boldsymbol{I} = \{j \mid x_j$ 为离散变量$\}$；β 为一正指数；z_i'和 z_i''是与 x_i 相邻的两个离散点；惩罚因子 r_k 为一递增的正数序列，即 $r_0 < r_1 < r_2 < \cdots < r_k$

可以看出，当 $x_i = z_i''$时，$p_i = 0$，惩罚项等于零；当 $x_i = z_i'$时，$p_i = 1$，惩罚项也等于零；而当 $z_i' < x_i < z_i''$时，$p_i > 0$，惩罚项大于零。这就说明，惩罚项 $r_k \sum\limits_{i \in I} [4p_i(1 - p_i)]^\beta$ 对离散点不惩罚，而对离散点之外的所有点都加以惩罚。按上面的惩罚项建立惩罚函数，则相应的离散变量优化问题变为：

$$\min \Phi(\boldsymbol{X}, r_k) = f(\boldsymbol{X}) - r_k \sum_{u=1}^{m} \frac{1}{g_u(\boldsymbol{X})} + \frac{1}{r_k} \sum_{v=1}^{p} [h_v(\boldsymbol{X})]^2 + r_k \sum_{i \in I} [4p_i(1 - p_i)]^\beta$$

改变罚因子并对此式不断求解，便可得到罚函数的离散型极小点序列 $\{\boldsymbol{X}^k\}$，当 $k \to \infty$ 时，该极小点序列逼近原离散变量优化问题的离散最优解 $\boldsymbol{X}^*$。

例 求解离散变量优化问题。

$$\min f(\boldsymbol{X}) = 120x_1 + x_2$$

$$\text{s. t.} \begin{cases} g_1(\boldsymbol{X}) = 4 - x_2 \leq 0 \\ g_2(\boldsymbol{X}) = 45 - 7x_1x_2 \leq 0 \\ g_3(\boldsymbol{X}) = 45 - 7.03x_1^3x_2 \leq 0 \\ g_4(\boldsymbol{X}) = 482 - 1.5x_1x_2^2 \leq 0 \\ x_1 \in (0.1, 0.2, 0.3, \cdots) \\ x_2 \in (15, 20, 25, 30, 35, \cdots) \end{cases}$$

解：先不考虑离散型约束条件（即解除离散型约束条件），取初始点 $\boldsymbol{X}^0 = [1, 30]^{\mathrm{T}}$，用内点法求解连续最优解$\overline{\boldsymbol{X}^*}$，得到$\overline{\boldsymbol{X}^*} = [0.6366, 24.9685]^{\mathrm{T}}$，$f(\overline{\boldsymbol{X}^*}) = 101.3706$，再用离散惩罚函数法求解，得到离散最优解：$\boldsymbol{X}^* = [0.7, 25]^{\mathrm{T}}$，$f(\boldsymbol{X}^*) = 0$，此离散最优解在可行域内，而且此解与连续最优解$\overline{\boldsymbol{X}^*}$离散化后得到的解完全相同。

离散化后即近似取整，0.6366→0.7，24.9685→25。

第四节 优化结果分析

优化设计计算完成后，需对计算的优化结果进行仔细的分析、检查其合理性，发现和改正一切可能的错误，以便得到一个符合工程实际的最优设计方案。

对于优化结果给出的设计变量值，需要检查它们的合理性和可行性。

利用约束函数值可以检查计算结果是否合理。对于大多数实际工程设计问题来说，最优解往往位于一个或几个不等式约束面上，这是最优解所在约束面，其约束函数值应该等于或接近于零；若不然，应考虑数学模型或最优化过程是否有误，若有误，可改变初始点或最优化方法重新进行计算；另外，经优化所得的结果一般只能认为是局部最优解，并不一定是全局最优解，尤其是多目标问题，为了使结果接近全局最优解，通常是多选几个初始点进行试算，或选用不同的优化方法进行试算，从所得各个最优解中筛选出最佳的结果来作为最优解。

有时，还需对计算结果进行必要的处理，如工程设计中的设计变量，并非所有变量都是连续性的，往往是在一个问题中既有连续性的（如齿宽）又有整数性的（如齿数），也有离散性的（如模数），对于设计变量全为整数型的最优设计问题，可用整数规划方法求解，而对于具有上述混合型设计变量的最优化设计问题，有时则可将全部设计变量都假定为连续性的，在取得最优解后，再进行必要的处理，将求得的原为整数型和离散型的设计变量的非整数值和非应有的离散值，调整到离它最近的整数值和离散值（只允许向可行域内调整）。

习题

1. 各种多目标优化方法分别是如何处理多个优化目标的？
2. 各种多目标优化方法的使用有什么原则？

第二篇　机械可靠性设计

一、可靠性研究的提出

（1）新元件、新材料、新工艺的应用可能造成的故障。

（2）产品功能多、组成零部件数量增加而导致的故障。

（3）产品责任索赔提出的高可靠性要求。

（4）可靠性高的产品具有良好的经济效益和社会效益。

正是由于上述原因，可靠性已是产品的一项重要指标，是影响价格的一个重要因素，是投标和验收的重要内容。在国外，产品可靠性指标是生产厂的技术保密内容之一。

二、可靠性工程发展历史

20 世纪 40 年代，德国在 V-1 火箭研制中，提出了火箭系统的可靠性等于所有元器件可靠度乘积的理论，即把小样本问题转化为大样本问题进行研究。

1957 年 6 月 4 日，美国的电子设备可靠性顾问委员会（AGREE）发布了《军用电子设备可靠性报告》，提出了可靠性是可建立的、可分配的及可验证的，为可靠性学科的发展提出了初步框架。

20 世纪 50~60 年代，美国、苏联相继把可靠性应用于航天计划，于是机械系统的可靠性研究得到发展，如随机载荷下机械结构和零件的可靠性，机械产品的可靠性设计、试验验证等。

日本于 20 世纪 50 年代后期将可靠性技术推广到民用工业，设立了可靠性研究机构和可靠性工程控制小组，大大提高了日本产品的可靠度。

我国在 20 世纪 60 年代已开始在通信、雷达等方面提出了可靠性要求。70 年代末改革开放和经济的快速发展，对重点工程元件的可靠性问题和民品的可靠性工作起到了巨大的推动作用。经过十年的努力，使军用元器件可靠性提高了两个数量级，在 5 年时间里使电视机的平均故障时间间隔提高了一个数量级。到了 20 世纪 80 年代，国家全面推进全面质量管理，形成了一批可靠性研究人员和技术骨干，并在国家各部委的组织下，开始深入的可靠性工程实施工作。进入 21 世纪，我国民品和军品的质量都有了质的飞跃，许多民用产品都制定了可靠性指标，使产品质量达到了新的水平。

三、可靠性技术研究的重要性

（1）可靠性高的产品具有安全性。

（2）可靠性高的产品具有实用性。

（3）可靠性高的产品能创造大的经济效益。

四、可靠性工程研究的内容

(1) 可靠性设计。

(2) 可靠性分析与试验。

(3) 可靠性制造、检验与管理。

(4) 可靠性使用与维修。

五、机械可靠性设计与传统机械设计方法的比较

(一) 相同点

它们都是关于作用在研究对象上的破坏作用与抵抗这种破坏作用的能力之间的关系。破坏作用统称为应力。抵抗破坏作用的能力统称为强度。应力表示为 $\delta = f(\delta_1, \delta_2, \cdots, \delta_n)$，其中，$\delta_1$，$\delta_2$，…，$\delta_n$ 表示影响失效的各种因素。如力的大小、作用位置、应力的大小和位置、环境因素等。强度表示为 $S = g(S_1, S_2, \cdots, S_n)$，其中，$S_1$，$S_2$，…，$S_n$ 表示影响强度的各种因素。如材料性能，表面质量、零件尺寸等。

可靠性设计的原则：$\delta \leqslant S$。该式称为状态方程。当 $\delta < S$，安全状态；当 $\delta > S$，失效状态；当 $\delta = S$，极限状态。

(二) 不同点

1. 设计变量的处理方法不同（图 1）

传统机械设计：确定性设计方法。

机械可靠性设计：非确定性概率设计方法。

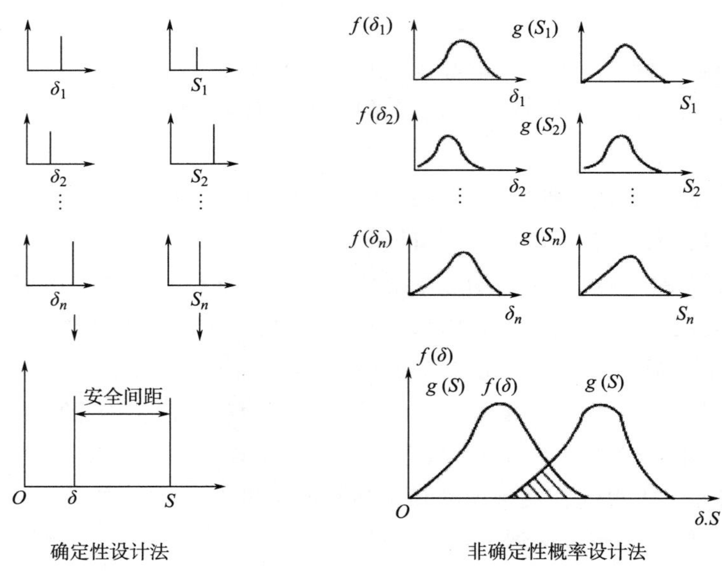

图 1 设计变量处理方法

2. 设计变量的运算方法不同

以受拉力的杆件为例。

传统机械设计：$\delta = \frac{F}{A}$

式中，A 为横截面积；F 为拉力。

机械可靠性设计：$\delta(\mu_\delta, \sigma_\delta) = \frac{F(\mu_F, \sigma_F)}{A(\mu_A, \sigma_A)}$

3. 设计准则的含义不同

传统机械设计：$\begin{cases} \sigma \leqslant [\sigma] \\ n \geqslant [n] \end{cases}$

机械可靠性设计：$R(t) = P(S > \delta) \geqslant [R]$

式中，$R(t)$ 表示零件安全运行的概率；$[R]$ 表示零件的设计要求。

可靠性设计是传统设计的延伸和发展。

习题

1. 为什么要重视和研究可靠性？
2. 可靠性工程涉及哪些技术领域？

第七章　可靠性的理论基础

可靠性是指产品在规定条件下和规定时间内完成规定功能的能力。

可靠性的要点有：

产品：任何设备、系统或元器件。其既可以是有形的硬件，也可以是软件和人机系统。

规定条件：包括使用时的环境条件和工作条件。

环境条件：温度、湿度、振动、冲击、辐射等。

工作条件：维护方法、储存条件、操作人员水平等。

规定时间：产品的规定寿命。可靠度是具有时间性的指标，其是随时间而变化的。

规定功能：产品必须具备的功能和技术指标。

第一节　可靠性特征量

一、基本概念

1. 定性的概念

故障：产品丧失规定的功能。

失效：不可修复或不予修复产品出现的故障。

维修：保持或恢复产品完成规定功能而采取的技术管理措施。

维修性：可维修产品在规定时间内，按照规定的程序或方法进行维修，使其恢复到完成规定功能的可能性。

可用性（可利用度或有效度）：可维修产品在某时刻所具有的，或能维持规定功能的可能性。

2. 定量的概念（可靠性指标）

可靠性指标（可靠性尺度）：可靠度、不可靠度或累积失效概率、失效概率密度、失效率、平均寿命、可靠寿命、中位寿命、特征寿命、维修度、平均修复时间、有效度、重要度，以上统称为可靠性尺度。

二、可靠度 $R(t)$ 和不可靠度 $F(t)$

可靠度：产品在规定条件下和规定时间内完成规定功能的概率。它是时间的函数。

如有一批数量为 n 的产品，在 $t=0$ 开始工作，随着时间的推移，失效（或故障）件数 $n_f(t)$ 在增大，正常工作的件数 $n_s(t)$ 在减少，则产品在任一时刻 t 的可靠度观测值为：

$$\hat{R}(t)=\frac{n_s(t)}{n}$$

式中，$n_s(t)$ 表示完好产品在 n 件产品中出现的频率，则有：

$$R(t)=\lim_{n\to\infty}\hat{R}(t)=\lim_{n\to\infty}\left[\frac{n_s(t)}{n}\right]$$

产品的失效与正常工作为对立事件，因而产品从 $t=0$ 开始工作，至任意时刻 t 的累积失效概率（或不可靠度）$F(t)$ 为：

$$F(t)=1-R(t)$$

或

$$F(t)=P(T\leqslant t)\quad t>0$$

其观测值为：

$$\hat{F}(t)=\frac{n_f(t)}{n}$$

当 $n\to\infty$ 时，观测值趋近于不可靠度 $\hat{F}(t)\to F(t)$。

例 7-1　某批电子器件有 1000 个，开始工作至 500h 内有 100 个损坏，工作至 1000h 共有 500 个损坏，求该批电子器件工作到 500h 和 1000h 的可靠度。

解：已知 $n=1000$，$n_f(500)=100$，$n_f(1000)=500$

由可靠度公式

$$R(t)=\frac{n_s(t)}{n}=\frac{n-n_f(t)}{n}$$

有：

$$R(500)=\frac{1000-100}{1000}=0.9$$

$$R(1000)=\frac{1000-500}{1000}=0.5$$

三、失效概率密度 $f(t)$

失效概率密度 $f(t)$ 的观测值为产品在单位时间内失效个数占产品总数的概率，即：

$$\hat{f}(t)=\frac{n_f(t+\Delta t)-n_f(t)}{n\Delta t}=\frac{\Delta n_f(t)}{n\Delta t}$$

式中，$n_f(t)$ 为 n 个产品工作到 t 时刻的失效数；$\Delta n_f(t)$ 为 Δt 时间间隔内产品的失效数。

当 $\Delta t\to 0$，$n\to\infty$ 时，产品在 t 时刻的失效概率密度 $f(t)$ 为：

$$f(t)=\lim_{\substack{n\to\infty\\ \Delta t\to 0}}\frac{\Delta n_f(t)}{n\Delta t}=\frac{\mathrm{d}n_f(t)}{n\mathrm{d}t}=\frac{\mathrm{d}F(t)}{\mathrm{d}t}$$

上式可写为：

$$F(t)=\int_0^t f(t)\,\mathrm{d}t$$

因此，$R(t)=1-F(t)=\int_t^{\infty}f(t)\,\mathrm{d}t$

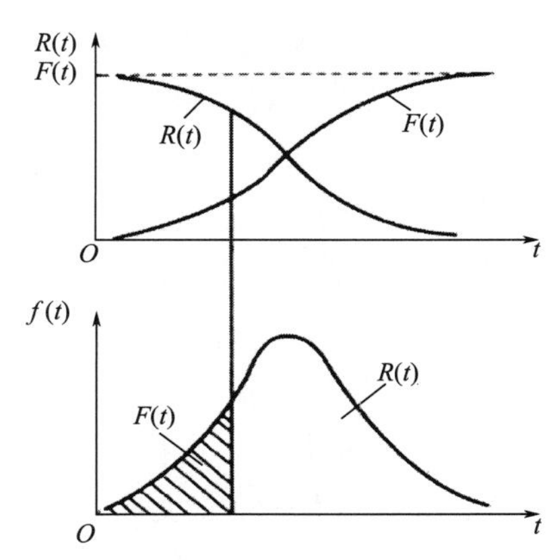

图 7-1　R（t）、F（t）和 f（t）的关系

图 7-1 表示了 $R(t)$、$F(t)$ 和 $f(t)$ 的关系，显然，$F(t)$ 随着时间的增大而增大，$R(t)$ 随着时间的增大而减小。

失效概率密度函数与不可靠度和可靠度的关系为：

$$f(t)=\frac{\mathrm{d}F(t)}{\mathrm{d}t}=-\frac{\mathrm{d}R(t)}{\mathrm{d}t}$$

四、失效率 $\lambda(t)$

当产品工作到 t 时刻，在此后的单位时间内发生失效的概率称为失效率 $\lambda(t)$，也称为故障率。

数学表达式：$\lambda(t)=\lim\limits_{\Delta t\to 0}\dfrac{P(t<T\leqslant t+\Delta t|T>t)}{\Delta t}$

失效率的统计观测值：$\hat{\lambda}(t)=\dfrac{n_f(t+\Delta t)-n_f(t)}{[n-n_f(t)]\Delta t}=\dfrac{\Delta n_f(t)}{n_s(t)\Delta t}$

结合以上两式：

$$\lambda(t)=\lim_{\substack{n\to\infty\\ \Delta t\to 0}}\frac{n_f(t+\Delta t)-n_f(t)}{[n-n_f(t)]\Delta t}=\frac{1}{n-n_f(t)}\frac{\mathrm{d}n_f(t)}{\mathrm{d}t}$$

$$=\frac{1}{\dfrac{n_s(t)}{n}}\frac{\dfrac{\mathrm{d}n_f(t)}{n}}{\mathrm{d}t}=\frac{1}{R(t)}\frac{\mathrm{d}F(t)}{\mathrm{d}t}=\frac{f(t)}{R(t)}=-\frac{1}{R(t)}\frac{\mathrm{d}R(t)}{\mathrm{d}t}$$

将前式从 0 到 t 积分，则得：

$$\int_0^t\lambda(t)\mathrm{d}t=\int_0^t-\frac{1}{R(t)}\frac{\mathrm{d}R(t)}{\mathrm{d}t}\mathrm{d}t=-\ln R(t)$$

于是得：

$$R(t)=\mathrm{e}^{-\int_0^t\lambda(t)\mathrm{d}t}$$

上式称为可靠度函数 $R(t)$ 的一般方程。当 $\lambda(t)$ 为恒定值时，就是指数分布可靠度函数的表达式。

说明：$R(t)$，$F(t)$，$f(t)$，$\lambda(t)$ 可由 1 个推算出其余 3 个。$R(t)$，$F(t)$ 是无量纲量，以小数或百分数表示。$f(t)$，$\lambda(t)$ 是有量纲量，以 1/h 表示。比如，某型号滚动轴承的失效率为 $\lambda(t)=5\times10^{-5}$/h，表示 10^5 个轴承中每小时有 5 个失效，它反映了轴承失效的速度。

产品失效率与时间 t 的关系曲线有两种典型形态：电子产品的失效率曲线；机械零件的失效率曲线。

1. 电子产品的失效率曲线

电子产品的失效率曲线如图 7-2，其曲线又称浴盆曲线。

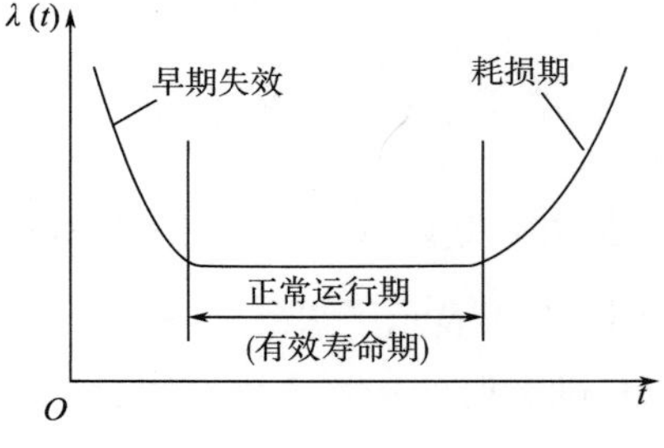

图 7-2　浴盆曲线

（1）早期失效。一般为产品试车跑合阶段。由于材料缺陷、制造工艺缺陷、检验差错等引起。出厂前应进行严格的测试，查找失效原因，并采取各种措施，发现隐患，纠正缺陷，使失效率下降且逐渐趋于稳定。

（2）正常运行期。也称为有效寿命期。由于偶然原因引起，故也称为偶然失效期。失效具有随机性。失效率低，近似为常数。产品、系统的可靠度通常以这一时期为代表。

（3）耗损失效期。产品使用后期。失效率随时间逐渐上升。由于疲劳、磨损、老化等引起。

产品失效的三个阶段，宛如人从幼年经壮年而进入老年的过程。

2. 机械零件的失效率曲线

机械零件的失效率曲线如图 7-3 所示，只有早期失效阶段和耗损阶段。

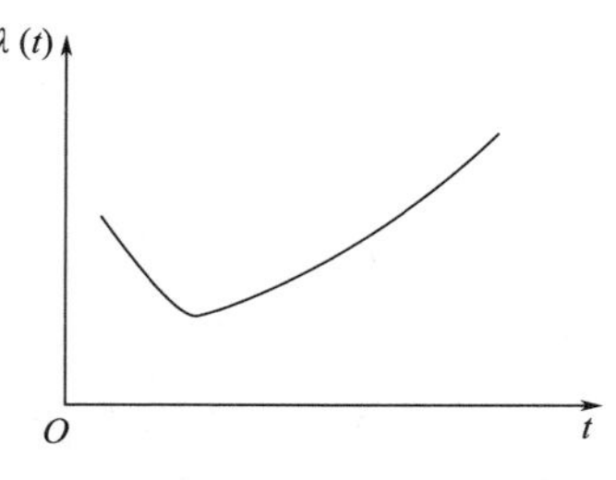

图 7-3　机械零件失效率曲线

例 7-2　有 1000 个相同零件，已知其工作到第 3、4、5 年末时失效零件数分别为 10 个、30 个、60 个，试计算这批零件在第 3、4 年末时的失效率。

解：时间以年为单位，则 $\Delta t=1$ 年。

$$\hat{\lambda}(3)=\frac{n_f(t+\Delta t)-n_f(t)}{[n-n_f(t)]\Delta t}=\frac{30-10}{(1000-10)\times 1}=2.02(\%/\text{年})$$

$$\hat{\lambda}(4)=\frac{n_f(t+\Delta t)-n_f(t)}{[n-n_f(t)]\Delta t}=\frac{60-30}{(1000-30)\times 1}=3.09(\%/\text{年})$$

例 7-3　某电子元件的可靠度函数为 $R(t)=\mathrm{e}^{-\lambda t}$，求其失效率 $\lambda(t)$。

解：

$$F(t)=1-R(t)=1-\mathrm{e}^{-\lambda t}$$

$$f(t)=\frac{\mathrm{d}F(t)}{\mathrm{d}t}=\lambda\mathrm{e}^{-\lambda t}$$

$$\lambda(t)=\frac{f(t)}{R(t)}=\frac{\lambda\mathrm{e}^{-\lambda t}}{\mathrm{e}^{-\lambda t}}=\lambda$$

五、产品的特征寿命

1. 平均寿命 θ

一批类型、规格相同的产品从投入运行到发生失效（或故障）的平均工作时间称为平均寿命，即产品寿命的数学期望。

数学表达式：设有 n 个产品从开始使用到发生失效的时间为 t_1，t_2，…，t_n，则平均寿命的观测值为：$\hat{\theta}=\frac{1}{n}\sum_{i=1}^{n}t_i$

若产品的失效概率密度为 $f(t)$，则产品的平均寿命为：$\theta=E(t)=\int_0^{\infty}tf(t)\mathrm{d}t$

说明：不可修复产品的平均寿命，是指从开始使用到发生失效的平均时间，用 MTTF（mean time to failure）表示。可修复产品的平均寿命，是指相邻两次故障之间工作时间的平均值，用 MTBF（mean time between failure）表示。若只考虑首次故障，平均寿命是指从开始使用到第一次发生故障的平均时间，用 MTTFF（mean time to first failure）表示。对可修复产品，人们不仅关心 MTTF，有时会更关心 MTTFF。

平均寿命也可以通俗的表达为：

$$\theta=\frac{\text{所有产品的总工作时间}}{\text{总故障数}}$$

平均寿命 θ 与可靠度 $R(t)$ 有如下关系：

$$\theta = E(t) = \int_0^{+\infty} tf(t)\,\mathrm{d}t = \int_0^{+\infty} t\left[-\frac{\mathrm{d}R(t)}{\mathrm{d}t}\right]\mathrm{d}t = -\int_0^{+\infty} t\,\mathrm{d}R(t)$$

由 $R(0)=1$，$R(+\infty)=0$，对上式应用分部积分可得：

$$\theta = -\int_0^{+\infty} t\,\mathrm{d}R(t) = -\left[tR(t)\Big|_0^{+\infty} - \int_0^{+\infty} R(t)\,\mathrm{d}t\right] = \int_0^{+\infty} R(t)\,\mathrm{d}t$$

上式表明，平均寿命 θ 的几何意义是：可靠度 $R(t)$ 曲线与时间轴所夹的面积。

2. 可靠寿命、中位寿命和特征寿命

可靠寿命：指可靠度为给定值 R 时的工作寿命，用 t_R 表示。

中位寿命：指可靠度为 $R=50\%$时的可靠寿命，用 $t_{0.5}$ 表示。

特征寿命：指可靠度为 $R=\mathrm{e}^{-1}=0.37$ 时的可靠寿命，用 $t_{\mathrm{e}^{-1}}$ 表示。

图 7-4 表示可靠度与可靠寿命的关系。

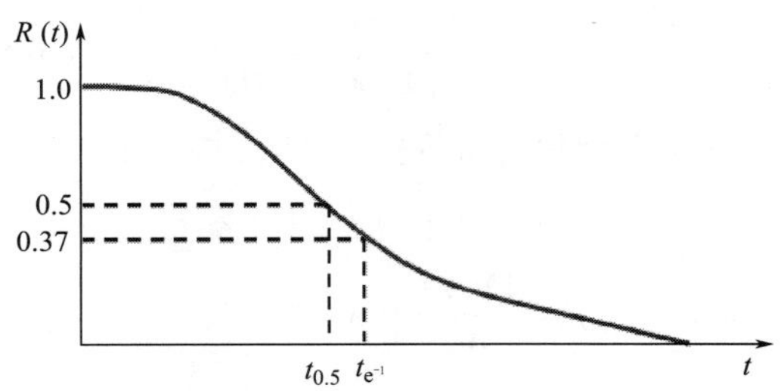

图 7-4　可靠度与可靠寿命的关系

例 7-4　已知某产品的可靠度函数 $R(t)=\mathrm{e}^{-\lambda t}$，其失效率 $\lambda=0.25\times10^{-4}/\mathrm{h}$，试求可靠度 $R=99\%$时的可靠寿命 $t_{0.99}$、中位寿命 $t_{0.5}$、特征寿命 $t_{\mathrm{e}^{-1}}$。

解：因 $R(t)=\mathrm{e}^{-\lambda t}$，两边取对数有 $\ln R(t)=-\lambda t$，得 $t=-\ln R(t)/\lambda$，所以

可靠寿命：
$$t_{0.99} = -\frac{\ln(0.99)}{0.25\times10^{-4}} = 402(\mathrm{h})$$

中位寿命：
$$t_{0.5} = -\frac{\ln(0.5)}{0.25\times10^{-4}} = 27725.6(\mathrm{h})$$

特征寿命：
$$t_{e^{-1}} = -\frac{\ln(e^{-1})}{0.25\times10^{-4}} = 40000(\mathrm{h})$$

可靠性特征量的相互之间关系如图 7-5 所示：

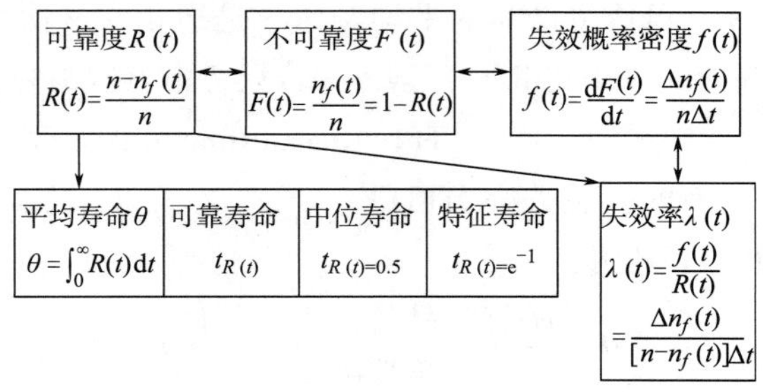

图 7-5　可靠性特征量的关系

六、维修性特征量

维修性特征量反映了对可能维修的产品在发生故障或失效后，在规定条件下和规定时间内完成修复的能力。

1. 维修度 $M(t)$

维修度指在规定条件下使用的产品发生故障后，在规定时间（0，t）内完成修复的概率。

$$M(t) = P(Y \leqslant t)$$

式中，Y 为产品从开始出故障到修理完毕所经历的时间。

2. 平均修复时间 MTTR（mean time to repair）

平均修复时间指可修复产品的平均修复时间，其估计值等于修复时间总和与修复次数之比。

$$\text{MTTR} = \int_0^{+\infty} M(t)\,\mathrm{d}t$$

第二节　随机变量的概率分布及其数字特征

一、离散型随机变量的概率分布

一个随机变量如果只能取有限个离散的值，则称为离散型随机变量。

若随机变量 x 可能取值 x_1，x_2，…，x_n，相应出现的概率为 $P(x_i) = p_i$（$i = 1$，2，…，n），则概率分布表见表 7-1。

表 7-1　离散型随机变量的概率分布

随机变量	x	x_1	x_2	x_3	…	x_n
分布概率	$P\ (x=x_i)$	p_1	p_2	p_3	…	p_n
累计概率	$F\ (x=x_i)$	p_1	p_1+p_2	$\sum_{i=1}^{3} p_i$	…	$\sum_{i=1}^{n} p_i$

概率分布表有如下性质：

$$0 \leqslant P(X = x_i) = p_i \leqslant 1 \qquad \sum_{i=1}^{n} p_i = 1$$

$$F(x) = \sum_{x_i \leqslant x} P(X = x_i) = \sum_{x_i \leqslant x} p_i$$

图 7-6 是随机变量 x_i 的分布与累计分布概率 $F(x_i)$ 的对应关系。

离散型随机变量的累积分布函数 $F(x)$ 具有如下性质：

（1）$F(x)$ 是不连续的，是一个递增的跳跃函数。

（2）$F(x)$ 值在各 x_i 点发生突变，其增量为随机变量 x_i 在该点的概率值 p_i，而在相邻两 x_i 点间 $F(x)$ 为水平线。

（3）$0 \leqslant F(x) \leqslant 1$。

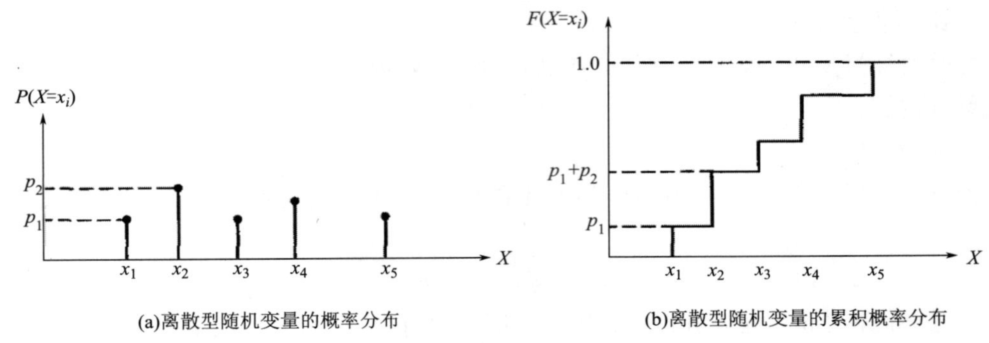

(a)离散型随机变量的概率分布　(b)离散型随机变量的累积概率分布

图 7-6　离散型随机变量的概率分布

二、连续型随机变量的概率分布

一个随机变量如果在一给定范围内可取任意实数值，则称为连续型随机变量。连续型随机变量的概率分布如图 7-7 所示。

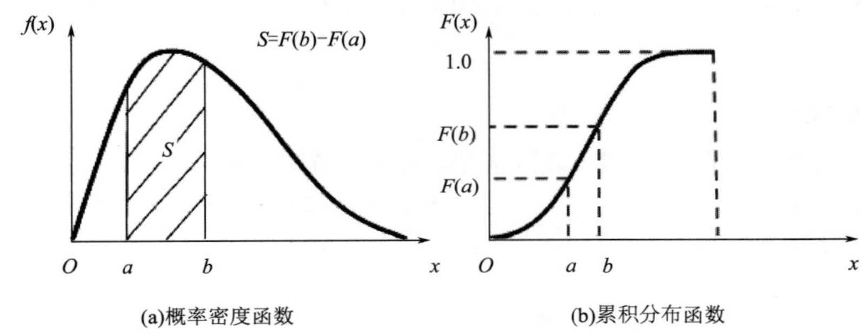

(a)概率密度函数　(b)累积分布函数

图 7-7　连续型随机变量的概率分布

$$P(a \leqslant x \leqslant b) = \int_a^b f(x)\mathrm{d}x = F(b) - F(a)$$

$$F(x) = P(-\infty \leqslant X \leqslant x) = \int_{-\infty}^{x} f(x)\mathrm{d}x$$

$$f(x) = \frac{\mathrm{d}F(x)}{\mathrm{d}x} = F'(x)$$

连续型随机变量的概率密度函数和累积分布函数的性质：

（1）$f(x) \geqslant 0$，$f(x)$ 概率密度曲线位于 x 轴上方。

（2）$\int_{-\infty}^{+\infty} f(x)\mathrm{d}x = 1$，即概率密度曲线与 x 轴围成的面积为 1。

（3）$0 \leqslant F(x) \leqslant 1$，且 $F(x)$ 随 x 值的增加而增加。

三、随机变量的数字特征

1. 数学期望 $E(x)$

数学期望又称为均值 μ，其反映了随机变量取值集中趋势的尺度。

离散型随机变量：$E(x)=\mu=\sum_{i=1}^{\infty}x_iP(x_i)=\sum_{i=1}^{\infty}x_ip_i$

连续型随机变量：$E(x)=\mu=\int_{-\infty}^{\infty}xf(x)\mathrm{d}x$

数学期望的代数运算：

$$\begin{cases}E(c)=c\\E(cx)=cE(x)=c\mu_x\\E(x\pm y)=E(x)\pm E(y)=\mu_x+\mu_y\end{cases}$$

对两个独立变量 x、y，有：$E(xy)=E(x)E(y)=\mu_x\mu_y$

2. 方差 $V(x)$ 与标准差 σ

$V(x)$ 与 σ 是表示随机变量取值相对于平均值 μ 的分散程度的尺度。

离散型随机变量：　$V(x)=\sigma^2=E[(x-\mu)^2]=\sum_{i=1}^{n}(x_i-\mu)^2p_i$

连续型随机变量：　$V(x)=\sigma^2=E[(x-\mu)^2]=\int_{-\infty}^{+\infty}(x-\mu)^2f(x)\mathrm{d}x$

方差也可表示为：　$V(x)=E(x^2)-\mu^2$

标准差 σ 与方差 $V(x)$ 的关系：$\sigma=\sqrt{V(x)}$

方差的代数运算：

$$\begin{cases}V(c)=0\\V(cx)=c^2V(x)\\V(x+c)=V(x)\end{cases}$$

对两个独立的随机变量 x、y，有：

$$V(x\pm y)=V(x)\pm V(y)$$

$$V(xy)=\sigma_x^2\mu_y^2+\sigma_y^2\mu_x^2+\sigma_x^2\sigma_y^2$$

$$V\left(\frac{x}{y}\right)\approx\frac{\sigma_x^2\mu_y^2+\sigma_y^2\mu_x^2}{\mu_y^4}$$

例 7-5　测得 5 个元件的使用寿命分别为 12 年、7.5 年、13 年、9.5 年、8.5 年，试求它们寿命的均值和标准差；若已知其寿命分布密度函数为 $f(t)=0.1\mathrm{e}^{-0.1t}$，其中 t 为时间，$t\geqslant0$，求其寿命的均值和标准差。

解：已知 5 个元件的寿命，可按离散型随机变量公式计算：

平均寿命：　$E(t)=\theta=\bar{t}=\frac{1}{n}\sum_{i=1}^{n}t_i=\frac{1}{5}(12+7.5+13+9.5+8.5)=10.1(年)$

寿命方差：　$V(t)=\sigma^2=\sum_{i=1}^{n}(t_i-\bar{t})^2p_i=\sum_{i=1}^{5}(t_i-10.1)^2\times\frac{1}{5}=4.34$

寿命标准差：　$\sigma=\sqrt{V(x)}=\sqrt{4.34}=2.08(年)$

已知寿命分布密度函数时，按连续型随机变量公式计算寿命，有：

平均寿命：

$$E(t)=\theta=\int_0^{+\infty}tf(t)\,\mathrm{d}t=\int_0^{+\infty}0.1t\mathrm{e}^{-0.1t}\mathrm{d}t$$

$$\underset{u=-0.1t}{\longrightarrow}-10\int_0^{+\infty}u\mathrm{e}^u\mathrm{d}u=-10\int_0^{+\infty}u\mathrm{d}\mathrm{e}^u$$

$$=-10\left(u\mathrm{e}^u\Big|_0^{+\infty}-\int_0^{+\infty}\mathrm{e}^u\mathrm{d}u\right)=-10(u\mathrm{e}^u-\mathrm{e}^u)\Big|_0^{+\infty}$$

$$=-10(-0.1t\mathrm{e}^{-0.1t}-\mathrm{e}^{-0.1t})\Big|_0^{+\infty}=10(年)$$

寿命方差： $V(t)=\sigma^2=\int_0^{+\infty}t^2f(t)\,\mathrm{d}t-\bar{t}^2=\int_0^{+\infty}0.1t^2\mathrm{e}^{-0.1t}\mathrm{d}t-10^2=100$

寿命标准差：$\sigma=10(年)$

上面两种情况计算出的寿命标准差不同，原因是第一种情况只有5个样本，只能标出这5个样本的特征值，而第二种情况是经大批量样本试验得到的分布，其分布规律是不能用少数几个点推算的。

第三节　可靠性中常用的概率分布

一、连续型分布

连续型随机变量描述某一产品某种特性。

1. 指数分布

当产品进入浴盆曲线的偶然失效期后，失效率接近为常数。此时，可靠度$R(t)$、不可靠度（失效概率函数）$F(x)$、失效概率密度函数$f(x)$都是指数分布。

$$R(t)=\exp\left[-\int_0^t\lambda(t)\,\mathrm{d}t\right]=\mathrm{e}^{-\lambda t}$$

$$f(t)=\lambda\mathrm{e}^{-\lambda t}$$

$$F(t)=1-R(t)=1-\mathrm{e}^{-\lambda t}$$

产品的平均寿命θ为：$\theta=\int_0^{\infty}R(t)\,\mathrm{d}t=\int_0^{\infty}\mathrm{e}^{-\lambda t}\mathrm{d}t=\dfrac{1}{\lambda}\int_0^{\infty}\mathrm{e}^{-\lambda t}\mathrm{d}(\lambda t)=\dfrac{1}{\lambda}$

当产品的工作时间$t=\theta=1/\lambda$，产品可靠度$R(t)=\mathrm{e}^{-\lambda t}=\mathrm{e}^{-1}=0.37$。对于失效率服从指数分布的一批产品，能够工作到平均寿命的数量仅为产品总数的37%左右。

如果要提高产品的可靠度，有两种方法：

(1) 平均寿命（即失效率）给定时，缩短指定的工作时间。

(2) 指定的工作时间给定时，提高平均寿命（即降低失效率）。

例7-6　某仪器的寿命T服从指数分布，其平均无故障连续工作时间MTBF为25h，试求其失效率为多少？若要求可靠性为90%，问应如何选择连续工作时间？

解：失效率为： $\lambda=1/\theta=1/25=0.04(\mathrm{h}^{-1})$

由 $R(t)=\mathrm{e}^{-\lambda t}=90\%$

可解出 $t=-\dfrac{\ln(0.9)}{\lambda}=2.634(\mathrm{h})$

即为了有 90%的把握不出故障，该仪器连续工作时间不应超过 2.63h。

2. 正态分布

（1）概率密度函数具有如下形式称为正态分布或高斯分布，记为 $N(\mu,\ \sigma)$。

$$f(x)=\frac{1}{\sigma\sqrt{2\pi}}\exp\left[-\frac{1}{2}\left(\frac{x-\mu}{\sigma}\right)^2\right]\quad(-\infty<x<+\infty)$$

失效概率和可靠度分别为：

$$F(x)=\int_{-\infty}^{x}\frac{1}{\sigma\sqrt{2\pi}}\exp\left[-\frac{1}{2}\left(\frac{x-\mu}{\sigma}\right)^2\right]\mathrm{d}x$$

$$R(x)=1-F(x)=\int_{x}^{+\infty}\frac{1}{\sigma\sqrt{2\pi}}\exp\left[-\frac{1}{2}\left(\frac{x-\mu}{\sigma}\right)^2\right]\mathrm{d}x$$

式中，μ 为随机变量 x 的数学期望，σ 为随机变量 x 的标准差。

正态分布 $N(\mu,\ \sigma)$ 中的 μ 和 σ 的估计值可按下式计算：

$$\mu\leftarrow\bar{x}=\frac{1}{N}\sum_{i=1}^{N}x_i\qquad\sigma=\sqrt{\frac{1}{N}\sum_{i=1}^{N}(x_i-\bar{x})^2}$$

式中，x_i 为第 i 次测试值；N 为总测试次数；μ 为算术平均值。

（2）正态分布的概率密度函数的几何特征。

图 7-8 给出了 μ 和 σ 对正态分布曲线位置和形状的影响，图 7-9 是标准正态分布曲线。$f(x)$ 以 $x=\mu$ 处对称分布，并在该处达到最大值 $\frac{1}{\sigma\sqrt{2\pi}}$。在 $x=\mu\pm\sigma$ 处有拐点。当 $x\to\pm\infty$ 时，曲线以 x 轴作为其渐近线。

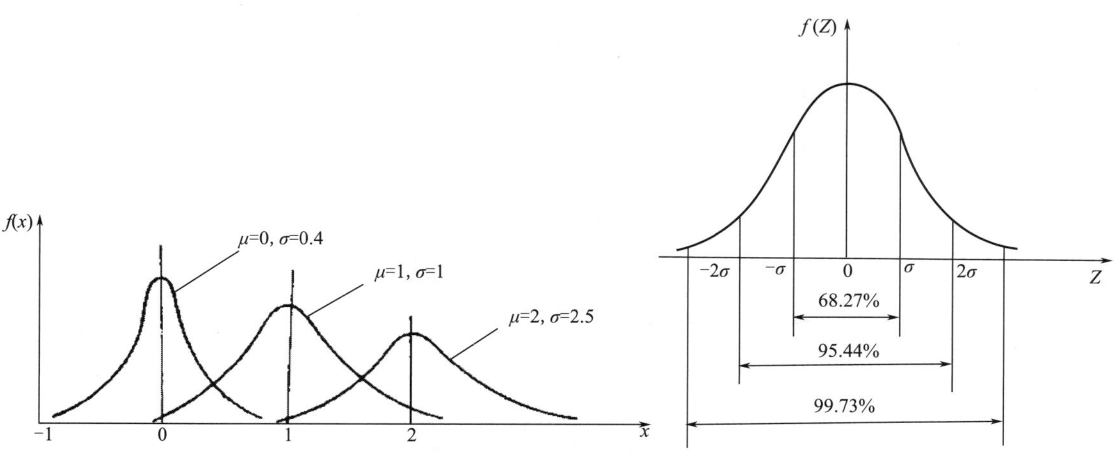

图 7-8　μ 和 σ 对正态分布曲线位置和形状的影响

图 7-9　标准正态分布

变量落入以 $x=\mu$ 为中心、$\pm\sigma$ 区间的概率为 68.27%，落入 $\pm2\sigma$ 区间的概率为 95.45%，落入 $\pm3\sigma$ 区间的概率为 99.73%。

加工尺寸、各种误差、材料的强度、磨损寿命都近似服从正态分布。

（3）标准正态分布。

$$f(Z)=\frac{1}{\sqrt{2\pi}}\mathrm{e}^{\left(-\frac{Z^2}{2}\right)}\quad -\infty < Z < +\infty$$

$$F(Z)=\frac{1}{\sqrt{2\pi}}\int_{-\infty}^{Z}\mathrm{e}^{-\frac{Z^2}{2}}\mathrm{d}Z=\Phi\left(\frac{x-\mu}{\sigma}\right)$$

式中，$\mu=0$，$\sigma=1$，记为 $N(0,\ 1)$。

将非标准正态分布归一化，从而获得标准正态分布，以便于计算累积分布函数 $F(x)$ 或可靠度 $R(x)$。

归一化的做法：对随机变量作如下变换（平移和比例变换）

$$Z=\frac{x-\mu}{\sigma}$$

则正态分布的 $F(x)$ 成为标准正态分布的 $\Phi(Z)$：

$$F(x)=\frac{1}{\sqrt{2\pi}}\int_{-\infty}^{Z}\mathrm{e}^{-\frac{Z^2}{2}}\mathrm{d}Z=\Phi\left(\frac{x-\mu}{\sigma}\right)=\Phi(Z)$$

或：

$$P(x_1 < X < x_2)=\frac{1}{\sigma\sqrt{2\pi}}\int_{x_1}^{x_2}\mathrm{e}^{-\frac{(x-\mu)^2}{2\sigma^2}}\mathrm{d}x$$

$$=\frac{1}{\sqrt{2\pi}}\int_{\frac{x_1-\mu}{\sigma}}^{\frac{x_2-\mu}{\sigma}}\mathrm{e}^{-\frac{Z^2}{2}}\mathrm{d}Z=\Phi\left(\frac{x_2-\mu}{\sigma}\right)-\Phi\left(\frac{x_1-\mu}{\sigma}\right)$$

对于标准正态分布，有一个重要的分布值计算公式：

$$\Phi(-Z)=1-\Phi(Z)$$

正态分布 matlab 指令：$\Phi(Z)$= normcdf(Z，μ，σ)。

图 7-10 是几种常用正态分布表。附表 1 标准正态分布表与图 7-10（a）对应。标准正态分布表还可用图 7-10（b）~（d）表示。

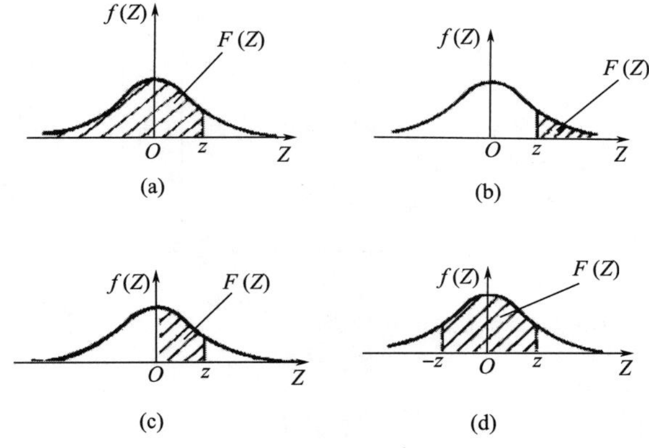

图 7-10　几种常用正态分布表

例 7-7　有 100 个某种材料的试件进行抗拉强度试验，现测得试件材料的强度均值 μ = 600MPa，标准差 σ = 50MPa。求：

（1）试件强度 = 600MPa 时的存活率、失效概率和失效试件数。

（2）强度落在（450～500）MPa 区间内的失效概率和失效试件数。

（3）失效概率为 0.05（存活率为 0.95）时材料的强度值。

解：（1）

$$Z = \frac{x - \mu}{\sigma} = \frac{600 - 600}{50} = 0$$

查正态分布表得失效概率：

$$F(Z) = 0.5$$

存活率：

$$R(x = 600) = 1 - F(Z) = 0.5$$

试件失效数：

$$n = 100 \times 0.5 = 50(\text{件})$$

（2）失效概率：

$$\begin{aligned} & P(450 < x < 500) \\ &= \Phi\left(\frac{500 - 600}{50}\right) - \Phi\left(\frac{450 - 600}{50}\right) \\ &= \Phi(-2) - \Phi(-3) \\ &= 0.022750 - 0.0013499 = 0.0214 \end{aligned}$$

失效件数：

$$n = 100 \times 0.0214 \approx 2(\text{件})$$

（3）失效概率：

$$F(Z) = 0.05$$

存活率：

$$1 - F(Z) = 0.95$$

查正态分布表得：$Z = -1.64$，由式 $Z = \frac{x - \mu}{\sigma}$

得：

$$x = Z\sigma + \mu = -1.64 \times 50 + 600 = 518(\text{MPa})$$

因此材料强度值为 518MPa。

例 7-8　已知某轴在精加工后，其直径尺寸呈正态分布，均值 μ = 14.90mm，标准差 σ = 0.05mm。规定直径尺寸在（14.90±0.1）mm 内时为合格品，求合格品的概率。

解：先将正态分布标准化

$$Z = \frac{x - \mu}{\sigma} = \frac{x - 14.90}{0.05}$$

合格品的概率为：

$$\begin{aligned} P(14.8 \leqslant x \leqslant 15.0) &= F(15.0) - F(14.8) \\ &= \Phi\left(\frac{15 - \mu}{\sigma}\right) - \Phi\left(\frac{14.8 - \mu}{\sigma}\right) \\ &= \Phi\left(\frac{15 - 14.9}{0.05}\right) - \Phi\left(\frac{14.8 - 14.9}{0.05}\right) \\ &= \Phi(2) - \Phi(-2) \\ &= 0.9772 - 0.0228 \\ &= 95.44\% \end{aligned}$$

3. 对数正态分布

若 $\ln x$ 服从正态分布，则称 x 为服从对数正态分布的随机变量。图 7-11 是对数正态分布示意图。

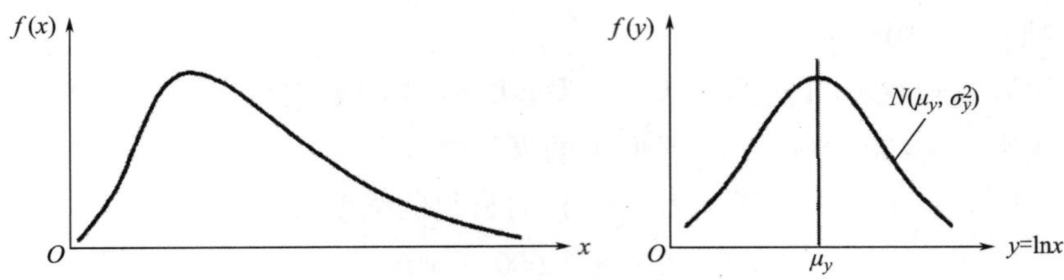

图 7-11　对数正态分布示意图

数学表达式为：

$$f(x)=\frac{1}{x\sigma_y\sqrt{2\pi}}\exp\left[-\frac{1}{2}\left(\frac{y-\mu_y}{\sigma_y}\right)^2\right]\quad(x>0)$$

$$F(x)=\int_0^x\frac{1}{x\sigma_y\sqrt{2\pi}}\exp\left[-\frac{1}{2}\left(\frac{y-\mu_y}{\sigma_y}\right)^2\right]\mathrm{d}x$$

式中，σ_y 和 μ_y 为 $y=\ln x$ 的均值和标准差。

上式是由下式变换得到：

$$G(\ln x)=\int_0^{\ln x}\frac{1}{\sigma\sqrt{2\pi}}\exp\left[-\frac{1}{2}\left(\frac{\ln x-\mu}{\sigma}\right)^2\right]\mathrm{d}\ln x$$

通过变换 $Z=\dfrac{\ln x-\mu}{\sigma}$，将对数正态分布化为标准正态分布，利用 $\mathrm{d}x=x\sigma\mathrm{d}Z$，可得：

$$F(x)=\int_0^x\frac{1}{x\sigma\sqrt{2\pi}}\exp\left[-\frac{1}{2}\left(\frac{\ln x-\mu}{\sigma}\right)^2\right]\mathrm{d}x$$

$$=\int_{-\infty}^{\frac{\ln x-\mu}{\sigma}}\frac{1}{\sqrt{2\pi}}\exp\left(-\frac{Z^2}{2}\right)\mathrm{d}Z=\Phi\left(\frac{\ln x-\mu}{\sigma}\right)=\Phi(Z)$$

这样便可利用标准正态分布表查得。该种分布常用于零件的寿命、材料的疲劳强度等情况。

例 7-9　某产品的寿命服从 $\mu=5$，$\sigma=1$ 的对数正态分布，求 $t=150\mathrm{h}$ 时的可靠度。

解：寿命为 t，则 $\ln t$ 服从正态分布 $N(5,1)$。

当 $t=150\mathrm{h}$ 时，归一化随机变量 Z 为：

$$Z=\frac{\ln t-\mu}{\sigma}=\frac{\ln 150-5}{1}=0.01$$

查标准正态分布表得累积失效概率：

$$\Phi(Z)=\Phi(0.01)=0.504$$

可靠度为：　$R(150)=1-\Phi(Z)=1-0.504=0.496$

4. 威布尔分布

由瑞典人威布尔（Weibull）构造的分布函数。凡属于局部失效而导致整体机能失效的模型（串联系统），一般都能采用这种分布函数描述。

数学表达式：

当 $x\geqslant\gamma$ 时　$f(x)=\dfrac{\beta}{\eta}\left(\dfrac{x-\gamma}{\eta}\right)^{\beta-1}\mathrm{e}^{-\left(\frac{x-\gamma}{\eta}\right)^{\beta}}$

$$F(x)=1-e^{-\left(\frac{x-\gamma}{\eta}\right)^{\beta}}$$

当 $x<\gamma$ 时　　　　$f(x)=F(x)=0$

威布尔分布含有三个参数，其中，β 称为形状参数；η 称为尺度参数；γ 称为位置参数。

（1）形状参数 β。决定 $f(x)$ 的形状（图 7-12）。

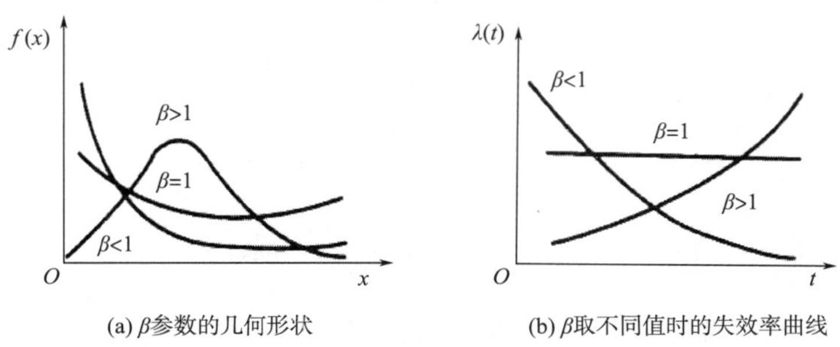

图 7-12　形状参数的影响

①当 $\beta<1$ 时，$\lambda(t)$ 随时间下降，类似于产品的早期失效期。

②当 $\beta=1$ 时，$\lambda(t)$ 等于常数，此时威布尔分布变成指数分布，可用于描述偶然失效过程。

③当 $\beta>1$ 时，$\lambda(t)$ 随时间上升，与损耗失效相符。

④随着 β 的增大，$f(x)$ 逐渐趋于对称。当 $\beta=3.313$ 时，已极为接近正态分布的失效概率密度函数形状。

可见，根据实验数据求得 β 值后，就可大致判断该产品的失效类型。

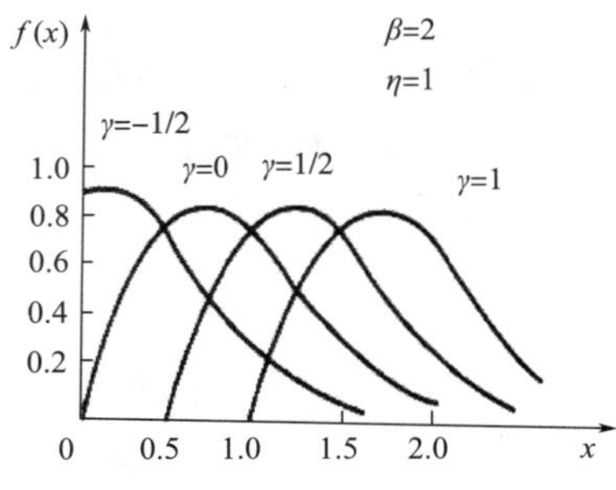

图 7-13　位置参数变化

（2）位置参数 γ（图 7-13）。以 $\gamma=0$ 为基准。

①当 $\gamma<0$ 时，曲线 $f(x)$ 向左移动 $-\gamma$。表示部分产品在开始工作前（$x=0$）就已经失效，比如在存储期间失效。

②当 $\gamma>0$ 时，曲线 $f(x)$ 向右移动 γ。表示在开始工作的一段时间内，产品没有失效。

③当 $\gamma=0$，表示没有使用前，所有产品都是好的，失效发生在产品投入使用后。显然，大部分产品具有这种属性。

γ 位置参数决定失效概率密度 $f(t)$ 的左右位置。

（3）尺度参数 η（图 7-14）。尺度参数 η 的变化会改变失效概率密度函数 $f(x)$ 的起伏程度。

对威布尔分布中的 3 个参数进行分析可知，调整各个参数，即可方便的改变 $f(x)$ 的形状，从而适用于不同的分布状态。因此，它是应用最灵活的一种经验分布函数。

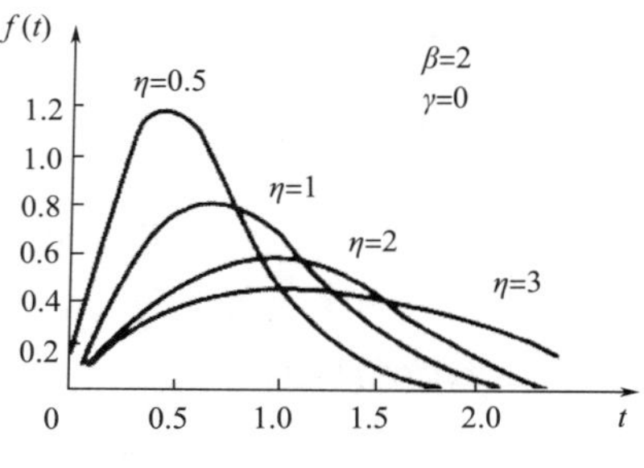

图 7-14　尺度参数变化

（4）威布尔分布的有关可靠性特征量。

① 随机变量为寿命 t 时。三参数威布尔分布可靠性特征量。

可靠度函数： $$R(t)=e^{-\left(\frac{t-\gamma}{\eta}\right)^{\beta}} \quad (t \geqslant \gamma)$$

失效率函数： $$\lambda(t)=\frac{\beta}{\eta}\left(\frac{t-\gamma}{\eta}\right)^{\beta-1}$$

平均寿命： $$E(t)=\gamma+\eta\Gamma\left(1+\frac{1}{\beta}\right)$$

寿命方差： $$V(t)=\sigma^2=\eta^2\left[\Gamma\left(1+\frac{2}{\beta}\right)-\Gamma^2\left(1+\frac{1}{\beta}\right)\right]$$

这里，$\Gamma(x)=\int_0^{\infty} t^{x-1}e^{-t}dt \quad x=1+\frac{1}{\beta}$。$\Gamma$ 函数是一种连续分布函数，可查附表 2。

② 二参数（$\gamma=0$）威布尔分布的可靠性特征量。

可靠度函数： $$R(t)=e^{-\left(\frac{t}{\eta}\right)^{\beta}}$$

失效率函数： $$\lambda(t)=\frac{\beta}{\eta}\left(\frac{t}{\eta}\right)^{\beta-1}$$

平均寿命： $$E(t)=\eta\Gamma\left(1+\frac{1}{\beta}\right)$$

寿命方差： $$V(t)=\sigma^2=\eta^2\left[\Gamma\left(1+\frac{2}{\beta}\right)-\Gamma^2\left(1+\frac{1}{\beta}\right)\right]$$

例 7-10 某种电子元件的寿命服从威布尔分布，其 $\beta=2$，$\eta=1000$h，试确定当任务时间为 200h 时，该元件的可靠度和最大失效率；该元件的平均寿命是多少；如认为位置参数 $\gamma=50$h，则该元件工作到 200h 时不失效的概率是多少？

解：（1）认为该元件从使用开始就可能有失效的情况，故其位置参数为 $\gamma=0$，则二参数的可靠度为：

$$R(200)=e^{-\left(\frac{t}{\eta}\right)^{\beta}}=e^{-\left(\frac{200}{1000}\right)^{2}}=0.9608$$

因 $\beta=2$，元件处于损耗阶段，$\lambda(t)$ 值随 t 值增加，故最大失效率发生在 $t=200$h 时，

$$\lambda(200)=\frac{\beta}{\eta}\left(\frac{t}{\eta}\right)^{\beta-1}=\frac{2}{1000}\left(\frac{200}{1000}\right)^{2-1}=0.4\times10^{-3}(\text{次}/\text{h})$$

（2）平均寿命。

$$E(t)=\eta\Gamma\left(1+\frac{1}{\beta}\right)=1000\times\Gamma\left(1+\frac{1}{2}\right)=1000\times0.8862=886.2(\text{h})$$

（3）三参数可靠度。

$$R(200)=e^{-\left(\frac{t-\gamma}{\eta}\right)^{\beta}}=e^{-\left(\frac{200-50}{1000}\right)^{2}}=0.9778$$

二、离散型分布

1. 二项分布

二项分布适用于描述只有两种状态的事物。

设一系统由 A 和 B 两台设备组成，两台设备正常工作的概率（可靠度）和失效概率分别为 $R(\mathrm{A})$、$R(\mathrm{B})$ 和 $F(\mathrm{A})$、$F(\mathrm{B})$。

系统正常工作和故障的可能组合有 4 种：①A 和 B 都正常工作；②A 和 B 都失效；③A 正常工作 B 失效；④A 失效 B 正常工作。

以上每一种情况发生的概率的总和等于 1，即：

$$R(\mathrm{A})R(\mathrm{B})+F(\mathrm{A})F(\mathrm{B})+R(\mathrm{A})F(\mathrm{B})+F(\mathrm{A})R(\mathrm{B})=1$$

若设备 A 和 B 具有相同的可靠度和相同的失效概率，则 A、B 正常工作和失效的各种组合的概率之和为：

$$R^2+F^2+RF+FR=(R+F)^2=1$$

若系统由 3 台设备组成，则 3 台设备各自正常工作和失效的各种组合的概率之和为：

$$(R+F)^3=1$$

同理，由 N 台设备组成的系统，所有设备正常工作和失效的各种组合的概率之和为：

$$(R+F)^N=1$$

展开 $(R+F)^N=1$，得二项式分布：

$$(R+F)^N=R^N+NR^{N-1}F+\frac{N!}{(N-2)!\ 2!}R^{N-2}F^2+\cdots$$

$$+\frac{N!}{(N-r)!\ r!}R^{N-r}F^r+\cdots+F^N=1$$

式中，R^N 为无失效概率；$NR^{N-1}F$ 为只有一台设备失效的概率；$\frac{N!}{(N-r)!\ r!}R^{N-r}F^r$ 为有 r 台设备失效的概率；F^N 为 N 台设备失效的概率。

设某一系统由 N 个相同元件组成，每个元件的可靠度为 R，失效概率为 $F=1-R$，则：

系统中都不失效才能正常工作的概率为 R^N；

允许一个元件发生故障的系统概率为 $R^N+NR^{N-1}F$；

允许 r 个元件发生故障的系统概率为 $(R+F)^N$ 展开式中前 $r+1$ 项之和。

由此可知，二项式分布的可靠度函数表达式为：$R(r)=\sum_{i=0}^{r}C_N^iR^{N-i}F^i$

其中任意一项记为 $P(i)=C_N^iR^{N-i}F^i$，可看作是 N 个元件中出现 i 个元件失效的概率；C_N^i 为 N 个元件中取 i 个元件的组合。

例 7-11　在一台设备里有 4 台油泵，已知每台失效概率为 0.1，如 4 台油泵全部正常工作，其概率是多少？失效油泵不超过 2 台的概率？

解：设 X 为工作失效的油泵数，X 服从二项分布，X 发生 r 次的概率为：

$$P(X=r)=C_4^r[R(t)]^{4-r}[F(t)]^r$$

（1）4 台油泵全部正常的概率。

$$P(X=0)=[R(t)]^4=(1-0.1)^4=0.6561$$

（2）失效油泵不超过 2 台的概率包括全部正常、失效 1 台和 2 台共 3 种情况。

$$P(X\leqslant 2)=\sum_{r=0}^{2}C_4^r[R(t)]^{4-r}[F(t)]^r$$

$$= C_4^0 \times 0.9^4 + C_4^1 \times 0.9^3 \times 0.1 + C_4^2 \times 0.9^2 \times 0.1^2 = 0.9963$$

2. 泊松分布

提出原因：系统由 N 个元件组成，N 很大，而每个元件的失效概率 F 很小，NF 近似为常数。若仍用二项分布进行计算，将会相当复杂，引入泊松分布进行计算，会使计算简化。

当 N 很大，F 很小时，r 个元件同时失效的概率：

$$P(r) = C_N^r R^{N-r} F^r$$

即二项分布中的第 r 项，将接近一个极限，这个极限称为泊松分布。数学表达式为：

$$P(r) = \frac{(NF)^r}{r!} e^{-NF}$$

式中，$NF=\lambda t$ 为平均失效数。

在泊松分布中，如果没有元件失效，即 $r=0$，则系统的可靠度为：

$$R(0) = P(0) = \frac{(NF)^0}{0!} e^{-NF} = e^{-NF}$$

如果允许出现一个元件失效，则系统可靠度为 $r=0$ 和 $r=1$ 时概率之和：

$$R(1) = P(0) + P(1) = \frac{(NF)^0}{0!} e^{-NF} + \frac{(NF)^1}{1!} e^{-NF}$$

$$= e^{-NF} + (NF) e^{-NF} = (1 + NF) e^{-NF}$$

如果允许出现 r 个元件失效，则系统可靠度为：

$$R(r) = \sum_{i=0}^{r} \frac{(NF)^i}{i!} e^{-NF}$$

泊松分布是二项分布的近似表达式。当不知道 NF，而知道 λt 时，利用 $NF=\lambda t$，就可以进行可靠度估计。

表 7-2 是当 $NF=\lambda t=1$ 时，二项式分布与泊松分布计算结果比较。

表 7-2　二项式分布与泊松分布计算结果比较

N 次试验允许的失效数 r	二项式分布计算的（R）				泊松分布计算的 R（r）
	$N=10$ $F=0.1$	$N=20$ $F=0.05$	$N=40$ $F=0.025$	$N=100$ $F=0.001$	
0	0.349	0.358	0.363	0.366	0.368
1	0.734	0.735	0.736	0.736	0.736
2	0.928	0.924	0.922	0.921	0.920
3	0.985	0.984	0.983	0.982	0.981
4	0.996	0.997	0.997	0.997	0.996

例 7-12　某种零件的失效率的平均值为 $\lambda=0.010/1000\text{h}$。现只有两个备件，且半年内不能再进备件，实际工作需保证设备运转 50000h，问这种情况设备能够正常工作的概率为多大？

解：在 50000h 内的平均失效零件为：

$$\lambda t = NF = 0.010/1000 \times 50000 = 0.5$$

允许 2 个零件失效的系统可靠度为：

$$R(2)=\sum_{i=0}^{2}\frac{0.5^i}{i!}e^{-0.5}=\left[\frac{0.5^0}{0!}+\frac{0.5^1}{1!}+\frac{0.5^2}{2!}\right]e^{-0.5}=0.9865$$

表 7-3 列出了随机变量常用分布的数学特征和应用范围。

表 7-3　常用分布的数学特征和应用范围

分布类型	分布特征	应用范围
指数分布	$f(t)=\lambda e^{-\lambda t}$ $F(t)=1-e^{-\lambda t}$	系统、部件等的寿命，适用于只是由于偶然原因且与使用时间无关的元件的失效分布；当设计完全排除了在生产误差方面的故障时，常使用： 如真空管失效寿命；在可靠性试验过程中探测不良设备的预期成本；雷达设备中使用的指示管的预期寿命；照明灯泡、洗碗机、热水器、洗衣机、飞机用泵、发电机、汽车变速箱等的失效寿命
正态分布	$f(x)=\frac{1}{\sigma\sqrt{2\pi}}e^{-\frac{1}{2}\left(\frac{x-\mu}{\sigma}\right)^2}\ (-\infty<x<+\infty)$ $F(x)=\frac{1}{\sigma\sqrt{2\pi}}\int_{-\infty}^{x}e^{-\frac{1}{2}\left(\frac{x-\mu}{\sigma}\right)^2}dx$ 标准正态分布 $f(Z)=\frac{1}{\sqrt{2\pi}}e^{\left(-\frac{Z^2}{2}\right)}$ $F(Z)=\Phi\left(\frac{x-\mu}{\sigma}\right)=\frac{1}{\sqrt{2\pi}}\int_{-\infty}^{Z}e^{-\frac{Z^2}{2}}dZ$ $E(t)=\mu$ $V(t)=\sigma^2$	各种自然现象和物理、机械、电气、化学等特征： 如按月变化的温度、水库中水位的高低、材料的物理特征、零件加工尺寸的偏差、某地区的电力消耗、学生群体的考试成绩分布等
对数正态分布	$f(x)=\frac{1}{x\sigma_y\sqrt{2\pi}}e^{-\frac{1}{2}\left(\frac{y-\mu_y}{\sigma_y}\right)^2}\ (x>0)$ $F(x)=\int_{0}^{x}\frac{1}{x\sigma_y\sqrt{2\pi}}e^{-\frac{1}{2}\left(\frac{y-\mu_y}{\sigma_y}\right)^2}dx$ 标准对数正态分布 $F(x)=\Phi(Z)=\Phi\left(\frac{\ln x-\mu_y}{\sigma_y}\right)=\frac{1}{\sqrt{2\pi}}\int_{-\infty}^{Z}e^{-\frac{Z^2}{2}}dZ$ $E(t)=\bar{t}=e^{(\bar{y}+\frac{1}{2}\sigma_y^2)}\ y=\ln t$ $V(t)=\sigma^2=\bar{t}^2(e^{\sigma^2_{\text{int}}}-2)$	寿命现象、事件集中发生在分布区间后段的不对称情况，且观察值差异较大： 如不同用户的汽车里程累计、不同用户的用电量、大量电气系统的故障时间、灯泡的照明强度、化学过程残余的浓度等
威布尔（三参数）	$f(x)=\frac{\beta}{\eta}\left(\frac{x-\gamma}{\eta}\right)^{\beta-1}e^{-\left(\frac{x-\gamma}{\eta}\right)^{\beta}}\ (x\geqslant\gamma)$ $F(x)=1-e^{-\left(\frac{x-\gamma}{\eta}\right)^{\beta}}$ $E(t)=\gamma+\eta\Gamma\left(1+\frac{1}{\beta}\right)$ $V(t)=\sigma^2=\eta^2\left[\Gamma\left(1+\frac{2}{\beta}\right)-\Gamma^2\left(1+\frac{1}{\beta}\right)\right]$	二参数威布尔分布相同，此外还适用于各种物理、机械、电气、化学等特性，是近年来广泛应用的分布： 如电阻、电容、疲劳失效、轴承失效等

续表

分布类型	分布特征	应用范围
威布尔 （二参数） $\gamma=0$	$f(x)=\dfrac{\beta}{\eta}\left(\dfrac{x}{\eta}\right)^{\beta-1}e^{-\left(\frac{x}{\eta}\right)^{\beta}}$ $F(x)=1-e^{-\left(\frac{x}{\eta}\right)^{\beta}}$ $E(t)=\gamma+\eta\Gamma\left(1+\dfrac{1}{\beta}\right)$ $V(t)=\sigma^2=\eta^2\left[\Gamma\left(1+\dfrac{2}{\beta}\right)-\Gamma^2\left(1+\dfrac{1}{\beta}\right)\right]$	接近于对数正态分布，也适用于产品寿命的早期、偶然和耗损失效阶段，失效率随所测参数的增加而可能呈现减小、增加或保持不变的情况： 如电子管、滚动轴承、传动箱齿轮和其他许多机械和电气元件的寿命；腐蚀寿命；磨损寿命等
二项分布	$P_n(X=r)=C_n^r p^r q^{n-r}$ $P(r\leqslant k)=\sum\limits_{r=0}^{k}C_n^r p^r q^{n-r}$ $\mu=np$ $\sigma=\sqrt{npq}$	从一次次品率为 p 的大批量中抽出样本容量 n 中的次品数；一组 y 事件中出现 x 事件的概率；抽样的结果不显著改变整批的比例： 如一次装运的钢制零件中次品的检查；一生产批量中有缺陷轮胎的检查；有缺陷焊缝的确定；由一电源获得一定功率电力的概率；一生产机器完成其功能的概率
泊松分布	$P(X=r)=\dfrac{\mu^r e^{-\mu}}{r!}$ $P(r\leqslant k)=\sum\limits_{r=0}^{k}\dfrac{\mu^r e^{-\mu}}{r!}$ $E(X)=np=\mu$ $V(X)=np=\mu$	事件出现的次数可以测试，而事件不出现的次数不可能测试的情况。应用于在时间上随机分布的事件： 如一工厂中机器出现故障的次数；一交叉路口处汽车同时到达的次数；在几处检查点大气中发现尘埃的次数；工厂中的人身事故的次数；工程制图中的尺寸误差；一指定地区单位时间内的汽车事故的次数；医院急诊；电话线路通信；轮胎爆胎；石块撞击挡风玻璃；一机翼上有缺陷的铆钉数；放射性衰变；发动机爆燃次数；金属板每米裂纹数

习题

1. 对某种轴承 100 个进行使用后发生失效的统计，其失效时已工作的时间及失效数见表 7-4，求该零件工作到 200h 和 350h 时的可靠度 $R(200)$，$R(350)$。

表 7-4　运行时间和失效数

运行时间/h	10	30	60	100	150	200	300	400	500
失效数/个	7	4	6	13	10	3	4	3	0

2. 某零件工作到 80h 时完好的有 100 个，到 81h 时有 1 个失效，在 82h 内失效了 3 个。试求这批零件工作满 80h 和 81h 时的失效率。

3. 某种灯泡的失效率 $\lambda(t)=\lambda=0.20\times10^{-4}/\text{h}$，可靠度函数 $R(t)=e^{-\lambda t}$，试求可靠度 $R=99.99\%$的相应可靠寿命 $t_{0.9999}$，中位寿命 $t_{0.5}$ 和特征寿命 $T_{e^{-1}}$。

4. 次品率为 1%的大批产品每箱 90 件，今抽检一箱进行全部检验，求查出次品数不超过 3 的概率。试用泊松分布和二次分布两种解法求解。

5. 有一批钢管，已知直径尺寸服从正态分布，均值为 15.00，标准差为 0.05mm。按规定直径在（15.00±0.1）mm 范围内是合格品，试计算该批钢管的合格率。如要求废品率不超过 6%，则直径的合格尺寸为多大？

6. 某产品的疲劳寿命服从对数正态分布 $y=\ln t$，已知其均值 $\mu_y=5$，均方差 $\sigma_y=1$，试求 $t=200$h 时的可靠度和失效率。

7. 一批同类型继电器，其首次发生故障的时间遵循威布尔分布，参数 $\beta=0.5$，$\eta=10$ 年。试求继电器无故障工作到 1 年、2 年和 10 年的概率，以及继电器的 MTTF。

第八章 机械可靠性设计的基本方法

第一节 机械可靠性设计的主要内容和方法

机械产品的特点：

（1）机械产品的故障率可能并不等于常数。

（2）难以获得机械产品的组成零部件的故障率。

（3）机械产品的故障属于耗损型故障，难以采用定量的方法进行估算。

（4）机械产品的可靠性试验的时间长、数量少、费用高。

（5）机械产品的工作环境对其应力的影响难于捉摸。

（6）机械产品常处于运转状态，其可靠性还与使用人员有关。

可靠性设计理论的基本任务是在已知研究对象性能指标和相关物理量分布特征的基础上，提出进行实际设计计算的数学物理模型和方法，据此对研究对象进行可靠度计算。在产品设计阶段就规定其可靠性指标，或预测零部件乃至机器或系统在规定条件下的性能状态和寿命。机械产品的可靠性包括结构、性能等许多方面的内容，其中结构强度的可靠性是机械设计中首先涉及的问题，而决定结构强度的关键物理量是应力和强度。

影响机电产品故障的各种因素可分为应力和强度。应力指外界对零件的破坏作用。强度指零件本身对外界破坏作用的抵抗。

影响应力和强度的因素：材料、加工工艺、加工精度、安装等内在因素；外载荷、温度、湿度、人员等环境因素。

应力和强度具有分散性，机械产品的可靠性研究必须使用概率论和数理统计这一数学工具。

本课程主要介绍机械产品零部件静强度设计方法。表 8-1 以螺栓结构强度可靠度计算说明静强度计算方法。

表 8-1 螺栓结构强度可靠度计算

序号	设计步骤	设计实例	备注
1	失效模式分析	螺栓疲劳拉断	
2	失效判据（公式）	$\delta = \dfrac{P}{\pi d^2/4} \geqslant [S]$	
3	设计变量和参数分析	已知：拉力 $P(\bar{P}, \sigma_P)$，直径 $d(\bar{d}, \sigma_d)$，求解：强度 $S(\bar{S}, \sigma_S)$，应力 $\delta(\bar{\delta}, \sigma_\delta)$	真实强度取决于试件强度和条件系数

续表

序号	设计步骤	设计实例	备注
4	强度和应力计算（综合多个随机变量）	强度计算：$\sigma_{-1}=\dfrac{\sigma'_{-1}\varepsilon\beta k_d k_e}{k_f}$	确定随机变量的分布和数字特征： $\sigma'_{-1}(\bar{\sigma}'_{-1},\ \sigma'_{-1})$——试件疲劳强度； $\varepsilon(\bar{\varepsilon},\ \sigma_{\varepsilon})$——尺度系数； $\beta(\bar{\beta},\ \sigma_{\beta})$——表面质量系数； $k_d(\bar{k}_d,\ \sigma_{k_d})$——温度系数； $k_e(\bar{k}_e,\ \sigma_{k_e})$——时间系数； $k_f(\bar{k}_f,\ \sigma_{k_f})$——应力集中系数
		应力计算：$\delta=\dfrac{P}{\pi d^2/4}$	确定随机变量的分布和数字特征： $P(\bar{P},\ \sigma_P)$——螺栓所受拉力； $d(\bar{d},\ \sigma_d)$——螺栓直径
5	可靠度计算	$R=P(S>\delta)$	

第二节　根据应力—强度干涉理论进行可靠度计算

一、应力—强度干涉理论

分析一个机械零件是否可靠，是看其强度和应力的数值关系，如果强度大于应力，则该零件能正常工作，其可靠度就是事件 $S>\delta$ 的概率，即：

$$R=P(S>\delta)=P(S-\delta>0)=P\left(\frac{S}{\delta}>1\right)$$

如果强度小于应力，则该零件会丧失工作能力，其失效概率就是事件 $S<\delta$ 的概率，即：

$$F=P(S\leqslant\delta)=P(S-\delta\leqslant 0)=P\left(\frac{S}{\delta}\leqslant 1\right)$$

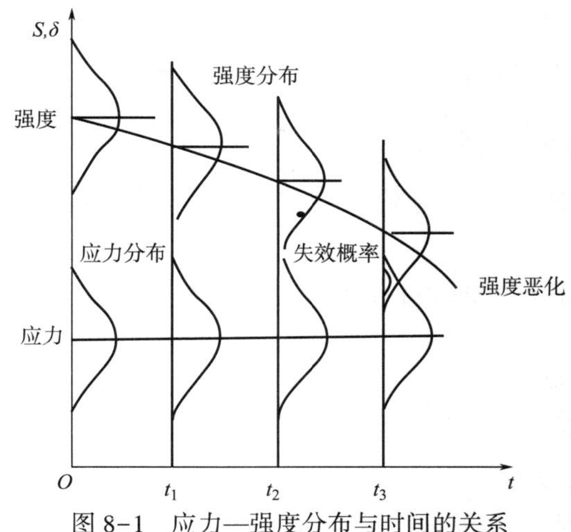

图 8-1　应力—强度分布与时间的关系

图 8-1 给出了应力—强度分布与时间的关系，可以看到，随着时间的推移，所有材料的强度值都会呈现不断下降趋势。

二、可靠度计算的一般表达式

当强度的最小值大于应力的最大值时，可靠度是 1，当强度的最大值小于应力的最小值时，可靠度是 0，当强度分布与应力分布存在交集时，可靠度介于 0~1。图 8-2 是应力强度分布干涉区图。

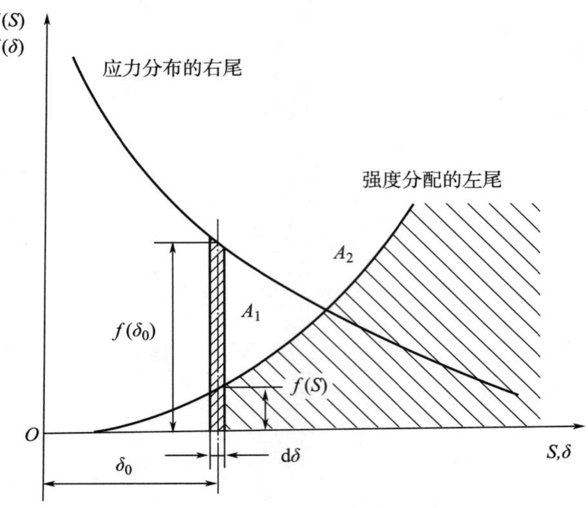

强度值大于应力值时，应力和强度的概率面积

图 8-2　应力强度分布干涉区

首先在干涉区取以应力值 δ_0 为中心的微单元 $\mathrm{d}\delta$，则 δ_0 落在 $\mathrm{d}\delta$ 区间的概率为：

$$P\left(\delta_0 - \frac{\delta}{2} \leqslant \delta \leqslant \delta_0 + \frac{\delta}{2}\right) = f(\delta_0)\,\mathrm{d}\delta = A_1$$

再看强度值大于应力值 δ_0 的概率为：

$$P(S > \delta_0) = \int_{\delta_0}^{+\infty} f(S)\,\mathrm{d}S = A_2$$

这两个事件同时发生，即可靠度，可应用概率乘法定理计算：

$$\mathrm{d}R = A_1 A_2 = f(\delta_0)\,\mathrm{d}\delta \cdot \int_{\delta_0}^{+\infty} f(S)\,\mathrm{d}S$$

因为零件的可靠度包括所有可能的应力值 δ_i 均小于强度值的整个概率，因此，有：

$$R(t) = \int_{-\infty}^{+\infty} \mathrm{d}R = \int_{-\infty}^{+\infty} f(\delta)\left[\int_{\delta}^{+\infty} f(S)\,\mathrm{d}S\right]\mathrm{d}\delta$$

对于具体问题，如应力取值范围 $[a,\ b]$，强度的最大值取为 c 时，可靠度是：

$$R(t) = \int_a^b f(\delta)\left[\int_{\delta}^{c} f(S)\,\mathrm{d}S\right]\mathrm{d}\delta$$

对于其他研究对象，可认为应力相当于所研究量的实际状况，强度相当于研究量的极限指标。

例如，零件的工作循环次数 n 可以理解为应力，而零件的失效循环次数 N 可以理解为强度。因此可靠度有：

$$R(t) = P(N > n) = P(N - n > 0) = P\left(\frac{N}{n} > 1\right)$$

$$R(t) = \int_{-\infty}^{\infty} f(n)\left[\int_{n}^{\infty} f(N)\,\mathrm{d}N\right]\mathrm{d}n$$

三、随机变量的统计特征值问题

可靠性设计中的设计变量应具有统计特征。

1. 线性尺寸的统计特征

基本思想：如果零件尺寸服从正态分布，那么，零件尺寸的变动范围涵盖其尺寸均值左右 3σ 的区间，即 6 倍的标准差。

例如，一批轴的直径规定为 $\Phi(60\pm0.05)$ mm，尺寸变动服从正态分布，则该正态分布的均值和标准差为：

$$\mu_d = \frac{d_{\max} + d_{\min}}{2} = \frac{60.05 + 59.95}{2} = 60(\text{mm})$$

$$\sigma_d = \frac{d_{\max} - d_{\min}}{6} = \frac{60.05 - 59.95}{6} = 0.0167(\text{mm})$$

由正态分布可知，随机变量落入以均值为中心，$\pm3\sigma$ 区间的可靠度为 0.9973。

2. 手册中的统计特征

按照类似于线性尺寸的处理方法，认为《工程材料手册》中给出的数据范围涵盖了均值左右 3σ 的区间。

例如，某手册给出了钛合金的屈服强度 $\sigma_b = 1200 \sim 1600$MPa，可以认为它服从具有下面统计特征的正态分布：

$$\begin{cases} \mu_{\sigma_d} = \dfrac{1}{2}(1200 + 1600) = 1400(\text{MPa}) \\ \sigma_{\sigma_d} = \dfrac{1}{6}(1600 - 1200) = 66.67(\text{MPa}) \end{cases}$$

第三节　随机变量进行数学运算的常用方法

设有一个含有多个随机变量的函数 $y=f(x_1, x_2, \cdots, x_n)$，若已知每个变量的均值 μ_i 和标准差 σ_i，则这个函数可综合为一个随机变量。其中，若每一随机变量的变异系数 $\nu=\sigma/\mu<0.10$，则可认为综合后的函数是正态分布。

一、矩法（Taylor 展开法）

1. 一维随机变量

设 $y=f(x)$，在 $x=\mu$ 处展开，得到 Taylor 级数：

$$y = f(x) = f(\mu) + (x - \mu)f'(\mu) + \frac{(x - \mu)^2}{2!}f''(\mu) + R$$

取数学期望，略去 $E(R)$，有：

$$E(y) = E[f(x)] \approx E[f(\mu)] + E[(x - \mu)f'(\mu)] + E\left[\frac{(x - \mu)^2}{2!}f''(\mu)\right]$$

根据方差定义，有：　$V(x) = [\sigma(x)]^2 = E[(x - \mu)^2]$

所以：

$$E(y)=E[f(x)]\approx f(\mu)+E[x]f'(\mu)-\mu f'(\mu)+\frac{f''(\mu)}{2}E[(x-\mu)^2]$$

$$=f(\mu)+E[x]f'(\mu)-\mu f'(\mu)+\frac{f''(\mu)}{2}V(x)$$

$$=f(\mu)+\frac{f''(\mu)}{2}V(x)$$

若 $V(x)$ 很小，则可以忽略第二项，得：

$$E(y)=E[f(x)]\approx f(\mu)$$

对函数 y 取方差，得：

$$V(y)=V[f(x)]=V[f(\mu)]+V[(x-\mu)f'(\mu)]+V(R_1)$$

$$\approx 0+V(x-\mu)[f'(\mu)]^2$$

$$=[V(x)-V(\mu)][f'(\mu)]^2$$

$$=[f'(\mu)]^2V(x)$$

$$=[f'(\mu)]^2\sigma_x^2$$

例 8-1 已知一球体半径的均值 $\bar{r}=10\text{mm}$，标准差 $\sigma_r=0.5\text{mm}$，求球体体积的均值和标准差。

解：

$$A_{球}=\frac{4}{3}\pi r^3=f(r),\ f'(r)=4\pi r^2,\ f''(r)=8\pi r$$

$$f(\bar{r})=\frac{4}{3}\pi\bar{r}^3,\ f'(\bar{r})=4\pi\bar{r}^2,\ f''(\bar{r})=8\pi\bar{r}$$

因此：

$$E(A)=\bar{A}=f(\bar{r})+\frac{1}{2}f''(\bar{r})\cdot\sigma_r^2$$

$$=\frac{4}{3}\pi(10)^3+\frac{1}{2}(8\pi\times 10)\times 0.5^2=4220(\text{mm}^3)$$

$$V(y)=\sigma_A^2=(4\pi\bar{r}^2)^2\sigma_r^2=(4\pi\times 10^2)^2\times 0.5^2=394784$$

所以：
$$\sigma_A=\sqrt{V(y)}=\sqrt{394784}=630(\text{mm}^3)$$

2. 多维随机变量

设函数 $y=f(x_1,x_2,\cdots,x_n)$，将其在 $x_1=\mu_1$，$x_2=\mu_2$，…，$x_n=\mu_n$ 处展开：

$$y=f(x_1,x_2,\cdots,x_n)$$

$$=f(\mu_1,\mu_2,\cdots,\mu_n)+\sum_{i=1}^{n}f'_{x_i}(\mu_1,\mu_2,\cdots,\mu_n)(x_i-\mu_i)$$

$$+\frac{1}{2}\sum_{i=1}^{n}\sum_{j=1}^{n}f''_{x_ix_j}(\mu_1,\mu_2,\cdots,\mu_n)(x_i-\mu_i)(x_j-\mu_j)+R$$

若 x_1，x_2，…，x_n 相互独立，略去余项 R，则数学期望为：

$$E(y)=f(\mu_1,\mu_2,\cdots,\mu_n)+\frac{1}{2}\sum_{i=1}^{n}f''_{x_ix_i}(\mu_1,\mu_2,\cdots,\mu_n)V(x_i)$$

若各 $V(x_i)$ 的值很小，则函数的均值为：

$$E(y)\approx f(\mu_1,\ \mu_2,\ \cdots,\ \mu_n)=f[E(x_1),\ E(x_2),\ \cdots,\ E(x_n)]$$

函数的方差为：

$$V(y)\approx V[f(\mu_1,\ \mu_2,\ \cdots,\ \mu_n)]+V[\sum_{i=1}^{n}f'_{x_i}(\mu_1,\ \mu_2,\ \cdots,\ \mu_n)(x_i-\mu_i)]$$

$$=\sum_{i=1}^{n}[f'_{x_i}(\mu_1,\ \mu_2,\ \cdots,\ \mu_n)]^2V(x_i)$$

$$=\sum_{i=1}^{n}[f'_{x_i}(\mu_1,\ \mu_2,\ \cdots,\ \mu_n)]^2\sigma_{x_i}^2$$

例 8-2　已知一圆柱体，其截面半径 r 的均值 $\bar{r}=10\text{cm}$，标准差 $\sigma_r=0.08\text{cm}$，柱体长度 l 的均值 $\bar{l}=80\text{cm}$，标准差 $\sigma_l=2\text{cm}$；材料密度为 $\rho=7.8\text{g/cm}^3$，求圆柱体质量的均值和标准差。

解：圆柱体质量：　　$G=7.8\pi r^2 l$

质量均值：　　$\bar{G}=7.8\pi\bar{r}^2\bar{l}=7.8\pi\times10^2\times80=195.936(\text{kg})$

分别对 r、l 求函数 G 的偏导数，有：

$$\frac{\partial}{\partial r}G(\bar{r},\ \bar{l})=15.6\pi\bar{r}\bar{l}\qquad\frac{\partial}{\partial l}G(\bar{r},\ \bar{l})=7.8\pi\bar{r}^2$$

质量的标准差：$\sigma_G=\sqrt{V(G)}=\sqrt{(15.6\pi\bar{r}\bar{l})^2\sigma_r^2+(7.8\pi\bar{r}^2)^2\sigma_l^2}=5.815(\text{kg})$

二、变异系数法

变异系数为随机变量均方差 σ 与均值 μ 的比值，可用 ν 表示，$\nu=\dfrac{\sigma}{\mu}$。

对于单项式，函数式为：

$$y=f(x_1,\ x_2,\ \cdots,\ x_n)=a\prod_{i=1}^{n}x_i^{m_i}$$

那么，函数的均值为：

$$E(y)=\bar{y}=a\prod_{i=1}^{n}\bar{x}_i^{m_i}$$

如果 x_1，x_2，$\cdots$，x_n 互相独立，设 $x'_i=x_i^{m_i}$，则 $y=a\prod_{i=1}^{n}x'_i$。可推导得：

$$\nu_y=\frac{\sigma_y}{\bar{y}}=\sqrt{\sum\nu'^{\,2}_{x_i}}$$

其中：

$$\nu'_{x_i}=\frac{\sigma'_{x_i}}{\bar{x}'_{x_i}}=m_i\nu_{x_i}$$

则函数的变异系数为：　　$\nu_y=(\sum_{i=1}^{n}m_i^2\nu_{x_i}^2)^{1/2}$

函数的标准差：　　$\sigma_y=\mu_y\nu_y$

例 8-3　用变异系数法计算例 8-2 中圆柱体质量的均值和标准差。

解：圆柱体的质量：　　$G=7.8\pi r^2 l$

求各随机变量的变异系数：

$$\nu_r=\frac{\sigma_r}{\mu_r}=\frac{0.08}{10}=0.008,\qquad \nu_l=\frac{\sigma_l}{\mu_l}=\frac{2}{80}=0.025$$

圆柱体质量均值：

$$E(G)=\bar{G}=7.8\pi\bar{r}^2\bar{l}=7.8\times3.14\times10^2\times80=195.936(\text{kg})$$

圆柱体质量变异系数：

$$\nu_G=(2^2\nu_r^2+\nu_l^2)^{1/2}=(4\times0.008^2+0.025^2)^{1/2}=0.0297$$

质量的标准差：

$$\sigma_G=\nu_G\bar{G}=0.0297\times195.936=5.819(\text{kg})$$

三、代数法

设有一个含多个随机变量的函数 $y=f(x_1, x_2, \cdots, x_n)$，已知每个随机变量的均值 μ_i 和标准差 σ_i，用总结出的二元函数综合计算公式可以计算函数的均值 μ_y 和标准差 σ_y。这种方法是首先综合变量 $f(x_1)$ 和 $f(x_2)$，确定二者合成后的变量 $f(x_{1,2})$ 的均值 $\mu_{1,2}$ 和标准差 $\sigma_{1,2}$；再合成 $f(x_{1,2})$ 和 $f(x_3)$，求出 $f(x_{1,2,3})$ 的均值 $\mu_{1,2,3}$ 和标准差 $\sigma_{1,2,3}$，以此类推，直到全部变量都被综合进去。表 8-2 给出了正态分布随机变量二元综合计算公式。

表 8-2　正态分布随机变量二元综合计算公式

序号	函数式	均值 μ_Z	标准差 σ_Z
1	$Z=ax$	$a\mu_x$	$a\sigma_x$
2	$Z=a\pm x$	$a\pm\mu_x$	σ_x
3	$Z=x\pm y$	$\mu_x\pm\mu_y$	$\sqrt{\sigma_x^2+\sigma_y^2+2\rho\sigma_x\sigma_y}$　ρ 为相关系数
4	$Z=xy$	$\mu_x\mu_y\pm\rho\sigma_x\sigma_y$	$\sqrt{\mu_x^2\sigma_y^2+\mu_y^2\sigma_x^2+2\rho\mu_x\mu_y\sigma_x\sigma_y}$
5	$Z=\frac{x}{y}$	$\frac{\mu_x}{\mu_y(1+\nu_y{}^2)}$	$\frac{\sqrt{\mu_x^2\sigma_y^2+\mu_y^2\sigma_x^2}}{\mu_y^2}$
6	$Z=x^m$	μ_x^m	$\lvert m\rvert\mu_x^{m-1}\sigma_x$

例 8-4　一轴只受弯矩作用，目标寿命 5×10^9 次，已知 $\bar{\sigma}'_{-1}=550\text{MPa}$，$\sigma_{\sigma'_{-1}}=44\text{MPa}$，如果只考虑尺寸系数 ε，表面质量系数 β 和疲劳应力集中系数 k_f 的影响，并假设它们都服从正态分布，其分布参数为：$\bar{\varepsilon}=0.85$，$\sigma_\varepsilon=0.09$，$\bar{\beta}=0.80$，$\sigma_\beta=0.04$，$\bar{k}_f=1.30$，$\sigma_{k_f}=0.05$，试确定该轴的强度分布。

解：强度 $(\bar{\sigma}_{-1}, \sigma_{\sigma_{-1}})=(\bar{\sigma}'_{-1}, \sigma_{\sigma'_{-1}})\dfrac{(\bar{\varepsilon}, \sigma_\varepsilon)(\bar{\beta}, \sigma_\beta)}{(\bar{k}_f, \sigma_{k_f})}$

首先，综合 ε 和 β 两个系数：

$$\overline{\varepsilon\beta}=\bar{\varepsilon}\bar{\beta}=0.85\times0.80=0.68$$

$$\sigma_{\varepsilon\beta}=(\bar{\varepsilon}^2\sigma_\beta^2+\bar{\beta}^2\sigma_\varepsilon^2)^{\frac{1}{2}}=(0.85^2\times0.04^2+0.80^2\times0.09^2)^{1/2}=0.0796$$

其次，综合 $\varepsilon\beta$ 和 σ_{-1}'：

$$\overline{\sigma'_{-1}\varepsilon\beta} = \overline{\sigma}'_{-1} \times \overline{\varepsilon\beta} = 550 \times 0.68 = 374(\text{MPa})$$

$$\sigma_{\sigma'_{-1}\varepsilon\beta} = [(\overline{\sigma}'_{-1})^2(\sigma_{\varepsilon\beta})^2 + (\overline{\varepsilon\beta})^2(\sigma_{\sigma'_{-1}})^2]^{\frac{1}{2}}$$

$$= (550^2 \times 0.0797^2 + 0.68^2 \times 44^2)^{\frac{1}{2}} = 53(\text{MPa})$$

最后，综合 σ_{-1}' $\varepsilon\beta$ 和 kf：

$$\overline{\sigma}_{-1} = \overline{\left(\frac{\sigma'_{-1}\varepsilon\beta}{k_f}\right)} = \frac{\overline{\sigma'_{-1}\varepsilon\beta}}{\overline{k}_f}(1 + \nu_{k_f}^2) = 374/1.30[1 + \left(\frac{0.05}{1.3}\right)^2] = 288(\text{MPa})$$

$$\sigma_{\sigma_{-1}} = \frac{1}{\overline{k}_f^{\,2}}\sqrt{(\overline{\sigma'_{-1}\varepsilon\beta})^2(\sigma_{kf})^2 + (\overline{k}_f)^2(\sigma_{\sigma'_{-1}\varepsilon\beta})^2}$$

$$= \frac{1}{1.3^2}\sqrt{374^2 \times 0.05^2 + 1.3^2 \times 53^2} = 42(\text{MPa})$$

轴的强度分布是 S（288，42）MPa。

对这三种方法比较：代数法主要适用于自变量少、函数关系简单的情况；变异系数法适用于多自变量，且不存在加减运算关系的函数式；矩法适用于进行各种情况的计算。

第四节　机械零件的可靠度计算

一、强度、应力均为正态分布时的可靠度计算

设应力和强度都服从正态分布，则有：

$$f(S) = \frac{1}{\sigma_S\sqrt{2\pi}}e^{-\frac{1}{2}\left(\frac{S-\overline{S}}{\sigma_S}\right)^2}$$

$$f(\delta) = \frac{1}{\sigma_\delta\sqrt{2\pi}}e^{-\frac{1}{2}\left(\frac{\delta-\overline{\delta}}{\sigma_\delta}\right)^2}$$

令 $y=S-\delta$，则 y 也是正态分布的随机变量，其均值和标准差为：

$$\mu_y = \overline{y} = \overline{S} - \overline{\delta} \qquad \sigma_y = \sqrt{\sigma_S^2 + \sigma_\delta^2}$$

零件的可靠度为：

$$R = P[(S - \delta) > 0] = P(y > 0) = \int_0^\infty \frac{1}{\sigma_y\sqrt{2\pi}}e^{-\frac{1}{2}\left(\frac{y-\overline{y}}{\sigma_y}\right)^2}dy$$

将上式标准化，令 $Z = (y - \overline{y})/\sigma_y$，则 $dy = \sigma_y dZ$

当 $y=0$ 时，Z 的下限为：$Z = \dfrac{0 - \overline{y}}{\sigma_y} = -\dfrac{\overline{S} - \overline{\delta}}{\sqrt{\sigma_S^2 + \sigma_\delta^2}}$

当 $y=+\infty$ 时，Z 的上限也是$+\infty$。所以，得到可靠度的标准形式：

$$R(t) = \frac{1}{\sqrt{2\pi}}\int_Z^\infty e^{-\frac{Z^2}{2}}dZ = \int_Z^\infty f(Z)dZ$$

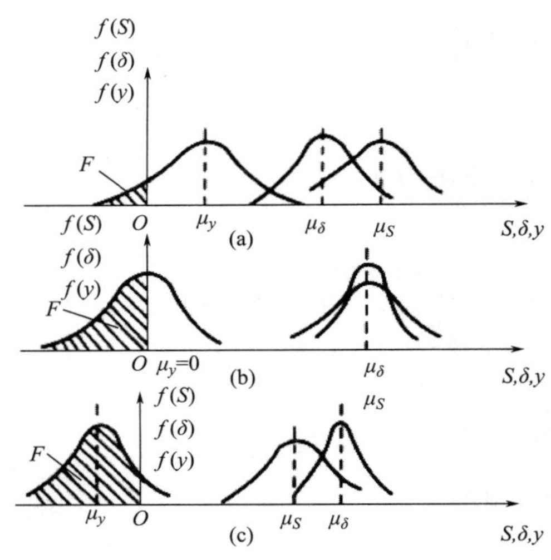

图 8-3　应力与强度之间的 3 种关系

图 8-3 给出了应力与强度之间的 3 种关系。

如图 8-3（a）所示，$\mu_S > \mu_\delta$，$R > 50\%$，表明强度均值大于应力均值，仍有可能失效；如图 8-3（b）所示，$\mu_S = \mu_\delta$，$R = 50\%$；如图 8-3（c）所示，$\mu_S < \mu_\delta$，$R < 50\%$，表明强度均值小于应力均值，零件仍有一定可靠度。

例 8-5　某小车式起落架有 4 个机轮，4 个轮子全坏时，才认为该起落架出现机轮系统故障。起落架装有载荷平衡系统，不管剩下几个轮子，在轮子之间的载荷总是平均分配的。设每个轮子的强度均值及标准差分别为：$\mu_S = 1$，$\sigma_S = 0.2$；机轮系统的总载荷的均值和标准差为：$\mu_\delta = 2$，$\sigma_\delta = 0.2$；强度和外载服从正态分布，且相互独立。求某一破坏顺序时机轮系统的破坏概率。

解：4 个轮子都发生故障，以前 3 个轮子发生故障的概率为前提。所以，第 4 个轮子的故障概率应按照条件概率来计算：

$$P_{f\delta} = P_f(1)P_f(2 \mid 1)P_f(3 \mid 1,\ 2)P_f(4 \mid 1,\ 2,\ 3)$$

式中，$P_f(k \mid i,\ j)$ 代表第 i，j 个轮子坏了之后，第 k 个轮子坏的概率；$P_{f\delta}$ 代表机轮系统的破坏概率。

（1）首先计算第 1 个机轮破坏的概率。

4 个机轮均匀受力时，单个机轮外载的均值和标准差为：

$$\mu_{\delta 1} = \frac{\mu_\delta}{4} = \frac{2}{4}, \qquad \sigma_{\delta 1} = \frac{\sigma_\delta}{4} = \frac{0.2}{4}$$

联结系数为：

$$Z_1 = -\frac{\mu_S - \dfrac{\mu_\delta}{4}}{\sqrt{\sigma_S^2 + \left(\dfrac{\sigma_\delta}{4}\right)^2}} = -\frac{1 - \dfrac{2}{4}}{\sqrt{0.2^2 + \left(\dfrac{0.2}{4}\right)^2}} = -2.43$$

第 1 个机轮破坏的概率为：

$$P_f(1) = F_1 = 1 - R(Z_1) = 1 - R(-2.43) = 1 - 0.99245 = 0.0755$$

（2）第 2 个机轮发生破坏的概率（条件概率）。

只剩 3 个轮子均匀受力时，单个机轮外载的均值和标准差为：

$$\mu_{\delta 2} = \frac{\mu_\delta}{3} = \frac{2}{3}, \qquad \sigma_{\delta 2} = \frac{\sigma_\delta}{3} = \frac{0.2}{3}$$

第 2 个机轮破坏的概率为：

$$P_f(2 \mid 1) = F_2 = 1 - R(Z_2) = 1 - R\left[-\frac{\mu_S - \dfrac{\mu_\delta}{3}}{\sqrt{\sigma_S^2 + \left(\dfrac{\sigma_\delta}{3}\right)^2}}\right]$$

$$= 1 - R\left[-\frac{1 - \frac{2}{3}}{\sqrt{0.2^2 + \left(\frac{0.2}{3}\right)^2}} \right] = 1 - R(-1.58) = 1 - 0.94295 = 0.0571$$

（3）第 3 个机轮发生破坏的概率（条件概率）。

只剩 2 个轮子均匀受力时，单个机轮外载的均值和标准差为：

$$\mu_{\delta 3} = \frac{\mu_\delta}{2} = \frac{2}{2}, \quad \sigma_{\delta 3} = \frac{\sigma_\delta}{2} = \frac{0.2}{2}$$

第 3 个机轮破坏的概率为：

$$P_f(3 \mid 1, 2) = F_3 = 1 - R(Z_3) = 1 - R\left[-\frac{\mu_S - \frac{\mu_\delta}{2}}{\sqrt{\sigma_S^2 + \left(\frac{\sigma_\delta}{2}\right)^2}} \right]$$

$$= 1 - R\left[-\frac{1 - \frac{2}{2}}{\sqrt{0.2^2 + \left(\frac{0.2}{2}\right)^2}} \right] = 1 - R(0) = 1 - 0.5 = 0.5$$

（4）第 4 个机轮发生破坏的概率（条件概率）。

只剩 1 个轮子均匀受力时，单个机轮外载的均值和标准差为：

$$\mu_{\delta 4} = \frac{\mu_\delta}{1} = \frac{2}{1}, \quad \sigma_{\delta 4} = \frac{\sigma_\delta}{1} = \frac{0.2}{1}$$

第 4 个机轮破坏的概率为：

$$P_f(4 \mid 1, 2, 3) = F_4 = 1 - R(Z_4) = 1 - R\left[-\frac{\mu_S - \frac{\mu_\delta}{1}}{\sqrt{\sigma_S^2 + \left(\frac{\sigma_\delta}{1}\right)^2}} \right]$$

$$= 1 - R\left[-\frac{1 - \frac{2}{1}}{\sqrt{0.2^2 + \left(\frac{0.2}{1}\right)^2}} \right] = 1 - R(3.54) = 1 - [1 - R(-3.54)]$$

$$= R(-3.54) = 0.9998$$

（5）机轮系统破坏的概率。

$$P_{f\delta} = P_f(1) P_f(2 \mid 1) P_f(3 \mid 1, 2) P_f(4 \mid 1, 2, 3)$$

$$= 0.00755 \times 0.0571 \times 0.5 \times 0.9998 = 0.000216$$

说明：当联结系数 Z 为负数时，其可靠度为 $1-R(|Z|)$，$R(|Z|)$ 为 Z 的绝对值所对应的可靠度。

例 8-6 某机械零件，其强度和应力均服从正态分布，强度 $S \sim N(180, 22.5)$，应力 $\delta \sim N(130, 13)$，单位 $\mathrm{N/mm^2}$，试计算该零件的可靠度。若设法控制强度的标准差，使 σ_S

由 22.5N/mm² 降为 14N/mm²，求此时的可靠度。

解：联结系数为 $$Z=-\frac{\mu_S-\mu_\delta}{\sqrt{\sigma_S^2+\sigma_\delta^2}}=-\frac{180-130}{\sqrt{22.5^2+13^2}}=-1.924$$

可靠度： $$R(Z)=R(-1.924)=0.9728$$

当 σ_S 降为 14N/mm² 时，联结系数为：

$$Z=-\frac{\mu_S-\mu_\delta}{\sqrt{\sigma_S^2+\sigma_\delta^2}}=-\frac{180-130}{\sqrt{14^2+13^2}}=-2.618$$

可靠度为： $$R(Z)=R(-2.618)=0.9956$$

二、强度、应力均为对数正态分布时的可靠度计算

当应力 δ 和强度 S 都服从对数正态分布时，令 $S'=\ln S$，$\delta'=\ln\delta$，$y'=S'-\delta'$，则有：

应力分布为： $$N(\bar{\delta}',\ \sigma_{\delta'})=N(\overline{\ln\delta},\ \sigma_{\ln\delta})$$

强度分布为： $$N(\bar{S}',\ \sigma_{S'})=N(\overline{\ln S},\ \sigma_{\ln S})$$

联结方程为： $$Z=-\frac{\bar{S}'-\bar{\delta}'}{\sqrt{\sigma_{S'}^2+\sigma_{\delta'}^2}}=-\frac{\overline{\ln S}-\overline{\ln\delta}}{\sqrt{\sigma_{\ln S}^2+\sigma_{\ln\delta}^2}}$$

例 8-7 某零件的强度 S 和应力 δ 呈对数正态分布，其参数为：$\ln S\sim N(100,\ 10)$，$\ln\delta\sim N(60,\ 20)$，单位是 MPa，试计算该零件的可靠度。若要将可靠度提高到 $R=0.995$ 以上，对应力的分散性有何要求。

解：因此处强度 S 和应力 δ 都呈对数分布，故可用联结方程式求联结系数，有：

$$Z=-\frac{\overline{\ln S}-\overline{\ln\delta}}{\sqrt{\sigma_{\ln S}^2+\sigma_{\ln\delta}^2}}=-\frac{100-60}{\sqrt{10^2+20^2}}=-1.79$$

零件的可靠度： $$R(Z)=R(-1.79)=0.96327=96.327\%$$

若将 R 提高到 0.995，查正态分布表可得 $Z=-2.576$

由 $$Z=-\frac{\overline{\ln S}-\overline{\ln\delta}}{\sqrt{\sigma_{\ln S}^2+\sigma_{\ln\delta}^2}}\Rightarrow\sigma_{\ln S}=15(\text{MPa})$$

三、给定寿命条件时的可靠度计算

对于处于工作状态下的零件，其强度不是一成不变的，而是随着工作时间的增加而降低；另外，对同一试件，在不同的应力幅水平下，试件的失效循环次数的分布区间也不会相同，其随着应力水平的降低而沿坐标轴平移。

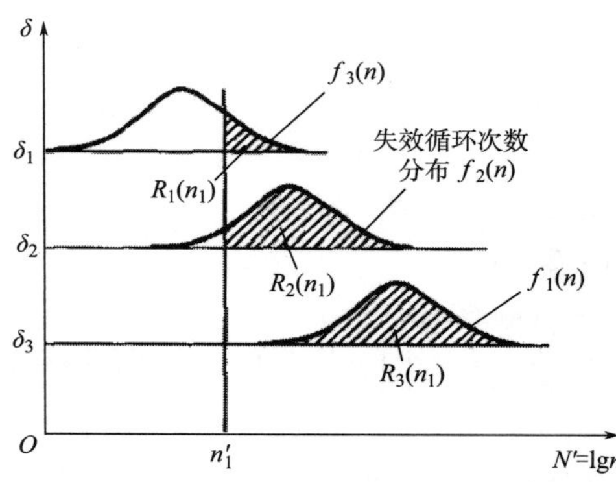

图 8-4 不同应力水平下的失效循环次数分布

图 8-4 给出了不同应力水平下的失效循环次数分布，通常零件的工作循环次数呈对数正态分布。

1. 指定工作循环次数

已知失效循环次数分布，求指定工作循环次

数（规定的寿命要求）时的可靠度计算。失效循环次数可以理解为强度，工作循环次数可以理解为应力。这时工作循环次数 n_1 的可靠度为：

$$R(n_1)=\int_{n_1}^{+\infty}f(N)\mathrm{d}N=\int_{n_1'}^{+\infty}f(N')\mathrm{d}N'=\int_{Z_1}^{+\infty}f(Z)\mathrm{d}Z$$

式中，n_1 为工作循环次数；n_1' 为工作循环次数的对数，$n_1'=\lg n_1$。

$$Z_1=-\frac{\overline{N'}-n_1'}{\sigma_{N'}}=-\frac{\lg N-\lg n_1}{\sigma_{\lg N}}$$

式中，Z_1 为失效循环次数分布曲线标准化后，点 n_1' 相应的转化点，如 Z_1 为点 n_1' 的转化点。N 为失效循环次数；N' 为失效循环次数的对数。

例 8-8　铝轴在应力水平 $\delta=172\text{MPa}$ 下工作，其失效循环次数为对数正态分布，见表 8-3，该轴已运行了 5×10^5 转，试求其可靠度；如在同一应力水平下再运转 10^5 转，则其可靠度又是多大？

表 8-3　铝轴失效循环次数分布的特征值

应力水平/MPa	试件数	失效循环次数对数的均值	失效循环次数对数的标准差
138	8	6. 435	0. 124
172	14	5. 827	0. 124
207	20	5. 423	0. 089
241	17	5. 069	0. 048
…	…	…	…

解：（1）$n_1=5\times10^5$ 转，$n_1'=\lg n_1=\lg(5\times10^5)=5.699$

查表：$\delta=172\text{MPa}$ 时，$\overline{N'}=5.827$，$\sigma_{N'}=0.124$

因此，
$$Z_1=-\frac{\overline{N'}-n_1'}{\sigma_{N'}}=-\frac{5.827-5.699}{0.124}=-1.032$$

可靠度为：$R(n_1)=\int_{-1.032}^{\infty}f(Z)\mathrm{d}Z=0.8485$

（2）当铝轴再运转 10^5转时，$n_1+n=(5\times10^5+10^5)=6\times10^5$

$$(n_1+n)'=\lg(n_1+n)=\lg(6\times10^5)=5.778$$

$$Z_1=-\frac{5.827-5.778}{0.124}=-0.395$$

可靠度为：
$$R(n_1+n)=\int_{-0.395}^{\infty}f(Z)\mathrm{d}Z=0.6535$$

2. 应力幅最大

已知在规定寿命下的强度分布，求设定最大应力幅下的可靠度计算。

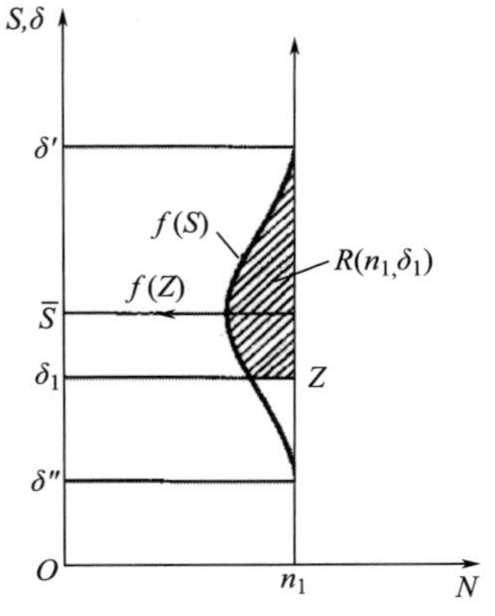

图 8-5　在给定最大应力幅时的可靠度

如图 8-5 所示，零件承受的应力幅 δ'超过强度分布区间最大值，可靠度为 0；小于强度分布区间最小值 δ''，则可靠度为 100%；如为强度分布区间中的某一定值 δ_1，则相应可靠度为阴影部分面积。

$$R(t)=P(S>\delta_1)=\int_{\delta_1}^{+\infty}f(S)\,\mathrm{d}S=\int_{Z}^{+\infty}f(Z)\,\mathrm{d}Z$$

$$Z=-\frac{\bar{S}-\delta}{\sigma_S}$$

例 8-9 若钢轴的最大应力幅为一常数 $\delta_1=470\text{MPa}$，其强度分布数据见表 8-4，要求钢轴运转 2×10^5 转，试计算此轴的可靠度。

表 8-4 钢轴试件的强度分布特征

工作寿命/lg$n$	强度分布均值/MPa	强度分布标准差/MPa
5.00	546	13.8
5.10	530	14.4
5.20	514	14.8
5.30	499	15.0

解： $n_1=2\times10^5$，$n_1'=\lg n_1=\lg(2\times10^5)=5.3$

查表得：$\bar{S}=499$，$\sigma_S=15.0$

$$Z=-\frac{499-470}{15}=-1.93$$

$$R(t)=\int_{-1.93}^{+\infty}f(Z)\,\mathrm{d}Z=0.9732$$

四、强度、应力均为指数分布时的可靠度计算

强度、应力均为指数分布
$$\begin{cases}f(S)=\lambda_S e^{-\lambda_S S} & (0\leqslant S\leqslant\infty)\\ f(\delta)=\lambda_\delta e^{-\lambda_\delta\delta} & (0\leqslant\delta\leqslant\infty)\end{cases}$$

可靠度有：

$$\begin{aligned}R=P(S>\delta)&=\int_0^{\infty}f(\delta)\left[\int_{\delta}^{\infty}f(S)\,\mathrm{d}S\right]\mathrm{d}\delta\\&=\int_0^{\infty}\lambda_\delta e^{-\lambda_\delta\delta}\left[e^{-\lambda_S\delta}\right]\mathrm{d}\delta=\int_0^{\infty}\lambda_\delta e^{-(\lambda_\delta+\lambda_S)\delta}\mathrm{d}\delta\\&=\frac{\lambda_\delta}{\lambda_S+\lambda_\delta}\end{aligned}$$

指数分布有：$\mu_S=\bar{S}=\dfrac{1}{\lambda_S}$，$\mu_\delta=\bar{\delta}=\dfrac{1}{\lambda_\delta}$

因此，可靠度：$R=\bar{S}/(\bar{S}+\bar{\delta})$

例 8-10 某零件的强度呈指数分布，均值为 $\bar{S}=3300\text{MPa}$，工作中受到的应力也呈指数分布，均值为 $\bar{\delta}=2000\text{MPa}$，求该零件的可靠度。

解：

$$R = \bar{S}/(\bar{S} + \bar{\delta})$$
$$= \frac{3300}{3300 + 2000} = 0.623$$

五、强度为正态（指数）分布，应力为指数（正态）分布时的可靠度计算

1. 强度为正态分布、应力为指数分布时的概率密度函数

$$\begin{cases} f(S) = \dfrac{1}{\sigma_S\sqrt{2\pi}} e^{-\frac{1}{2}\left(\frac{S-\bar{S}}{\sigma_S}\right)^2} & (-\infty < S < +\infty) \\ f(\delta) = \lambda_\delta e^{-\lambda_\delta \delta} & (0 \leqslant \delta) \end{cases}$$

可靠度： $$R = 1 - \Phi\left(-\frac{\bar{S}}{\sigma_S}\right) - \left[1 - \Phi\left(-\frac{\bar{S} - \lambda_\delta \sigma_S^2}{\sigma_S}\right)\right] e^{-\frac{1}{2}(2\bar{S}\lambda_\delta - \lambda_\delta^2 \sigma_S^2)}$$

2. 强度为指数分布、应力为正态分布时的概率密度函数

$$\begin{cases} f(S) = \lambda_S e^{-\lambda_S S} & (0 \leqslant S) \\ f(\delta) = \dfrac{1}{\sigma_\delta\sqrt{2\pi}} e^{-\frac{1}{2}\left(\frac{\delta-\bar{\delta}}{\sigma_\delta}\right)^2} & (-\infty < \delta < +\infty) \end{cases}$$

可靠度为： $$R = \left[1 - \Phi\left(-\frac{\bar{\delta} - \lambda_S \sigma_\delta^2}{\sigma_\delta}\right)\right] e^{-\frac{1}{2}(2\bar{\delta}\lambda_S - \lambda_S^2 \sigma_\delta^2)}$$

上述公式虽然复杂，但只包括 3 个变量，它们是正态分布的均值 μ 和标准差 σ，以及指数分布的均值 $\mu(\mu = 1/\lambda)$。

例 8-11　某零件在工作中，强度呈正态分布为 N（2100，168）MPa；作用于零件上的应力呈指数分布，均值为 $\bar{\delta} = 1000\text{MPa}$，求该零件的可靠度。

解：指数分布有： $$\lambda_\delta = \frac{1}{\bar{\delta}} = 10^{-3}$$

应用可靠度公式，有：

$$R = 1 - \Phi\left(-\frac{\bar{S}}{\sigma_S}\right) - \left[1 - \Phi\left(-\frac{\bar{S} - \lambda_\delta \sigma_S^2}{\sigma_S}\right)\right] e^{-\frac{1}{2}(2\bar{S}\lambda_\delta - \lambda_\delta^2 \sigma_S^2)}$$

$$R = 1 - \Phi\left(-\frac{2100}{168}\right) - \left[1 - \Phi\left(-\frac{2100 - 10^{-3} \times 168^2}{168}\right)\right] e^{-\frac{1}{2}(2\times2100\times10^{-3} - 10^{-6}\times168^2)}$$
$$= 1 - \Phi(-12.5) - [1 - \Phi(-12.332)] e^{-2.086}$$
$$= 1 - 0.1242$$
$$= 0.8758$$

第五节　可靠度与安全系数的关系

安全系数指强度与应力之比（$n = S/\delta$）。实际上强度与应力呈分布状态，因此，可靠度

系数也是一个分布函数。一个零件是否安全，不仅要看安全系数的均值，还要看它的离散程度。

强度与应力呈正态分布时，

安全系数的均值为：
$$\bar{n}=\frac{\bar{S}}{\bar{\delta}}(1+\nu_\delta^2)\approx\frac{\bar{S}}{\bar{\delta}}$$

标准差为：
$$\sigma_n=\frac{1}{\bar{\delta}^2}(\bar{S}^2\sigma_\delta^2+\bar{\delta}^2\sigma_S^2)^{1/2}$$

联结方程为：

$$Z=-\frac{\bar{S}-\bar{\delta}}{\sqrt{\sigma_S^2+\sigma_\delta^2}}=-\frac{\frac{\bar{S}}{\bar{\delta}}-1}{\sqrt{\frac{\sigma_S^2}{\bar{\delta}^2}+\frac{\sigma_\delta^2}{\bar{\delta}^2}}}=-\frac{\bar{n}-1}{\sqrt{\bar{n}^2\nu_S^2+\nu_\delta^2}}$$

式中，ν_S为强度分布的变异系数，一般取为0.04~0.08；ν_δ为应力分布的变异系数，由零件的构造、加工和具体条件确定，一般取为百分之几或更高。

整理得到：
$$\bar{n}=\frac{1+[1-(Z^2\nu_S^2-1)(Z^2\nu_\delta^2-1)]^{1/2}}{1-Z^2\nu_S^2}$$

或：
$$\bar{n}=\frac{\bar{S}}{\bar{S}+Z(\sigma_S^2+\sigma_\delta^2)^{1/2}}$$

例8-12 已知零件的疲劳强度分布为 $\bar{S}=235\text{MPa}$，$\sigma_S=26.5\text{MPa}$ 应力分布为 $\bar{\delta}=137\text{MPa}$，$\sigma_\delta=17.6\text{MPa}$。试求目标可靠度 $R(t)=0.999$ 时的安全系数。

解：与可靠度 $R(t)=0.999$ 对应的联结系数 $Z=-3.09$。

安全系数是：

$$\bar{n}=\frac{\bar{S}}{\bar{S}+Z(\sigma_S^2+\sigma_\delta^2)^{1/2}}$$
$$=\frac{235}{235-3.09\times(26.5^2+17.6^2)^{\frac{1}{2}}}=1.719$$

安全系数的标准差：

$$\sigma_n=\frac{1}{\bar{\delta}^2}(\bar{S}^2\sigma_\delta^2+\bar{\delta}^2\sigma_S^2)^{1/2}$$
$$=\frac{1}{137^2}(235^2\times17.6^2+137^2\times26.5^2)^{1/2}=0.293$$

习题

1. 载荷 F 作用在拉杆上，已知其均值和标准差分别为 $\bar{F}=1200\text{N}$，$\sigma_F=100\text{N}$；拉杆剖面积的均值 $\bar{A}=6.0\text{cm}^2$，$\sigma_A=0.5\text{cm}^2$，试求拉应力 δ 的均值和标准差。

2. 某零件的设计寿命为 5×10^6 次，其实验室试件的强度值为 $\bar{\sigma}'_{-1}=551.4\text{MPa}$，$\sigma'_{-1}=44.1\text{MPa}$，若仅考虑尺寸修正系数 ε、表面质量系数 β 的影响，且均为正态分布，其中，$\bar{\varepsilon}=0.70$，$\sigma_{\varepsilon}=0.05$，$\bar{\beta}=0.85$，$\sigma_{\beta}=0.09$，试分别用代数法、矩法确定该零件的强度分布。

3. 某受拉构件的强度和应力均服从正态分布，强度参数为 $\bar{S}=907200\text{N}$，$\sigma_S=136000\text{N}$；应力参数为 $\bar{\delta}=544300\text{N}$，$\sigma_{\delta}=113400\text{N}$，求其可靠度；如欲让其可靠度为99%，问其能承受多大应力（设应力的变异系数为 $\nu=0.2$）。

第九章　典型机械零件的可靠性设计

机械零件是组成机构和机器的最基本单元，机械系统的可靠性取决于全部组成零件的可靠性和它们的组成方式。本章从最典型的几种零件入手，详细介绍其可靠性的求解过程，该过程也可作为其他类型零件求解可靠性的参考方法。

第一节　螺栓联结的可靠性设计

螺栓联结的可靠性设计就是考虑螺栓承受载荷、材料强度和螺栓危险截面直径的概率分布，一般在给定目标可靠性和两个参数分布情况下，可求第三个参数分布；或者给定各参数分布求解螺栓联结的可靠度。

一、受拉松螺栓联结的可靠性设计

在松螺栓联结中，螺母不需要拧紧，螺栓不受预紧力，只受轴向的随机载荷，如图 9-1 所示。设拉力沿螺栓横截面均匀分布，失效模式为螺纹部分的塑性变形和断裂。

松螺栓在工作中仅受拉力 F，常规设计中的强度条件为：

$$\delta = \frac{4F}{\pi d_c^2} \leqslant [\delta]$$

式中，δ 为螺栓所受到拉应力（MPa）；d_c 为螺栓危险截面直径（mm）；$[\delta]$ 为螺栓材料的许用拉应力（MPa）；F 为螺栓所受轴向拉力（N）。

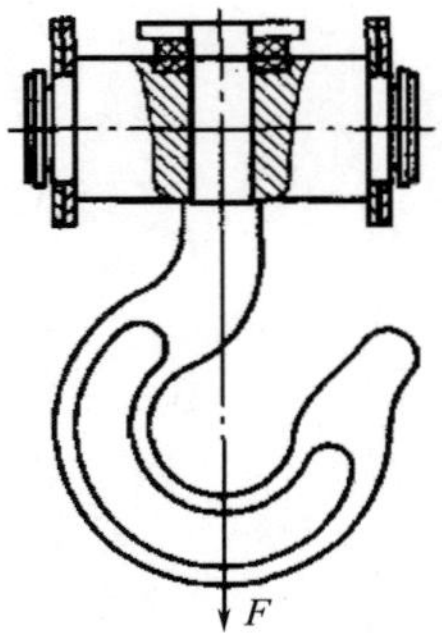

对于滚压螺纹：　　$d_c = d - 0.72t$

对于车制螺纹：　　$d_c = d_1$

式中，d 为公称直径；t 为螺距；d_1 为螺纹内径。

图 9-1　松螺栓联结

可靠性设计时，F、d_c 呈正态分布。在变异系数不大时，应力也呈正态分布。

拉应力均值为：

$$\bar{\delta} = \frac{4\bar{F}}{\pi \bar{d}_c^2}$$

应力标准差：

$$\sigma_\delta = \sqrt{\left(\frac{\partial \bar{\delta}}{\partial \bar{F}}\right)^2 \cdot \sigma_F^2 + \left(\frac{\partial \bar{\delta}}{\partial \bar{d}_c}\right)^2 \cdot \sigma_{dc}^2} = \frac{4\bar{F}}{\pi \bar{d}_c^2}\sqrt{\frac{4\sigma_{dc}^2}{\bar{d}_c^2} + \frac{\sigma_F^2}{\bar{F}^2}} = \bar{\delta}\sqrt{4\nu_{dc}^2 + \nu_F^2}$$

式中，ν_{dc} 为危险截面直径 d_c 的变异系数；ν_F 为载荷 F 的变异系数。

试验表明，螺栓强度分布规律近似呈正态分布，见表 9-1。

表 9-1 螺栓强度均值及变异系数的估计值

强度级别	强度极限			屈服极限			推荐材料
	最小值/MPa	均值/MPa	变异系数	最小值/MPa	均值/MPa	变异系数	
4.6	400	475	0.053	240	272.5	0.06	20
4.8				320	387.5	0.074	10
5.6	500	600	0.055	300	341.5	0.052	0.074
5.8				400	483.7	0.074	20，Q235
6.6	600	700	0.048	360	408.8	0.051	30，45，40Mn
6.9				540	580	0.074	
8.8	800	900	0.037	640	774.9	0.075	35，35Cr，45Mn
10.9	1000	1100	0.03	900	1008	0.077	40Mn2，40Cr
12.9	1200	1300	0.026	1080	1382	0.094	

例 9-1 一松联结螺栓 M12，不考虑螺栓的制造公差。螺栓材料为 Q235，车制。受拉力 $F=20\text{kN}$，载荷标准差为 $\sigma_F=0.2\bar{F}/3$，试求其可靠度。

解：（1）求螺栓应力的均值、标准差。

螺纹车制，危险截面直径 $d_c=d_1$。查手册 $d_1=10.106\text{mm}$。

$$\bar{\delta}=\frac{4\bar{F}}{\pi\bar{d}_c^2}=\frac{4\times20000}{\pi\times10.106^2}=249.334(\text{N/mm}^2)$$

拉力标准差 $\sigma_F=0.2\bar{F}/3=0.2\times20000/3=1333.33(\text{N/mm}^2)$

不考虑螺栓的制造公差，则 $\sigma_{d_c}=0$，应力标准差为：

$$\sigma_\delta=\frac{4\bar{F}}{\pi\bar{d}_c^2}\sqrt{\frac{4\sigma_{d_c}^2}{\bar{d}_c^2}+\frac{\sigma_F^2}{\bar{F}^2}}=249.334\times\sqrt{\frac{1333.33^2}{20000^2}}=16.622(\text{N/mm}^2)$$

（2）确定其强度均值及标准差。

选择 5.6 级强度螺栓，由螺栓材料 Q235，查表得：强度均值 $\bar{S}=341.5\text{N/mm}^2$，变异系数 $\nu_S=0.052$。

因此，强度标准差：$\sigma_S=\nu_S\cdot\bar{S}=0.052\times341.5=17.758(\text{N/mm}^2)$

（3）求可靠度。

可用联结方程 $Z=-\dfrac{\bar{S}-\bar{\delta}}{\sqrt{\sigma_S^2+\sigma_\delta^2}}=-\dfrac{341.5-249.334}{\sqrt{17.758^2+16.622^2}}=-3.789$

查正态分布表，得 $R=0.99992$。

例 9-2 设计一松螺栓联结，设作用于其上的静载荷 F 近似于正态分布，其均值 $F=(27000\pm5400)$ N，求可靠度 $R=0.995$ 时的螺栓直径 $\bar{d}_c$。

解：（1）计算工作应力的均值 $\bar{\delta}$ 和标准差 σ_δ。

设螺栓抗拉危险截面的直径均值为 $\bar{d}_c$，根据经验其容许偏差：$\pm\Delta d_c=\pm0.02\bar{d}_c$，由于尺寸偏差呈正态分布，按3倍标准差原则有：

$$\sigma_{d_c}=\frac{\Delta d_c}{3}=\frac{0.02\bar{d}_c}{3}=0.00667\bar{d}_c$$

同理，静载荷 F 的标准差为：$\sigma_F=\dfrac{\Delta F}{3}=\dfrac{5400}{3}=1800(\mathrm{N})$

因此，工作应力均值为：$\bar{\delta}=\dfrac{4\bar{F}}{\pi\bar{d}_c^2}=\dfrac{4\times 27000}{\pi\bar{d}_c^2}=\dfrac{34377.47}{\bar{d}_c^2}(\mathrm{N})$

应力标准差为：

$$\sigma_\delta=\bar{\delta}\sqrt{4\nu_{d_c}^2+\nu_F^2}=\frac{34377.470}{\bar{d}_c^2}\sqrt{\frac{4\times(0.00667\bar{d}_c)^2}{\bar{d}_c^2}+\frac{1800^2}{27000^2}}=\frac{2338.39}{\bar{d}_c^2}$$

（2）选择材料并确定其强度均值及标准差。

选择8.8级强度螺栓，45钢。

查表其强度均值：$\bar{S}=774.9\mathrm{MPa}$，变异系数：$\nu_S=0.075$。

则强度标准差为：$\sigma_S=\nu_S\cdot\bar{S}=0.075\times 774.9=58.12(\mathrm{MPa})$

（3）求螺栓危险截面直径 $\bar{d}_c$。

因应力及强度均呈正态分布，故利用联结方程：

$$Z=-\frac{\bar{S}-\bar{\delta}}{\sqrt{\sigma_S^2+\sigma_S^2}}=-\frac{774.9-34377.47/d_c^2}{\sqrt{58.12^2+(2338.39/d_c^2)^2}}$$

已知 $R=0.995$，查正态分布表，可知可靠性系数 $Z=-2.575$，代入上式解得：

$$\bar{d}_c=7.6\mathrm{mm}\text{ 或 }\bar{d}_c=5.8\mathrm{mm}$$

代入 $\bar{\delta}$ 表达式检验表明应取 $\bar{d}_c=7.6\mathrm{mm}$。

（4）确定螺栓直径 d。

取滚压螺纹：　$d=\bar{d}_c+0.72t=7.6+0.72\times 1.5=8.68(\mathrm{mm})$

取标准直径M10的粗牙螺栓，螺距 $t=1.5$。

二、受拉紧螺栓联结的可靠性设计

1. 紧螺栓联结的受力模型

紧螺栓联结分为只受预紧力和同时承受预紧力和工作载荷两种。这里只讨论后一种较复杂的情况，如图9-2所示。

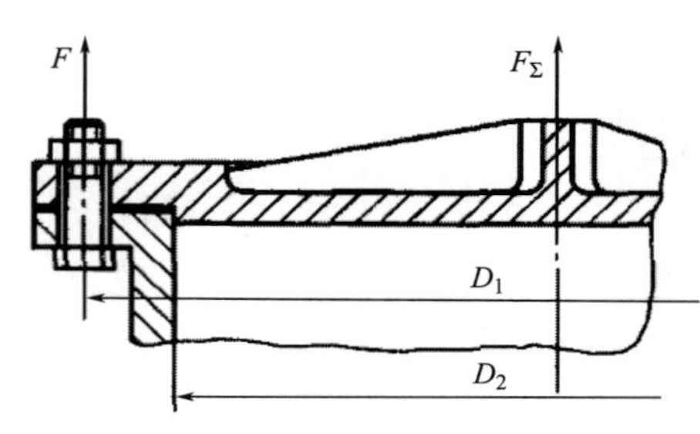

图9-2　受轴向载荷的紧螺栓联结

（1）预紧螺栓总拉力与危险截面拉应力。

紧螺栓总拉力 F_2 的计算有两种常见的方法，一种是考虑残余预紧力，另一种是考虑预紧力。

①考虑残余预紧力的紧螺栓总拉力 F_2。

$$F_2=F+F_1=(1+K)F$$

式中，F 为工作拉力；F_1 为残余预紧力。

为保证联结的紧密性，$F_1=KF$，K 的推荐值为：$K=1.5\sim1.8$（有密封性要求）；$K=0.2\sim0.6$（工作载

荷稳定的一般联结）；$K=0.6\sim1.0$（工作载荷不稳定的一般联结）。

②考虑预紧力的紧螺栓总拉力 F_2。

$$F_2 = F_0 + \frac{C_b}{C_b + C_m}F = K_{F_0}F + K_cF$$

式中，F_2 为总拉力；F_0 为预紧力；C_b 为螺栓刚度；C_m 为被联结件刚度；K_{F_0} 为预紧力系数（表 9-2）；$K_c=C_b/(C_b+C_m)$，指相对刚度。K_{F_0} 推荐数据：金属垫片或无垫片 0.2~0.3；皮革垫片 0.7；铜皮石棉垫片 0.8；橡胶垫片 0.9。

表 9-2　预紧力系数

联结情况		K_{F_0}
紧固连接	静载荷	1.2~2.0
	变载荷	2.0~4.0
紧密连接	软垫片	1.5~2.5
	金属成型垫片	2.5~3.5
	金属垫片	3.0~4.5

危险截面的拉应力：

$$\delta = \frac{F_2}{\pi d_c^2/4} \leqslant [\sigma]$$

（2）预紧螺栓的扭转切应力。

预紧螺栓与被联结件的摩擦力矩为：

$$T_1 = F_0K_1d$$

式中，F_0 为预紧力；d 为螺纹公称直径；K_1 为系数，$K_1\approx0.02+0.5f$，f 为螺纹副的摩擦因素，可查表 9-3 得到。

扭转切应力：

$$\tau = \frac{16T_1}{\pi d_c^3}$$

表 9-3　螺纹副的摩擦因素统计特征值

摩擦面状况	润滑状态	螺纹间的摩擦因素				
		$\bar{f}$	f_{max}	f_{min}	σ_f	γ_f
无镀层	无润滑	0.18	0.25	0.12	0.022	0.122
	油润滑	0.13	0.17	0.10	0.012	0.092
镀锌	无润滑	0.23	0.32	0.13	0.032	0.140
镀铜	无润滑	0.28	0.35	0.22	0.022	0.079
	脂润滑	0.16	0.19	0.12	0.012	0.075
镀铬镍	无润滑	0.25	0.32	0.18	0.023	0.092
	油润滑	0.15	0.18	0.14	0.007	0.047

注　$\bar{f}$ 为摩擦因素均值，为第一次拧紧的试验值；f_{max} 为摩擦因素最大值；f_{min} 为摩擦因素最小值；σ_f 为摩擦因素标准差；γ_f 为摩擦因素变异系数。

（3）预紧螺栓所受复合应力。

由于螺栓材料是塑性的，故根据第四强度理论，将拉应力和扭转切应力组成复合应力为：

$$\delta_{ca} = \sqrt{\delta^2 + 3\tau^2}$$

2. 紧螺栓联结的可靠性设计

（1）计算螺栓的工作载荷 F。

一般，工作载荷的标准差按照正态分布计算：$\sigma_F = \dfrac{F_{\max} - F_{\min}}{6}$

工作载荷的变异系数为： $\nu_F = \dfrac{\sigma_F}{\bar{F}}$

（2）确定预紧力或残余预紧力。

预紧力均值和标准差： $\bar{F}_0 = K_{F_0}\bar{F} \quad \sigma_{F_0} = K_{F_0}\sigma_F$

残余预紧力均值和标准差： $\bar{F}_1 = K\bar{F} \quad \sigma_{F_1} = K\sigma_F$

（3）计算螺栓总拉力 F_2。

$$\bar{F}_2 = (1 + K)\bar{F} \quad 或 \quad \bar{F}_2 = (K_c + K_{F_0})\bar{F}$$

总拉力的标准差： $\sigma_{F_2} = \sqrt{(K_c\sigma_F)^2 + (\sigma_{F_0})^2}$

（4）计算拉应力及扭转切应力。

危险截面处螺纹拉应力均值为： $\bar{\delta} = \dfrac{4\bar{F}_2}{\pi\bar{d}_c^2}$

标准差为：$\sigma_\delta = \sqrt{\left(\dfrac{\partial\bar{\delta}}{\partial\bar{F}_2}\right)^2 \sigma_{F_2}^2 + \left(\dfrac{\partial\bar{\delta}}{\partial d_c}\right)^2 \sigma_{d_c}^2} = \dfrac{4\bar{F}_2}{\pi\bar{d}_c^2}\sqrt{\dfrac{\sigma_{F_2}^2}{\bar{F}_2^2} + \dfrac{4\sigma_{d_c}^2}{\bar{d}_c^2}} = \bar{\delta}\sqrt{4\nu_{d_c}^2 + \nu_{F_2}^2}$

扭转切应力的均值为： $\bar{\tau} = \dfrac{16\bar{T}_1}{\pi\bar{d}_c^3} = \dfrac{16\bar{F}_0\bar{K}_1\bar{d}}{\pi\bar{d}_c^3}$

扭转切应力的标准差：

$$\sigma_\tau = \sqrt{\left(\frac{\partial\bar{\tau}}{\partial\bar{F}_0}\right)^2 \sigma_{F_0}^2 + \left(\frac{\partial\bar{\tau}}{\partial\bar{K}_1}\right)^2 \sigma_{K_1}^2 + \left(\frac{\partial\bar{\tau}}{\partial\bar{d}}\right)^2 \sigma_d^2 + \left(\frac{\partial\bar{\tau}}{\partial\bar{d}_c}\right)^2 \sigma_{d_c}^2}$$

$$= \bar{\tau}\sqrt{\left(\frac{\sigma_{F_0}}{\bar{F}_0}\right)^2 + \left(\frac{\sigma_{K_1}}{\bar{K}_1}\right)^2 + \left(\frac{\sigma_d}{\bar{d}}\right)^2 + \left(3\,\frac{\sigma_{d_c}}{\bar{d}_c}\right)^2}$$

$$= \bar{\tau}\sqrt{\nu_{F_0}^2 + \nu_{K_1}^2 + \nu_d^2 + 9\nu_{d_c}^2}$$

（5）计算复合应力 δ_{ca}。

复合应力均值为： $\bar{\delta}_{ca} = \sqrt{\bar{\delta}^2 + 3\bar{\tau}^2}$

标准差为： $\sigma_{\delta_{ca}} = \sqrt{\left(\dfrac{\partial\bar{\delta}_{ca}}{\partial\bar{\delta}}\right)^2 \sigma_\delta^2 + \left(\dfrac{\partial\bar{\delta}_{ca}}{\partial\bar{\tau}}\right)^2 \sigma_\tau^2} = \sqrt{\dfrac{\bar{\delta}^2\sigma_\delta^2 + (\sqrt{3}\bar{\tau})^2(\sqrt{3}\sigma_\tau)^2}{\bar{\delta}^2 + (\sqrt{3}\bar{\tau})^2}}$

（6）选择材料、确定其强度分布均值和标准差。

（7）用联结方程计算可靠度，或按可靠度要求确定螺栓直径。

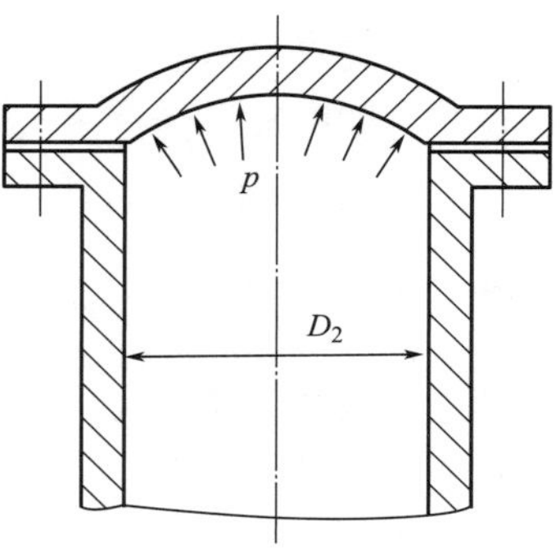

图 9-3　汽缸盖

例 9-3　如图 9-3 所示为汽缸盖的结构图，计算某汽缸盖法兰的螺栓联结的可靠度。已知汽缸工作压力为（1.8±0.12）MPa，缸体内径 $D_2=360\text{mm}$，垫片材料使用铜皮石棉垫片。螺栓采用 35 钢，M16，强度等级 6.9 级，共布置 12 个。

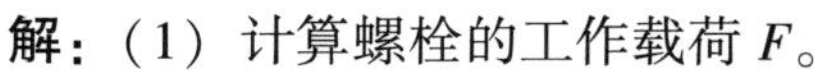

解：（1）计算螺栓的工作载荷 F。

由工作压力 $p=(1.8\pm0.12)\text{MPa}$，得：

$$\bar{p}=1.8\text{MPa} \qquad \sigma_p=\frac{0.12}{3}=0.04$$

变异系数：
$$\nu_p=\frac{\sigma_p}{\bar{p}}=\frac{0.04}{1.8}=0.0222$$

因压力波动较明显，取 $\nu_F\approx\nu_p$，每个螺栓上的工作载荷为：

$$\bar{F}=\frac{\pi D_2^2\bar{p}}{4z}=\frac{\pi\times360^2\times1.8}{4\times12}=1.527\times10^4\text{N}$$

标准差为：
$$\sigma_F=\bar{F}\times\nu_F=1.527\times10^4\times0.0222=339(\text{N})$$

（2）计算螺栓所受总载荷 F_2。

采用铜皮石棉垫片，$K_c=0.8$，$K_{F_0}=3$；汽缸有密封要求，取 $K=1.7$。因此，螺栓带有预紧力的总载荷为：

$$F_2=(K_c+K_{F_0})F=(0.8+3)F=3.8F$$

同时，螺栓总载荷应满足残余预紧力要求：

$$F_2>(1+K)F=(1+1.7)F=2.7F$$

则总载荷均值为：

$$\bar{F}_2=3.8\bar{F}=3.8\times1.527\times10^4=5.8026\times10^4(\text{N})$$

取变异系数：
$$\nu_{F_2}=\nu_p=0.0222$$

总载荷的标准差为：$\sigma_{F_2}=\bar{F}_2\nu_{F_2}=5.8026\times10^4\times0.0222=1288(\text{N})$

（3）计算螺栓的拉应力。

M16 螺栓的内径为 $d_1=13.835\text{mm}$，取 $d_c\approx d_1$。设允许的偏差为 $\Delta d_c=\pm0.02\bar{d}_c$，则螺栓直径的标准差为：

$$\sigma_{d_c}=\frac{\Delta d_c}{3}=\frac{0.02\bar{d}_c}{3}=\frac{0.02\times13.835}{3}=0.0922(\text{mm})$$

螺栓直径的变异系数为：
$$\nu_{d_c}=\frac{0.0922}{13.835}=0.0067$$

计算螺栓拉应力均值：
$$\bar{\delta}=\frac{4\bar{F}_2}{\pi\bar{d}_c^2}=\frac{4\times5.8026\times10^4}{\pi\times13.835^2}=386\ (\text{MPa})$$

拉应力的变异系数：　$\nu_\delta=\sqrt{\nu_{F_2}^2+4\nu_{d_c}^2}=\sqrt{0.0222^2+4\times0.0067^2}=0.0259$

拉应力的标准差为：　$\sigma_\delta=\bar{\delta}\nu_\delta=386\times0.0259=10(\mathrm{MPa})$

（4）计算螺栓的扭转切应力。

螺栓所受扭转切应力：　$\tau=\dfrac{16T_1}{\pi d_c^3}=\dfrac{16F_0K_1d}{\pi d_c^3}$

其中，预紧力均值为：　$\bar{F}_0=K_{F_0}\bar{F}=3F=3\times1.527\times10^4=4.581\times10^4(\mathrm{N})$

其变异系数为：　$\nu_{F_0}=\nu_p=0.0222$

其标准差为：　$\sigma_{F_0}=\nu_{F_0}\bar{F}_0=0.0222\times4.581\times10^4=1016.98(\mathrm{N})$

计算系数 K_1 的均值：　$\bar{K}_1\approx0.02+0.5\bar{f}=0.02+0.5\times0.18=0.11$

变异系数为：　$\nu_{K_1}=\dfrac{0.5\sigma_f}{0.02+0.5\bar{f}}=\dfrac{0.5\times0.022}{0.02+0.5\times0.18}=0.1$

注：无镀层，无润滑，查表取：　$\bar{f}=0.18$，$\sigma_f=0.022$

螺栓直径 $\bar{d}=16\mathrm{mm}$，变异系数 $\nu_d=\nu_{d_c}=0.0067$

因此，扭转切应力的均值是：

$$\bar{\tau}=\frac{16T_1}{\pi \bar{d}_c^3}=\frac{16\bar{F}_0\bar{K}_1\bar{d}}{\pi \bar{d}_c^3}=\frac{16\times4.581\times10^4\times0.11\times16}{\pi\times13.835^2}=155.06(\mathrm{MPa})$$

扭转切应力的标准差：

$$\sigma_\tau=\bar{\tau}\sqrt{\nu_{F_0}^2+\nu_{K_1}^2+\nu_d^2+9\nu_{d_c}^2}$$

$$=155.06\times\sqrt{0.0222^2+0.1^2+0.0067^2+9\times0.0067^2}=16.22(\mathrm{MPa})$$

（5）计算复合应力的均值和标准差。

复合应力的均值为：

$$\bar{\delta}_{ca}=\sqrt{\bar{\delta}^2+3\bar{\tau}^2}=\sqrt{386^2+3\times155.06^2}=470.24(\mathrm{MPa})$$

复合应力的标准差为：

$$\sigma_{\delta_{ca}}=\sqrt{\frac{\bar{\delta}^2\sigma_\delta^2+(\sqrt{3}\bar{\tau})^2(\sqrt{3}\sigma_\tau)^2}{\bar{\delta}^2+(\sqrt{3}\bar{\tau})^2}}$$

$$=\sqrt{\frac{(386\times10)^2+(\sqrt{3}\times155.06)^2\times(\sqrt{3}\times16.22)^2}{386^2+(\sqrt{3}\times155.06)^2}}=18.02(\mathrm{MPa})$$

（6）计算可靠度。

螺栓强度为6.9级，查表可得强度均值 $\bar{S}=580\mathrm{MPa}$，$\nu_S=0.074$，标准差为：

$$\sigma_S=\nu_S\bar{S}=0.074\times580=42.92(\mathrm{MPa})$$

代入联结方程，得：$Z=-\dfrac{\bar{S}-\bar{\delta}_{ca}}{\sqrt{\sigma_S^2+\sigma_{\delta_{ca}}^2}}=-\dfrac{580-470.24}{\sqrt{42.92^2+18.02^2}}=-2.35$

查正态分布表，得 $R=0.991$。

三、受剪螺栓联结的可靠性设计

图9-4是受剪螺栓联结。受剪螺栓联结特点：一是螺栓杆与孔壁之间无间隙；二是接

触表面受挤压；三是在联结接合面处，螺栓受剪切。

受剪螺栓联结设计，通常对预紧力及摩擦力的影响忽略不计，且认为有关设计变量均服为独立的随机变量，并呈正态分布。可靠性设计可以按照螺栓受剪切或螺栓杆受挤压设计。

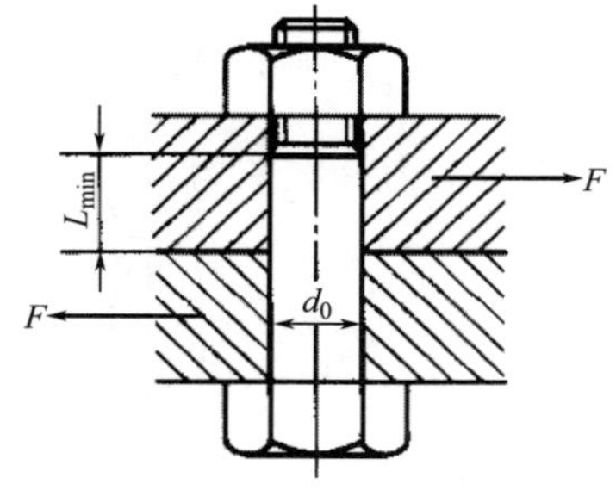

图 9-4　受剪螺栓联结

1. 螺栓受剪切失效

（1）确定螺栓的剪切应力分布。

剪切应力：$$\tau=\frac{F}{\frac{\pi}{4}d_0^2 n}\leqslant[\tau]$$

式中，d_0 为螺栓杆直径；F 为单个螺栓的剪力；n 为剪切面数。

剪切应力均值可表达为：$$\bar{\tau}=\frac{\bar{F}}{\frac{\pi}{4}\bar{d}_0^2 n}$$

用矩法计算剪切应力的标准差：

$$\sigma_\tau=\sqrt{\left(\frac{\partial\bar{\tau}}{\partial\bar{F}}\right)^2\sigma_F^2+\left(\frac{\partial\bar{\tau}}{\partial\bar{d}_0}\right)\sigma_{d_0}^2}=\sqrt{\left(\frac{4}{\pi\bar{d}_0^2 n}\right)^2\sigma_F^2+\left(\frac{8\bar{F}}{\pi\bar{d}_0^3 n}\right)\sigma_{d_0}^2}$$

$$=\frac{4\bar{F}}{\pi\bar{d}_0^2 n}\sqrt{\left(\frac{\sigma_F}{\bar{F}}\right)^2+\left(\frac{2\sigma_{d_0}}{\bar{d}_0}\right)^2}=\bar{\tau}\sqrt{\nu_F^2+(2\nu_{d_0}^2)}$$

剪切应力的变异系数：

$$\nu_\tau=\frac{\sigma_\tau}{\bar{\tau}}=\sqrt{\nu_F^2+(2\nu_{d_0})^2}$$

通常，对于 $d_0=6\sim20$mm 铰制孔用螺栓，取 $\sigma_{d_0}\approx0.012\sim0.015$mm，$\nu_{d_0}\approx0.0002\sim0.00075$。

（2）选择螺栓材料、确定其强度分布（表 9-4）。

表 9-4　常用材料的强度性能

材料	热处理	$\bar{\sigma}_B$/MPa	ν_{σ_B}	$\bar{\sigma}_S$/MPa	ν_{σ_S}	$\bar{\tau}_S$/MPa	ν_{τ_S}
Q235		510	0.09	280	0.09	140	0.09
35	正火	590	0.07	350	0.07	175	0.07
45	正火	670	0.07	400	0.07	200	0.07
40Cr	调质	830	0.05	570	0.05	285	0.05
40CrNi	调质	930	0.06	740	0.06	370	0.06

（3）用联结方程求螺栓杆部直径或标准差。

2. 螺栓受挤压失效

（1）确定挤压分布。

设挤压应力沿螺栓杆部与孔壁的挤压表面均匀分布。挤压应力为：

$$\delta_p=\frac{F}{d_0L_{\min}}\leqslant[\sigma_p]$$

式中，F 为挤压载荷；$L_{\min}$ 为螺栓杆部与孔壁挤压面最小高度。

一般将 $L_{\min}$ 视为常数，则挤压应力均值为：$\bar{\delta}_p = \dfrac{\bar{F}}{d_0 L_{\min}}$。

挤压应力标准差为：

$$\sigma_{\delta_p} = \sqrt{\left(\frac{\partial \bar{\delta}_p}{\partial \bar{F}}\right)^2 \sigma_F^2 + \left(\frac{\partial \bar{\delta}_p}{\partial \bar{d}_0}\right)^2 \sigma_{d_0}^2} = \sqrt{\left(\frac{1}{\bar{d}_0 L_{\min}}\right)^2 \sigma_F^2 + \left(\frac{\bar{F}}{d_0^2 L_{\min}}\right)^2 \sigma_{d_0}^2}$$

$$= \frac{\bar{F}}{d_0 L_{\min}} \sqrt{\left(\frac{\sigma_F}{\bar{F}}\right)^2 + \left(\frac{\sigma_{d_0}}{\bar{d}_0}\right)^2} = \bar{\delta}_p \sqrt{\nu_F^2 + \nu_{d_0}^2}$$

挤压应力的变异系数为：
$$\nu_{\delta_p} = \frac{\sigma_{\delta_p}}{\bar{\delta}_p} = \sqrt{\nu_F^2 + \nu_{d_0}^2}$$

（2）选择螺栓及被联结件材料。

（3）用联结方程求螺栓杆部直径或标准差。

例 9-4 试设计一刚性联轴器的铰制孔用螺栓联结（单个联轴器厚度为 23mm），要求挤压强度的扭矩 T=1.5kN·m，扭矩偏差 ΔT=±0.15T。联轴器的 4 个铰制孔用螺栓联结，位于 ϕ155mm 圆周上，螺栓材料 45 钢，联轴器材料 Q235。要求可靠度 R=0.9999，试确定螺栓尺寸。

解：（1）计算单个螺栓所受的工作剪力。

工作剪切力的均值为：
$$\bar{F} = \frac{\bar{T}}{\frac{D}{2}z} = \frac{2 \times 1500000}{155 \times 4} = 4838.7(\mathrm{N})$$

工作剪力变化与扭矩变动规律相同：
$$\sigma_F = \frac{\Delta F}{3} = \frac{0.15 \times 4838.7}{3} = 242(\mathrm{N})$$

变异系数为：
$$\nu_F = \frac{\sigma_F}{\bar{F}} = \frac{242}{4838.7} = 0.05$$

（2）计算剪切应力的均值和标准差。

剪切应力均值为：
$$\bar{\tau} = \frac{\bar{F}}{\frac{\pi}{4}\bar{d}_0^2 n} = \frac{4838.7}{\frac{\pi}{4}d_0^2} = \frac{6160}{d_0^2}(\mathrm{N/mm^2})$$

设 $d_0 \leqslant 20$mm，则取 ν_{d_0}=0.00075，因此，剪切应力变异系数为：

$$\nu_\tau = \frac{\sigma_\tau}{\bar{\tau}} = \sqrt{\nu_F^2 + (2\nu_{d_0})^2} = \sqrt{0.05^2 + 4 \times 0.00075^2} = 0.05$$

剪切应力的标准差：$\sigma_\tau = \nu_\tau \bar{\tau} = 0.05 \times \dfrac{6160}{\bar{d}_0^2} = \dfrac{308}{\bar{d}_0^2}(\mathrm{N/mm^2})$

（3）确定材料剪切强度的均值和标准差。

螺栓材料为 45 钢，查表知，剪切屈服极限均值 $\bar{\tau}$ = 200N/mm²，变异系数 ν_{τ_S} = 0.07。

剪切强度标准差为：
$$\sigma_{\tau_S} = \nu_{\tau_S}\bar{\tau}_S = 0.07 \times 200 = 14(\mathrm{N/mm^2})$$

（4）计算螺栓直径。

设计要求 $R=0.9999$，查正态分布表得：　　$Z=-3.72$

因此，将数据代入联结方程：

$$Z=-\frac{\bar{S}-\bar{\delta}_{c_a}}{\sqrt{\sigma_S^2+\sigma_{\delta_{ca}}^2}}=-\frac{200-\dfrac{6160}{\bar{d}_0^2}}{\sqrt{14^2+\left(\dfrac{308}{\bar{d}_0^2}\right)^2}}=-3.72$$

解得：$\bar{d}_0=6.59\text{mm}$ 或 $\bar{d}_0=4.75\text{mm}$

将两个解代入剪切应力表达式，检验知 $\bar{d}_0=6.59\text{mm}$。

圆整后，选取六角头铰制孔用螺栓 M6×55，螺栓杆直径 $d_0=7\text{mm}$，考虑联轴节厚度，光杆高度为 43mm，挤压面最小高度 $L_{min}=43-23=20\text{mm}$。

（5）验算挤压强度。

计算挤压应力均值：　$\bar{\delta}_p=\dfrac{\bar{F}}{d_0L_{min}}=\dfrac{4838.7}{7\times20}=34.56(\text{N/mm}^2)$

计算挤压应力变异系数：　$\nu_{\delta_p}=\dfrac{\sigma_{\delta_p}}{\bar{\delta}_p}=\sqrt{\nu_F^2+\nu_d^2}\approx\nu_F=0.05$

则挤压应力的标准差为　$\sigma_{\delta_p}=\nu_{\delta_p}\bar{\delta}_p=0.05\times34.56=1.73(\text{N/mm}^2)$

螺栓材料为 45 钢，联轴器材料为 Q235，应验算联轴器的强度。查表，Q235 屈服极限均值和变异系数为：$S=280\text{N/mm}^2$，$\nu_S=0.09$

则标准差为：　$\sigma_S=0.09\times280=25.2(\text{N/mm}^2)$

代入联结方程：　$Z=-\dfrac{\bar{S}-\bar{\delta}_p}{\sqrt{\sigma_S^2+\sigma_{\delta_p}^2}}=-\dfrac{280-34.56}{\sqrt{25.2^2+1.73^2}}=-9.72$

查正态分布表，$R=1$

说明：取 $L_{min}=kd_0$，可以计算表明：当尺寸 $L_{min}<0.75d_0$ 时，按挤压强度计算出的螺栓直径大于按剪切强度计算的螺纹直径，为使螺栓联结的挤压强度不致太低，应使$L_{min}>0.75d_0$。

第二节　轴的可靠性设计

轴按承受载荷的不同可分为传动轴、心轴和转轴，如图 9-5～图 9-7 所示。

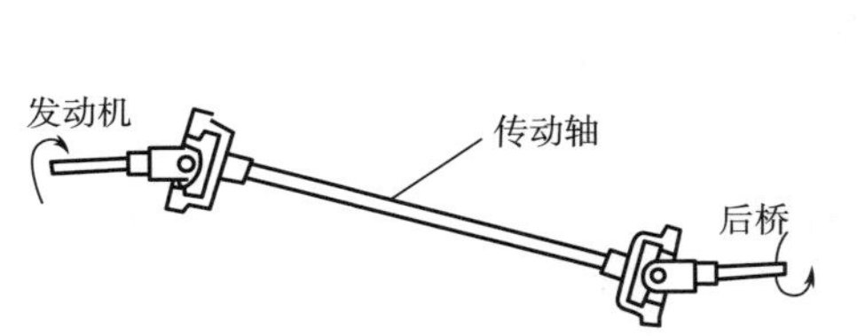

图 9-5　传动轴（只承受扭矩）

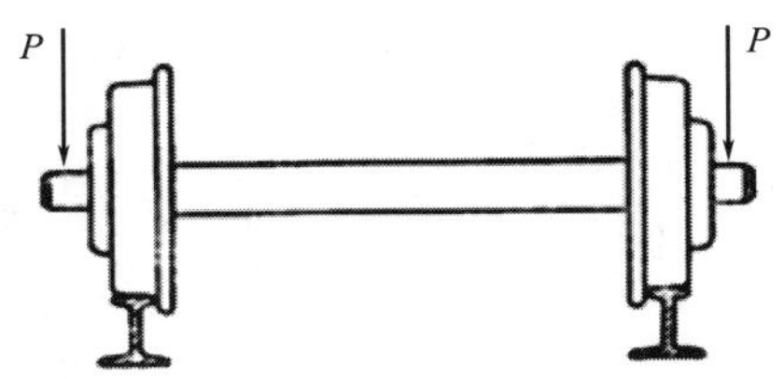

图 9-6　心轴（只承受弯矩）

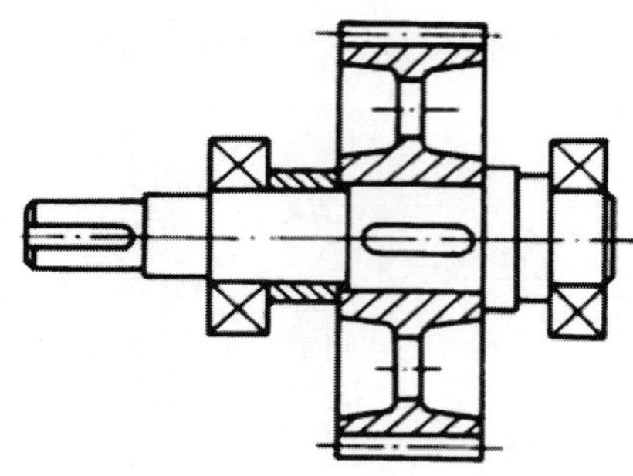

图 9-7　转轴（同时承受扭矩和弯矩）

一、传动轴可靠性设计

按扭转强度条件进行可靠性设计。计算方法如下：计算出扭转切应力的均值和标准差；计算材料强度均值和标准差；将应力和强度代入联结方程，计算可靠度。

相关计算公式有：

（1）扭转切应力 τ。

$$\tau = \frac{T}{W_T} = \frac{T}{\pi d^3/16} = \frac{2T}{\pi r^3}$$

式中，W_T 为抗扭截面系数。

（2）扭转切应力的均值 $\bar{\tau}$。

$$\bar{\tau} = \frac{2\bar{T}}{\pi \bar{r}^3}$$

（3）扭转切应力的标准差 σ_τ。

$$\sigma_\tau = \sqrt{\left(\frac{\partial \bar{\tau}}{\partial \bar{T}}\right)^2 \sigma_T^2 + \left(\frac{\partial \bar{\tau}}{\partial \bar{r}}\right)^2 \sigma_r^2} = \sqrt{\frac{4\sigma_T^2}{\pi^2 \bar{r}^6} + \frac{36\bar{T}^2\sigma_r^2}{\pi^2 \bar{r}^8}}$$

例 9-5　一个一端固定另一端受扭的轴，半径 $r=(12\pm0.1)$ mm，要求可靠度为 0.99，已知作用扭矩 $T=(1000\pm120)$ N · m，许用扭转应力 $S=(420\pm48)$ MPa，试问轴的设计是否符合可靠度要求。

解：（1）计算扭转切应力的均值和标准差。

按“3 倍标准差原则”，扭矩 T 的标准差：

$$\sigma_T = \frac{\Delta T}{3} = \frac{120}{3} = 40(\text{N} \cdot \text{m})$$

轴半径的标准差：　$\sigma_r = \dfrac{\Delta r}{3} = \dfrac{0.1}{3} = 0.03(\text{mm})$

因此，切应力的均值为：$\bar{\tau} = \dfrac{2\bar{T}}{\pi \bar{r}^3} = \dfrac{2 \times 1000 \times 10^3}{\pi \times 12^3} = 368.41(\text{MPa})$

扭转切应力的标准差为：

$$\sigma_\tau = \sqrt{\frac{4\sigma_T^2}{\pi^2\bar{r}^6} + \frac{36\bar{T}^2\sigma_r^2}{\pi^2\bar{r}^8}}$$

$$= \sqrt{\frac{4\times(40\times10^3)^2}{\pi^2\times12^6} + \frac{36\times(1000\times10^3)\times0.03^2}{\pi^2\times12^8}} = 14.99(\mathrm{MPa})$$

（2）计算材料强度均值和标准差。

$$\bar{S} = 420\mathrm{MPa},\quad \sigma_S = \frac{48}{3} = 16(\mathrm{MPa})$$

（3）将应力和强度代入联结方程，计算可靠度。

$$Z = -\frac{\bar{S} - \bar{\tau}}{\sqrt{\sigma_S^2 + \sigma_\tau^2}} = -\frac{420 - 368.41}{\sqrt{16^2 + 15.08^2}} = -2.35$$

查正态分布表，得：$R=0.99061>0.99$，满足设计要求。

二、转轴可靠性设计

转轴在机器设备中应用广泛，它既承受弯矩，又传递扭矩。

转轴可靠性设计的步骤：计算扭转截面上的扭转应力和弯曲应力；按照变形和强度理论，求出弯扭组合应力；应用可靠性系数方程，按给定的可靠度设计轴的尺寸，或按预定尺寸校核轴的可靠度。

相关计算公式：

设传递的扭矩：　$T \sim N(\bar{T},\ \sigma_T)$

危险截面的最大弯矩：　$M \sim N(\bar{M},\ \sigma_M)$

危险截面轴的半径：　$r \sim N(\bar{r},\ \sigma_r)$

扭转应力和弯曲应力为：

$$(\bar{\tau},\ \sigma_\tau) = \left(\frac{2\bar{T}}{\pi\bar{r}^3},\ \sqrt{\frac{4\sigma_T^2}{\pi^2\bar{r}^6} + \frac{36\bar{T}^2\sigma_r^2}{\pi^2\bar{r}^8}}\right)$$

$$(\bar{\delta},\ \sigma_\delta) = \left(\frac{4\bar{M}}{\pi\bar{r}^3},\ \sqrt{\frac{16\sigma_M^2}{\pi^2\bar{r}^6} + \frac{144\bar{M}^2\sigma_r^2}{\pi^2\bar{r}^8}}\right)$$

通常弯曲应力是对称循环变应力，而扭转切应力有时不是。引入折合系数 α，应用第四强度理论有，组合应力：

$$\delta_{ca} = \sqrt{\delta^2 + 3(\alpha\tau)^2}$$

扭转切应力为静应力时，$\alpha=0.3$；

扭转切应力为脉动变循环应力时，$\alpha=0.6$；

扭转切应力为对称循环变应力时，$\alpha=1$。

组合应力均值和标准差：

$$\begin{cases} \bar{\delta}_{ca} = \sqrt{\bar{\delta}^2 + 3(\alpha\bar{\tau})^2} \\ \sigma_{\delta_{ca}} = \sqrt{\dfrac{\bar{\delta}^2\sigma_\delta^2 + (\sqrt{3}\alpha\bar{\tau})^2(\sqrt{3}\alpha\sigma_\tau)^2}{\bar{\delta}^2 + (\sqrt{3}\alpha\bar{\tau})^2}} \end{cases}$$

例 9-6 一个齿轮轴危险截面的轴半径 $r=(6\pm0.03)$ mm，已知该截面所受载荷及强度分布参数为：传递扭矩 $T\sim N(120000,\ 9000)$ N·mm；危险截面弯矩 $M\sim N(14000,\ 1200)$ N·mm；材料强度 $S\sim N(800,\ 80)$ MPa，求轴的可靠度。

解：(1) 计算扭转截面上的扭转应力和弯曲应力。

轴半径标准差：
$$\sigma_r=\frac{\Delta r}{3}=\frac{0.03}{3}=0.01(\text{mm})$$

扭转应力均值：
$$\bar{\tau}=\frac{2\bar{T}}{\pi\bar{r}^3}=\frac{2\times120000}{\pi\times6^3}=353.68(\text{MPa})$$

扭转应力标准差：
$$\sigma_\tau=\sqrt{\frac{4\sigma_T^2}{\pi^2\bar{r}^6}+\frac{36\bar{T}^2\sigma_r^2}{\pi^2\bar{r}^8}}=\sqrt{\frac{4\times9000^2}{\pi^2\times6^6}+\frac{36\times120000^2\times0.01^2}{\pi^2\times6^8}}=26.58(\text{MPa})$$

弯曲应力的均值：
$$\bar{\delta}=\frac{4\bar{M}}{\pi\bar{r}^3}=\frac{4\times14000}{\pi\times6^3}=82.53(\text{MPa})$$

弯曲应力的标准差：
$$\sigma_\delta=\sqrt{\frac{16\sigma_M^2}{\pi^2\bar{r}^6}+\frac{144\bar{M}^2\sigma_r^2}{\pi^2\bar{r}^8}}=\sqrt{\frac{16\times1200^2}{\pi^2\times6^6}+\frac{144\times14000^2\times0.01^2}{\pi^2\times6^8}}=7.09(\text{MPa})$$

(2) 按照变形和强度理论，求出弯扭组合应力。

扭转切应力按对称循环计，取 $\alpha=1$。

$$\bar{\delta}_{ca}=\sqrt{\bar{\delta}^2+3(\alpha\bar{\tau})^2}=\sqrt{82.53^2+3\times353.68^2}=618.13(\text{MPa})$$

$$\sigma_{\delta_{ca}}=\sqrt{\frac{\bar{\delta}^2\sigma_\delta^2+(\sqrt{3}\alpha\bar{\tau})^2(\sqrt{3}\alpha\sigma_\tau)^2}{\bar{\delta}^2+(\sqrt{3}\alpha\bar{\tau})^2}}$$
$$=\sqrt{\frac{82.53^2\times7.09^2+9\times353.68^2\times26.58^2}{82.53^2+3\times353.68^2}}=45.64(\text{MPa})$$

(3) 应用可靠性系数方程，确定可靠度。

$$Z=-\frac{\bar{S}-\bar{\delta}_{ca}}{\sqrt{\sigma_S^2+\sigma_{\delta_{ca}}^2}}=-\frac{800-618.13}{\sqrt{80^2+45.64^2}}=-1.97$$

查正态分布表，得 $R=0.97566$。

第三节　滚动轴承的疲劳寿命与可靠度

滚动轴承的主要失效形式是疲劳点蚀、磨损和塑性变形。传统设计手册的轴承样本中，轴承寿命是按可靠度 90%计算的，即在规定额定动载荷 C 的作用下，滚动轴承可以工作一百万转而其中 90%不发生失效，其可靠度为 90%。

一、滚动轴承寿命与可靠度之间的关系

大量试验表明，滚动轴承的疲劳寿命服从威布尔分布，其失效概率为：

$$F(N)=P(t\leqslant N)=1-e^{-\left(\frac{N}{N_a}\right)^{\beta}}$$

式中，N 为循环次数；N_a 为 $R=36.8\%$时的疲劳寿命（R 为可靠度）；β 为形状参数，对球轴承 $\beta=10/9$，对滚子轴承 $\beta=3/2$，圆锥滚子轴承 $\beta=4/3$。

因为 $F(N)=1-R(N)$，故可得与 N 对应的可靠度：$R(N)=e^{-\left(\frac{N}{N_a}\right)^{\beta}}$

上式可改写为：$$N=N_a[-\ln R(N)]^{\frac{1}{\beta}}$$

当 $R(N)=0.9$ 时，轴承的寿命 $N=L_{10}$，于是：$L_{10}=N_a(-\ln 0.9)^{\frac{1}{\beta}}$

令可靠度为任意值 R 时的轴承寿命为：$L_{(1-R)}=N_R=N_a[-\ln R(N_R)]^{\frac{1}{\beta}}$

将上两式整理得到：$$L_{(1-R)}=\left[\frac{\ln R(N_R)}{\ln 0.9}\right]^{\frac{1}{\beta}}L_{10}$$

为了考虑不同可靠度对轴承寿命的影响和便于计算，将上式简化为：

$$L_{(1-R)}=\alpha_1 L_{10}$$

式中，α_1 为滚动轴承可靠性系数，$\alpha_1=\left[\frac{\ln R(N_R)}{\ln 0.9}\right]^{\frac{1}{\beta}}$，列于表 9-5。

表 9-5　滚动轴承可靠性系数

$R/\%$	50	80	85	90	92	95	96	97	98	99
球轴承	5.45	1.96	1.48	1.00	0.81	0.52	0.43	0.33	0.23	0.12
圆柱滚子轴承	3.51	1.65	1.34	1.00	0.86	0.62	0.53	0.44	0.33	0.21
圆锥滚子轴承	4.11	1.76	1.38	1.00	0.84	0.58	0.49	0.39	0.29	0.17

例 9-7　已知 6208 轴承的额定寿命 $L_{10}=19830$h，试计算：（1）轴承使用时间为 $L=30000$h 时的可靠度；（2）轴承使用时间为 $L=10000$h 的可靠度；（3）若要求 $R=0.99$，则该轴承的使用时间为寿命是多少？

解：

（1）6208 轴承是球轴承，取 $\beta=10/9$。

$$\ln R=\left[\frac{L_{(1-R)}}{L_{10}}\right]^{\beta}\ln 0.9=\left(\frac{30000}{19830}\right)^{10/9}\ln 0.9=-0.1669\Rightarrow R=0.846$$

（2）同理，

$$\ln R=\left[\frac{L_{(1-R)}}{L_{10}}\right]^{\beta}\ln 0.9=\left(\frac{10000}{19830}\right)^{10/9}\ln 0.9=-0.04924\Rightarrow R=0.952$$

（3）要求可靠度 $R=0.99$，查表可靠性系数 $\alpha_1=0.12$，因此，使用寿命为：

$$L_{(1-R)}=\alpha_1 L_{10}=0.12\times 19830=2379.6\text{(h)}$$

二、滚动轴承载荷和可靠度之间的关系

1. 轴承的当量动载荷

滚动轴承若同时承受径向和轴向联合载荷，为了计算轴承寿命时在相同条件下比较，在进行寿命计算时，必须把实际载荷转换为与确定基本额定动载荷的载荷条件相一致的当量动载荷，用 P 表示。

2. 轴承的基本额定动载荷

使轴承的基本额定寿命恰好为一百万转时，轴承所能承受的载荷值，称为轴承的基本额定动载荷，用 C 表示。对于向心轴承，指的是纯径向载荷，用 C_r 表示；对推力轴承，指的是纯轴向载荷，用 C_a 表示。

大量试验研究表明，滚动轴承的载荷—寿命之间的关系为：

$$L_{10}=\left(\frac{C}{P}\right)^{\varepsilon}$$

式中，L_{10} 为滚动轴承按 $R=90\%$时的额定寿命（10^6 转）；C 为额定动载荷（N）；P 为当量动载荷（N）；ε 为疲劳寿命指数，对球轴承 $\varepsilon=3$；对滚子轴承 $\varepsilon=10/3$。

例 9-8 一圆柱滚子轴承，要求在可靠度为 0.99 时，在径向载荷 $F_r=8000$N 作用下工作循环次数达 100×10^6，求此轴承应具有的基本额定动载荷 C。

解：查表得圆柱滚子轴承的可靠度为 0.99 的寿命系数为 $\alpha_1=0.21$，可以计算出基本额定寿命为：

$$L_{10}=\frac{L}{\alpha_1}=\frac{100\times10^6}{0.21}=476.2\times10^6(\text{转})$$

对圆柱滚子轴承 $\varepsilon=10/3$，当量动载荷 $P=F_r$，基本动载荷为：

$$C=(L_{10})^{\frac{1}{\varepsilon}}P=476.2^{10/3}\times8000=50865.9(\text{N})$$

第四节　圆柱螺旋弹簧的可靠性设计

弹簧的种类很多，但圆柱螺旋弹簧是最典型的。圆柱螺旋弹簧设计的基本要点是在满足强度、弹性特性要求的前提下，确定弹簧的基本参数，如有效圈数、钢丝直径、弹簧中径等，其基本的失效模式是疲劳破坏和断裂。

图 9-8 是圆柱螺旋弹簧示意图。设计的基本问题是：一是必须满足强度要求，使切应力不引起失效；二是满足刚度要求，使弹簧的变形不超过规定量；三是确定所需的有效圈数。

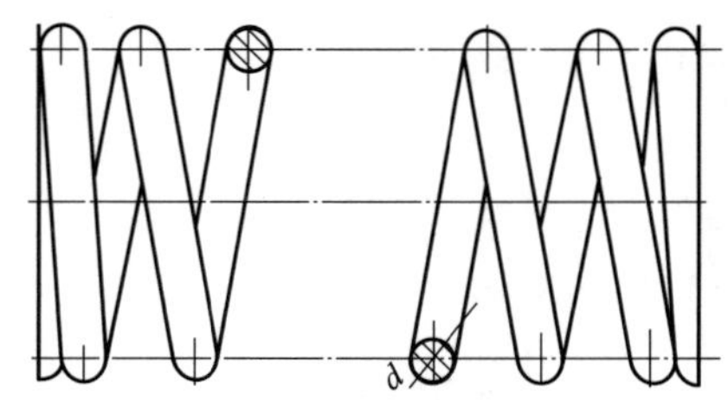

图 9-8　圆柱螺旋弹簧

弹簧的主要失效模式是疲劳断裂。弹簧的可靠性设计步骤如下。

一、确定失效应力分布

圆柱弹簧中最大的切应力发生在簧丝内侧，为：

$$\tau=\frac{8KFD}{\pi d^3}$$

式中，K 为弹簧的曲度系数。

$$K=\frac{4C-1}{4C-4}+\frac{0.615}{C}$$

弹簧的变形量为： $$\lambda=\frac{8FC^3n}{Gd^4}$$

切应力的均值： $$\bar{\tau}=\frac{8\overline{KFD}}{\pi \bar{d}^3}$$

式中，C 为旋转比，或称弹簧指数（$C=D/d$）；F 为轴向压力；D 为弹簧中径；d 为弹簧丝直径；G 为弹簧材料的剪切弹性模量；n 为弹簧的有效圈数。

标准差：

$$\sigma_\tau=\sqrt{\left(\frac{\partial\tau}{\partial F}\right)^2\sigma_F^2+\left(\frac{\partial\tau}{\partial K}\right)^2\sigma_K^2+\left(\frac{\partial\tau}{\partial D}\right)^2\sigma_D^2+\left(\frac{\partial\tau}{\partial d}\right)^2\sigma_d^2}$$

$$=\frac{8}{\pi}\sqrt{\left(\frac{KD}{d^3}\right)^2\sigma_F^2+\left(\frac{FD}{d^3}\right)^2\sigma_K^2+\left(\frac{KF}{d^3}\right)^2\sigma_D^2+\left(\frac{3KFD}{d^4}\right)^2\sigma_d^2}$$

变异系数为： $$\nu_\tau=\frac{\sigma_\tau}{\bar{\tau}}=\sqrt{\nu_F^2+\nu_K^2+\nu_D^2+9\nu_d^2}$$

各变量均值和标准差的确定方法如下。

（1）轴向载荷 F。F 的均值按工作载荷取值，其标准差 σ_F 按载荷的允许偏差$\pm\Delta F$ 确定（$\sigma_F=\Delta F/3$）。

（2）曲度系数 K。K 均值按照公式计算，其标准差一般取为 $\sigma_K\approx0.045$。

（3）弹簧中径 D。D 的均值按弹簧直径计算，对于一般机械标准差 σ_D 估计值见表 9-6。

表 9-6　弹簧中径标准差 σ_D

精度等级	标准差	弹簧指数 C		变形量公差（$\Delta\lambda/\lambda$）
		4~8	>8~16	
1	σ_D	0. 0033D	0. 005D	1%
2		0. 005D	0. 0066D	2%
3		0. 0066D	0. 01D	3%

（4）簧丝直径 d。d 的均值按簧丝直径计算，其标准差 σ_d 和变异系数 ν_d 按规定的公差确定，见表 9-7。

表 9-7　碳素弹簧钢丝直径 d 的标准差和变异系数

簧丝直径 d	0. 7~1. 0	1. 2~3. 0	3. 5~6. 0	8~12
标准差 σ_d	0. 01	0. 01	~0. 013	0. 133
变异系数 ν_d	0. 0014~0. 01	0. 008~0. 0033	0. 0037~0. 0022	0. 016~0. 007

（5）有效圈数 n。圆柱螺旋弹簧有效圈数的允差见表 9-8。

表 9-8 弹簧有效圈数允许偏差

有效圈数 n	允许偏差	
	压缩弹簧	拉伸弹簧
≤10	±1/4	±1
>10~20	±1/2	±1
>20~50	±1	±2

（6）剪切弹性模量 G。G 的均值、标准差可查《弹簧材料手册》。

二、确定强度分布

在静强度设计中主要的强度指标是剪切屈服极限 τ_S，一般来说它与抗拉强度极限 σ_B 间的关系为：

$$\tau_S = 0.4532\sigma_B$$

常用弹簧丝的抗拉强度极限可查表 9-9~表 9-11。

表 9-9 冷拔碳素弹簧钢丝抗拉强度极限

直径 d/mm	抗拉强度极限 σ_B/MPa		
	Ⅰ组	Ⅱ，Ⅱa 组	Ⅲ组
0.5	2650~3050	2200~2650	1700~2200
0.8	2600~3000	2150~2600	1700~2150
0.9	2550~2900	2100~2550	1650~2100
1.0	2500~2850	2050~2500	1650~2100
1.2	2400~2700	1950~2400	1550~2000
1.4	2300~2500	1900~2300	1500~1900
1.5	2200~2500	1850~2200	1450~1850
1.8	2100~2400	1800~2100	1400~1800
2.0	2000~2300	1800~2100	1400~1800
2.2	1900~2200	1700~2000	1400~1750
2.5	1800~2050	1650~1950	1300~1650
2.8	1750~2000	1650~1950	1300~1650
3.0	1700~1950	1650~1950	1300~1650
3.4	1650~1900	1550~1800	1200~1550
3.6	1650~1900	1550~1800	1200~1550
4.0	1600~1850	1500~1750	1150~1500
4.5	1500~1750	1400~1650	1150~1450
5.0	1500~1750	1400~1650	1100~1400

续表

直径 d/mm	抗拉强度极限 σ_B/MPa		
	Ⅰ组	Ⅱ，Ⅱa组	Ⅲ组
5.6	1450~1700	1350~1600	1050~1350
6.0	1450~1700	1350~1600	1050~1350
7.0		1250~1450	1000~1250
8.0		1250~1450	1000~1250

注　碳素弹簧钢丝按力学性能不同分为Ⅰ；Ⅱ，Ⅱa；Ⅲ组。其中，Ⅰ组强度最高，接下来依次为Ⅱ，Ⅱa组，Ⅲ组。

表 9-10　65Mn 冷拔碳素弹簧钢丝抗拉强度极限

直径 d/mm	1.0~1.2	1.4~1.6	1.8~2.0	2.2~2.5	2.8~3.4
σ_B/(N·mm^{-1})	1800~2150	1750~2050	1700~2000	1650~1950	1600~1850
直径 d/mm	3.5	3.8~4.2	4.5	4.8~5.3	5.5~6
σ_B/(N·mm^{-1})	1500~1750	1450~1700	1400~1650	1350~1600	1300~1550

表 9-11　油淬火回火钢丝抗拉强度极限

直径 d/mm	抗拉强度极限 σ_B/MPa		
	碳素钢	Cr—V 钢	Cr—Si 钢
0.8		1600~1800	
1.0			
1.2			
1.6			
1.8			
2.0	1450~1600	1600~1750	1950~2100
2.3			
2.6			
2.9			
3.2			1950~2050
3.5			
4.0	1450~1600	1550~1700	1950~2050
4.5	1400~1550	1550~1700	1850~2050
5.0	1400~1550	1550~1650	1850~2000
5.5		1500~1650	1800~1950
6.0		1450~1600	
6.5			
7.0			
8.0		1400~1550	

同一捆钢丝抗拉强度 σ_B 的波动范围一般不得超过 75MPa，估算出同一捆钢丝的抗拉强度的标准差 $\sigma_{\sigma_B}=75/3=25(\text{MPa})$，考虑不同捆钢丝性能的差异，钢丝的变异系数为：

$$\nu_{\tau_S} = \sqrt{\nu_1^2 + \nu_2^2}$$

式中，$\nu_1 = \dfrac{\sigma_{\sigma_B}}{\overline{\sigma}_B}$；$\nu_2 = \dfrac{\sigma_{B_{\max}} - \sigma_{B\min}}{6\overline{\sigma}_B}$。

三、用正态分布联结方程求解

求得应力和强度的均值和标准差后，就可用正态分布的联结方程计算弹簧的可靠度或弹簧的圈数、直径等。

例 9-9 已知弹簧的最大轴向载荷 $F=700\text{N}(\pm 15\%)$，弹簧中径 $D=34\text{mm}$，弹簧丝直径 $d=5\text{mm}$，弹簧材料为 65Mn，剪切弹性模量的均值 $\overline{G}=80000\text{MPa}$，变异系数 $\nu_G=0.03$，$\sigma_B=(1350\sim1600)\text{N/mm}^2$。试计算弹簧的可靠度。若最大轴向变形量 $\lambda_{\max}=(50\pm1)$ mm，求弹簧有效圈数。

解：(1) 确定失效应力分布。

①确定弹簧旋绕比 C。

$$C = \frac{D}{d} = \frac{34}{5} = 6.8$$

②确定曲率系数 K 的均值和标准差。

$$\overline{K} = \frac{4C-1}{4C-4} + \frac{0.615}{C} = \frac{4\times6.8-1}{4\times6.8-4} + \frac{0.615}{6.8} = 1.22$$

曲率系数标准差取 $\sigma_K \approx 0.045$。

其变异系数：
$$\nu_K = \frac{\sigma_K}{\overline{K}} = \frac{0.045}{1.22} = 0.037$$

③确定载荷 F 的均值和标准差。

$$\overline{F} = 700\text{N};\ \sigma_F = \frac{0.15\times700}{3} = 35(\text{N});\ \nu_F = \frac{\sigma_F}{\overline{F}} = \frac{35}{700} = 0.05$$

④确定弹簧中径 D 的均值和标准差。

$$\overline{D} = 34\text{mm}$$

查表 9-6，由 $\Delta\lambda/\lambda=1/50=0.02$，取标准差 $\sigma_D=0.005D$。

其变异系数：
$$\nu_D = \frac{\sigma_D}{\overline{D}} = 0.005$$

⑤确定簧丝直径 d 的均值和标准差。

$$\overline{d} = 5\text{mm}$$

查表 9-7，
$$\sigma_d = 0.013$$

其变异系数：
$$\nu_d = \frac{\sigma_d}{\overline{d}} = \frac{0.013}{5} = 0.0026$$

⑥计算簧丝的工作切应力的均值和标准差。

$$\overline{\tau} = \frac{8\overline{KFD}}{\pi\overline{d}^3} = \frac{8\times1.22\times700\times34}{\pi\times5^3} = 591.5(\text{N/mm}^2)$$

切应力的变异系数为：

$$\nu_\tau = \sqrt{\nu_F^2 + \nu_K^2 + \nu_D^2 + 9\nu_d^2}$$
$$= \sqrt{0.05^2 + 0.037^2 + 0.005^2 + 9 \times 0.0026^2} = 0.063$$

切应力的标准差：

$$\sigma_\tau = \nu_\tau \bar{\tau} = 0.0063 \times 591.5 = 37.2(\text{N/mm}^2)$$

(2) 确定强度分布。

已知材料65Mn，簧丝直径 $d=5\text{mm}$，查表得到抗拉强度极限 $\sigma_B=1350\sim1600\text{N/mm}^2$。

$$\bar{\sigma}_B = \frac{1350 + 1600}{2} = 1475(\text{N/mm}^2)$$

$$\sigma_{\sigma_B} = \frac{1600 - 1350}{6} = 41.67(\text{N/mm}^2)$$

$$\nu_{\sigma_B} = \frac{41.67}{1475} = 0.028$$

因此，剪切强度均值：

$$\bar{\tau}_S = 0.4532$$

$$\bar{\sigma}_B = 0.4532 \times 1475 = 668.5(\text{N/mm}^2)$$

取剪切强度变异系数 $\nu_{\tau_S} \approx \nu_{\sigma_B}$，剪切强度标准差：

$$\sigma_{\tau_S} = \nu_{\tau_S}\bar{\tau}_S = 0.028 \times 668.5 = 18.7(\text{N/mm}^2)$$

(3) 用正态分布联结方程求解可靠度。

$$Z = -\frac{\bar{\tau}_S - \bar{\tau}}{\sqrt{\sigma_{\tau_S}^2 + \sigma_\tau^2}} = -\frac{668.5 - 591.5}{\sqrt{18.7^2 + 37.2^2}} = -1.85$$

查表得 $R=0.9687$。

(4) 计算弹簧有效圈数。

由
$$\lambda = \frac{8FC^3n}{Gd^4} \Rightarrow \bar{n} = \frac{\bar{\lambda}_{\max}\overline{Gd}}{8\overline{FC^3}} = \frac{50 \times 80000 \times 5}{8 \times 700 \times 6.8^3} = 11.35(\text{圈})$$

取标准系列：
$$\bar{n} = 11.5$$

有效圈数的变异系数：$\nu_n = \sqrt{\nu_\lambda^2 + \nu_G^2 + \nu_d^2 + \nu_F^2 + 9\nu_C^2} = 0.061$

其中：
$$\nu_\lambda = \frac{\sigma_\lambda}{\lambda} = \frac{1}{3 \times 50} = 0.0067$$

$$\nu_G = 0.03,\ \nu_D = 0.05,\ \nu_d = 0.0026,\ \nu_F = 0.05$$

$$\nu_C = \sqrt{\nu_D^2 + \nu_d^2} = \sqrt{0.005^2 + 0.0026^2} = 0.0056$$

习题

1. 松螺栓联结采用M12螺栓，材料为Q235，4.6级，设螺栓允许偏差 $\Delta d = \pm 0.015\bar{d}$，承受载荷 $F=(7000\pm700)\text{N}$，求此时的可靠度。

2. 一个紧螺栓联结，采用 M12 螺栓，材料为 10.9 级，设螺栓允许偏差 $\Delta d_c = \pm 0.02\bar{d}_c$（$d_c$ 为螺栓危险截面直径），铜皮石棉垫片。已知工作拉力 $F = 14500\text{N}$，$\sigma_F = 0.2F/3$，求螺栓联结的可靠度。

3. 试设计一个传动轴，要求可靠度为 0.999。所传递的扭矩 $T = (107 \pm 106)\text{N} \cdot \text{mm}$，材料强度 $\bar{S} = 344.47\text{MPa}$，$\sigma_S = 34.477\text{MPa}$，轴半径变化 $\sigma_r = 0.01\bar{r}$。

第十章　系统可靠性模型与可靠性分配

提高系统的可靠性，要从系统构成和各个阶段来考虑。本章介绍可靠性工程的重要内容之一：可靠性模型的建立；可靠性指标的预计与分配。

可靠性模型：预计产品可靠性所建立的数学模型。

可靠性预计：按已知的各零部件的可靠性数据，计算和预测系统的可靠性指标。

可靠性分配：按给定的系统可靠度，对各组成零部件的可靠度进行合理分配。

可靠性预计和可靠性分配是正反两方面的问题，其目的是使系统在规定的可靠性指标和预计功能前提下，使系统的技术性能、成本、时间等各方面取得协调，并通过集中设计方案的比较，得到最优设计。

第一节　系统可靠性模型

系统可靠性与组成系统的单元数量、单元可靠性以及单元之间的相互联结关系有关。常用可靠性系统逻辑图表示各单元之间的功能可靠性关系。

可靠性的基本模型有：串联系统、并联系统、表决系统、储备系统。

逻辑图的作用：反映单元之间的功能关系；为计算系统的可靠度提供数学模型。

系统可靠性逻辑图与各单元装配关系的结构图不同。如图 10-1 所示，电容的故障模式是电容短路，如图 10-2 所示，单向阀的故障模式是双向导通。

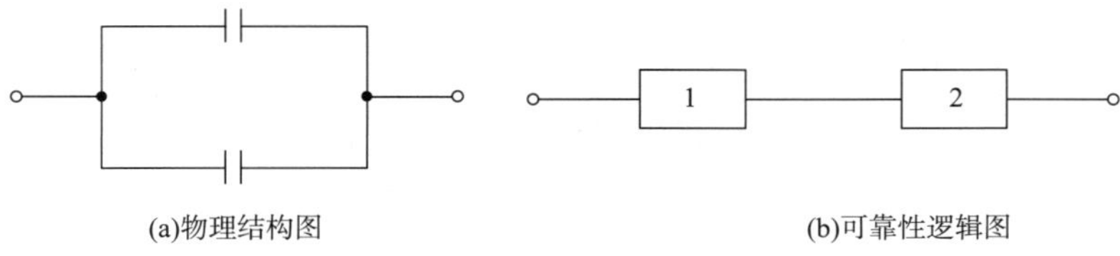

(a)物理结构图　　(b)可靠性逻辑图

图 10-1　电容器系统

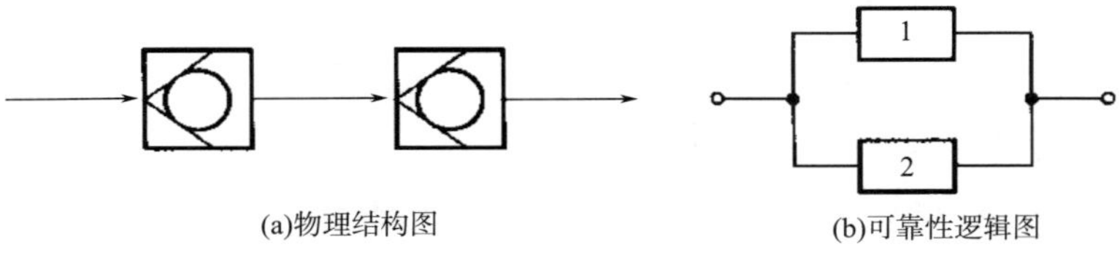

(a)物理结构图　　(b)可靠性逻辑图

图 10-2　单向阀系统

一、串联系统的可靠性模型

结构：系统由 n 个元件串联而成，如图 10-3 所示。

元件与系统的关系：只要其中有一个失效，系统就失效。

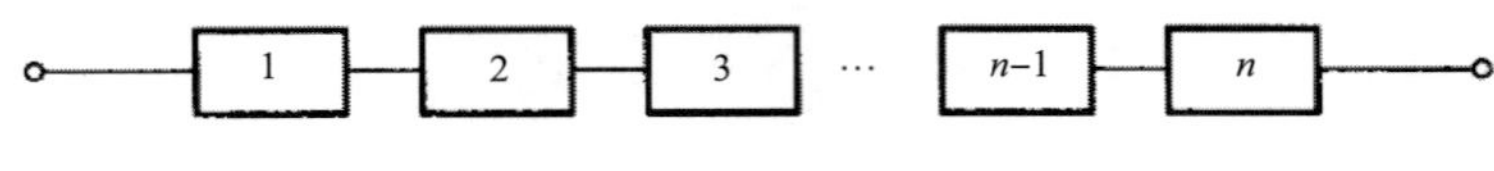

图 10-3　串联系统

数学模型：设各元件相互独立，即某一元件的失效对其他元件无影响，则系统的可靠度为：

$$R_s = R_1 R_2 \cdots R_n = \prod_{i=1}^{n} R_i$$

串联系统的可靠度比其中任何一个元件的可靠度都低，且随着串联元件个数的增加，可靠度明显降低。所以，减少串联元件数量是提高串联系统可靠度的最有效的措施，否则将对元件的可靠度提出极高的要求。

当串联系统的可靠性不能满足设计要求时，可以采用备份元件或备份系统的方法提高可靠性水平。该方法将增加系统的体积、质量、成本和复杂性。一般只在较重要的系统中才采用。

例 10-1　已知某串联系统由 3 个服从指数分布的单元组成，3 个单元的失效率分别为 $\lambda_1 = 0.0003\text{h}^{-1}$，$\lambda_2 = 0.0001\text{h}^{-1}$，$\lambda_3 = 0.0002\text{h}^{-1}$，工作时间 $t = 1000\text{h}$。试求系统的可靠度、失效率和平均寿命。

解：3 个单元的可靠度为：

$$\begin{cases} R_1 = e^{-\lambda_1 t} = e^{-0.0003t} \\ R_2 = e^{-\lambda_2 t} = e^{-0.0001t} \\ R_3 = e^{-\lambda_3 t} = e^{-0.0002t} \end{cases}$$

1000h 的可靠度为：$R_s = R_1 R_2 R_3 = e^{-\sum_{i=1}^{3} \lambda_i t} = e^{0.0003\times 1000} e^{0.0001\times 1000} e^{0.0002\times 1000} = 0.5488$

系统的失效率为：$\lambda_s = \sum \lambda_i = 0.0003 + 0.0001 + 0.0002 = 0.0006(\text{h}^{-1})$

平均寿命为：

$$T_s = \frac{1}{\lambda_s} = \frac{1}{0.0006} = 1666.67(\text{h})$$

二、并联系统的可靠性模型

结构：系统由 n 个元件并联而成，如图 10-4 所示。

元件与系统的关系：只要其中有一个元件不失效，系统就不失效。只有 n 个元件全部失效时，系统才失效。

数学模型：系统失效概率是全部元件失效概率的连乘积。即：

$$F_s = F_1 F_2 \cdots F_n = \prod_{i=1}^{n} F_i = \prod_{i=1}^{n} (1 - R_i)$$

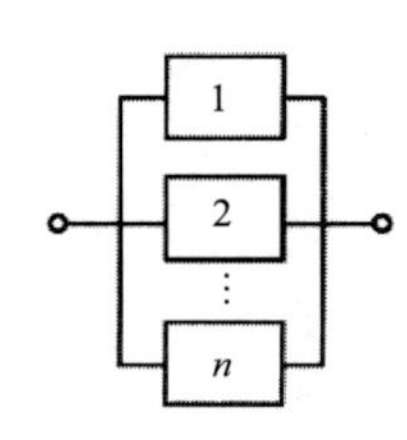

图 10-4　并联系统

系统的可靠度：$$R_s = 1 - F_s = 1 - \prod_{i=1}^{n}(1 - R_i)$$

并联系统的可靠度高于其中任何一个元件的可靠度，且随着并联元件个数的增加而增加。并联系统又称为工作冗余系统或热储备系统。

例 10-2　已知某并联系统由两个服从指数分布的单元组成，两个单元的失效率分别为 $\lambda_1 = 0.0002\text{h}^{-1}$，$\lambda_2 = 0.0003\text{h}^{-1}$，工作时间 $t = 800\text{h}$。试求系统的可靠度、失效率和平均寿命。

解：2 个单元的可靠度为：

$$\begin{cases} R_1 = e^{-\lambda_1 t} = e^{-0.0002t} \\ R_2 = e^{-\lambda_2 t} = e^{-0.0003t} \end{cases}$$

800h 时系统的可靠度为：

$$\begin{aligned} R_s(800) &= 1 - \prod_{i=1}^{2}(1 - R_i) = R_1 + R_2 - R_1 R_2 \\ &= e^{-0.0002\times800} + e^{-0.0003\times800} - e^{-0.0002\times800}e^{-0.0003\times800} \\ &= 0.9685 \end{aligned}$$

800h 时系统的失效率：

$$\begin{aligned} \lambda_s &= \frac{f_s(t)}{R_s(t)} = -\frac{1}{R_s(t)}\frac{dR_s(t)}{dt} = \frac{\lambda_1 e^{-\lambda_1 t} + \lambda_2 e^{-\lambda_2 t} - (\lambda_1 + \lambda_2)e^{-(\lambda_1+\lambda_2)t}}{e^{-\lambda_1 t} + e^{-\lambda_2 t} - e^{-(\lambda_1+\lambda_2)t}} \\ &= \frac{0.0002e^{-0.0002\times800} + 0.0003e^{-0.0003\times800} - (0.0002 + 0.0003)e^{-(0.0002+0.0003)\times800}}{e^{-\lambda_1 t} + e^{-\lambda_2 t} - e^{-(\lambda_1+\lambda_2)t}} \\ &= 7.3575\times10^{-5}(\text{h}^{-1}) \end{aligned}$$

系统的平均寿命：

$$\begin{aligned} T_s &= \int_0^{\infty} R(t)dt = \int_0^{\infty} R_s dt = \int_0^{\infty}[e^{-\lambda_1 t} + e^{-\lambda_2 t} - e^{-(\lambda_1+\lambda_2)t}]dt \\ &= \frac{1}{\lambda_1} + \frac{1}{\lambda_2} - \frac{1}{\lambda_1 + \lambda_2} \\ &= \frac{1}{0.002} + \frac{1}{0.0003} - \frac{1}{0.0002 + 0.0003} = 6333.33(\text{h}) \end{aligned}$$

三、表决系统的可靠性模型

结构：系统由 n 个元件并联组成。1 个以上的元件（不包含 1 个元件）不失效才能保证系统不失效，又称特殊冗余系统。

元件与系统的关系：只要其中任意 k 个（或 k 个以上）元件不失效，则系统就不会失效，也称为 k/n 表决系统。

图 10-5（a）为 2/3 表决系统，当其中至少有两个元件正常工作，系统就能正常工作。其等效逻辑图如图 10-5（b）所示。

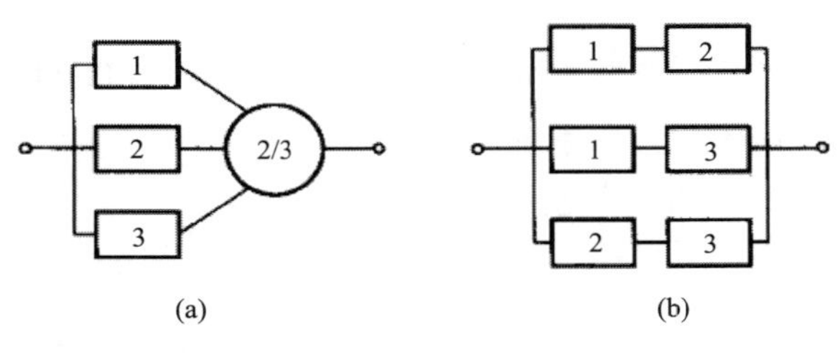

图 10-5　表决系统

数学模型：

对于 2/3 表决系统，系统的可靠度为：

$$R_s = R_1R_2R_3 + (1 - R_1)R_2R_3 + R_1(1 - R_2)R_3 + R_1R_2(1 - R_3)$$

若系统各元件的可靠度都相同，则有：

$$R_s = 3R^2 - 2R^3$$

对于 k/n 表决系统，当各元件的可靠度都相同时，系统可靠度计算公式为二项分布表达式：

$$R_s = \sum_{i=k}^{n} C_n^i R^i (1 - R)^{n-i}$$

式中，C_n^i 为 n 中取 i 的组合数。

特别地，如果各单元寿命均服从指数分布，则有：

$$R_s(t) = \sum_{i=k}^{n} C_n^i \mathrm{e}^{-i\lambda t}[1 - \mathrm{e}^{-\lambda t}]^{n-i}$$

系统的平均寿命为：

$$T_s = \int_0^\infty R_s(t)\,\mathrm{d}t = \frac{1}{k\lambda} + \frac{1}{(k+1)\lambda} + \cdots + \frac{1}{n\lambda} = \sum_{i=k}^{n} \frac{1}{i\lambda}$$

表决系统的可靠度高于其组成元件的可靠度，但低于并联系统的可靠度。

例 10-3 某 3/5 表决系统，各单元寿命服从指数分布，失效率均为 $\lambda = 0.0002\mathrm{h}^{-1}$，系统工作时间 $t = 1000\mathrm{h}$，求系统的可靠度及平均寿命。

解：单元的可靠度为：$R(1000) = \mathrm{e}^{-\lambda t} = \mathrm{e}^{-0.0002 \times 1000} = 0.8187$

计算 3/5 表决系统可靠度为：

$$\begin{aligned} R_s(t) &= \sum_{i=3}^{5} C_5^i [R(t)]^i [1 - R(t)]^{5-i} \\ &= C_5^3 \times 0.8187^3 \times (1 - 0.8187)^2 + C_5^4 \times 0.8187^4 \times (1 - 0.8187) + C_5^5 \times 0.8187^5 \\ &= 0.9554 \end{aligned}$$

系统的平均寿命：$T_s = \int_0^\infty R_s(t)\,\mathrm{d}t = \sum_{i=3}^{5} \frac{1}{i\lambda} = \frac{1}{3\lambda} + \frac{1}{4\lambda} + \frac{1}{5\lambda} = 3916.67(\mathrm{h})$

例 10-4 设每个单元的可靠度 $R(t) = \mathrm{e}^{-\lambda t}$，且 $\lambda = 0.001\mathrm{h}^{-1}$，求当 $t = 100\mathrm{h}$ 和 $t = 1000\mathrm{h}$ 时，以下一个单元的系统；两单元串联系统；两单元并联系统；2/3 表决系统的可靠度 R_{s1}，R_{s2}，R_{s3}，R_{s4}。

解：(1) $t = 100\mathrm{h}$ 时 4 个系统的可靠度。

一个单元系统：　$R_{s1} = \mathrm{e}^{-\lambda t} = \mathrm{e}^{-0.001 \times 100} = 0.905$

两单元串联系统：　$R_{s2} = R^2 = 0.905^2 = 0.819$

两单元并联系统：$R_{s3} = 1 - (1 - R)^2 = 1 - (1 - 0.905)^2 = 0.991$

2/3 表决系统：

$$\begin{aligned} R_{s4} &= C_3^2 R^2 (1 - R) + C_3^3 R^3 = 3R^2 - 2R^3 \\ &= 3 \times 0.905^2 - 2 \times 0.905^3 = 0.975 \end{aligned}$$

（2）$t=1000\text{h}$ 时 4 个系统的可靠度。

一个单元系统：　$R_{s1}=e^{-\lambda t}=e^{-0.001\times1000}=0.368$

两单元串联系统：　$R_{s2}=R^2=0.368^2=0.135$

两单元并联系统：　$R_{s3}=1-(1-R)^2=1-(1-0.368)^2=0.601$

2/3 表决系统：

$$\begin{aligned}R_{s4}&=C_3^2R^2(1-R)+C_3^3R^3=3R^2-2R^3\\&=3\times0.368^2-2\times0.368^3=0.306\end{aligned}$$

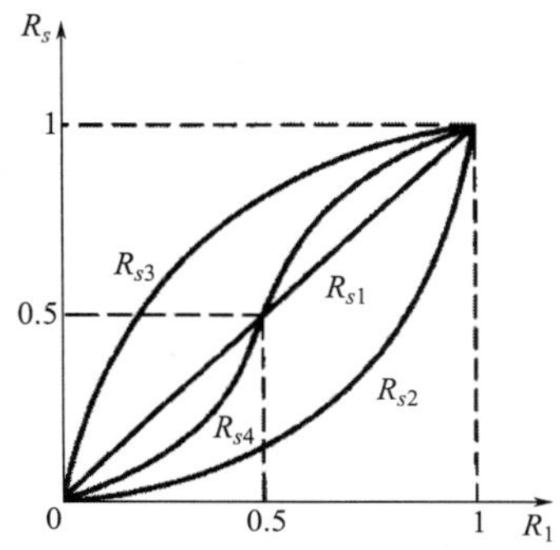

图 10-6　系统可靠度比较

图 10-6 是不同系统可靠度比较。当单元可靠度 $R=0.905$ 时，有 $R_{s2}<R_{s1}<R_{s4}<R_{s3}$；当单元可靠度 $R=0.368$ 时，有 $R_{s2}<R_{s4}<R_{s1}<R_{s3}$。由 $R_{s1}=R_{s4}$，得到 $R=0.5$。

因此，有以下性质：

当 $R_{s1}>0.5$，有 $R_{s2}<R_{s1}<R_{s4}<R_{s3}$；

当 $R_{s1}=0.5$，有 $R_{s2}<R_{s1}=R_{s4}<R_{s3}$；

当 $R_{s1}<0.5$，有 $R_{s2}<R_{s1}<R_{s4}<R_{s3}$。

四、储备系统的可靠性模型

结构：系统由 n 个元件组成，又称为非工作冗余系统或待机系统，如图 10-7 所示。

元件与系统的关系：在给定的时间 t 内，只要失效件数不多于 $n-1$ 个，系统均可处于可靠状态。

该系统中只有某个元件处于工作状态，其他元件则处于非工作的备份状态，一旦工作的元件出现故障，备份件才投入工作，直到所有元件都发生故障时，系统才发生故障。

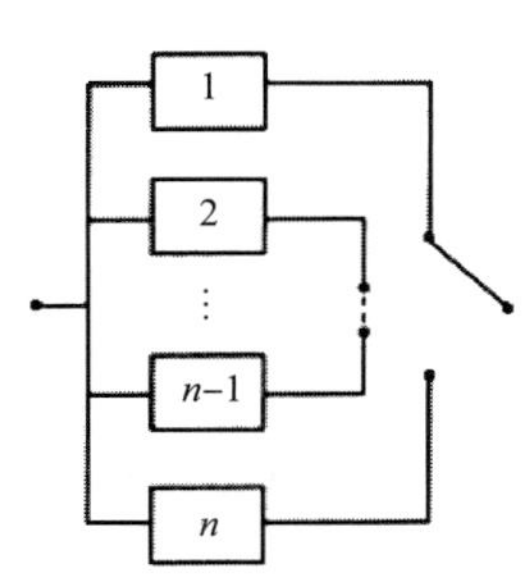

图 10-7　储备系统

数学模型：设元件的失效概率 $\lambda_1(t)=\lambda_2(t)=\cdots=\lambda_n(t)=\lambda$。即元件的寿命服从指数分布，则各单元的平均寿命为 $1/\lambda$，整个系统的平均寿命为 n/λ。

按平均寿命与可靠度的关系，系统的可靠度按下列泊松分布的部分求和公式计算：

$$R_s(t)=e^{-\lambda t}\left[1+\lambda t+\frac{(\lambda t)^2}{2!}+\cdots+\frac{(\lambda t)^{n-1}}{(n-1)!}\right]$$

当元件数为 2 时，则有：　$R_s(t)=e^{-\lambda t}(1+\lambda t)$

系统的失效率为：　$\lambda_s(t)=-\dfrac{1}{R_s}\dfrac{dR_s}{dt}=\dfrac{\lambda^2t}{1+\lambda t}$

储备系统的平均寿命为：　$T_s=\int_0^\infty R_s(t)dt=\int_0^\infty e^{-\lambda t}(1+\lambda t)dt=\dfrac{1}{\lambda}+\dfrac{1}{\lambda}=\dfrac{2}{\lambda}$

储备系统一般装有报告失效的装置和开关转换装置，在系统发生故障时，及时地启动备件工作。要求这种装置的可靠度非常高，否则就失去了备份的意义。

在计算系统可靠度时，可以假定这种装置的可靠度是 100%，且备份不工作时的失效概率为零。

例 10-5 假设单元寿命服从指数分布，失效率为 $\lambda=0.0005$，系统工作时间为 $t=100\text{h}$，试比较均有两个相同单元组成的串联系统、并联系统、储备系统的可靠度及系统平均寿命。

解：单元的可靠度为： $R(t)=e^{-\lambda t}=e^{-0.0005\times100}=0.95$

串联系统：

$$R_s(t)=[R(t)]^2=0.95^2=0.9025$$

$$T_s=\frac{1}{2\lambda}=\frac{1}{2\times0.0005}=1000(\text{h})$$

并联系统：

$$R_s(t)=1-[1-R(t)]^2=1-0.05^2=0.9975$$

$$T_s=\int_0^\infty R_s\text{d}t=\frac{2}{\lambda}-\frac{1}{2\lambda}=3000(\text{h})$$

储备系统：

$$R_s(t)=(1+\lambda t)e^{-\lambda t}=(1+0.0005\times100)e^{-0.0005\times100}=0.9987$$

$$T_s=\int_0^\infty R_s\text{d}t=\frac{2}{\lambda}=4000(\text{h})$$

结论：当储备单元完全可靠时，储备系统的可靠度大于并联系统的可靠度。当储备单元完全可靠时，储备系统的平均寿命比并联系统及串联系统要明显增长。

第二节 复杂系统可靠性预计

复杂系统不属于可靠性基本模型，但由可靠性基本模型组成的系统。复杂系统可靠性的计算方法采用以下两种方法：系统逻辑图法；布尔真值表法。

两种方法的基本原理如下。

系统逻辑图法：将复杂系统看作是由可靠性基本模型组成，通过计算可靠性基本模型的可靠度，最终计算系统的可靠度。

布尔真值表法：全面分析系统正常工作和失效的各种状态，在此基础上，计算系统的可靠度。

需要注意的是，系统逻辑图法不能用于桥式网络结构系统可靠性设计。

一、系统逻辑图法

系统逻辑图的功能：反映局部与总体的关系；为计算系统可靠度提供数学模型。

图 10-8 为某一系统逻辑图。

以图 10-8 逻辑图为例，该系统由元件 1、元件 2、元件 10 以及子系统 B 和子系统 C 串联而成。其中，子系统 B 为混联系统，子系统 C 为 2/3 表决系统。

子系统 B、子系统 C 和整个系统的可靠度分别为：

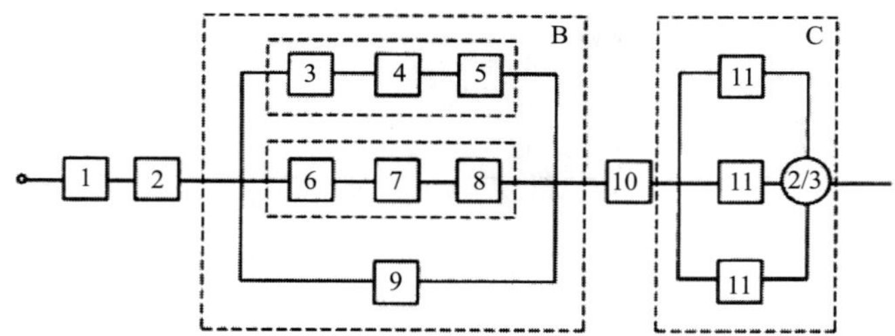

图 10-8　系统可靠性逻辑图

$$R_B = 1 - (1 - R_3R_4R_5)(1 - R_6R_7R_8)(1 - R_9)$$

$$R_C = \sum_{i=2}^{3} C_3^i R_{11}^i (1 - R_{11})^{3-i} = 3R_{11}^2 - 2R_{11}^3$$

$$R_s = R_1R_2R_BR_{10}R_C$$

二、布尔真值表法

对于复杂的系统，无法简化成前述的可靠性基本模型的组合，只能全面分析其正常和失效的各种状态，然后加以计算。

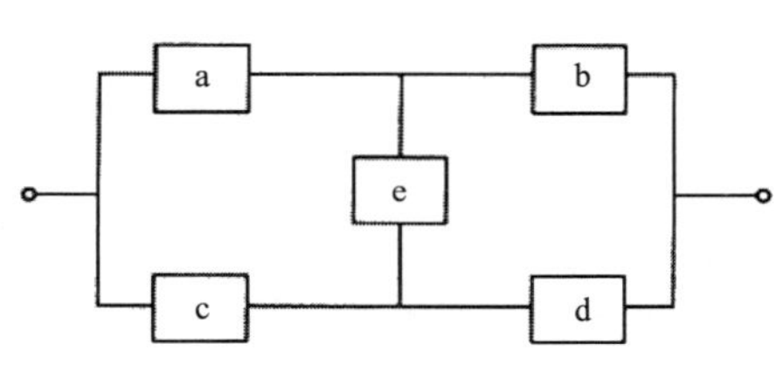

图 10-9　桥式网络结构系统

图 10-9 是桥式网络结构系统。设系统从左到右可以传递信息时，系统处于正常状态；当从左到右不能传递信息时，系统失效。若 $R_a = R_c = 0.8$，$R_b = R_d = 0.75$，$R_e = 0.9$，即系统中各元件正常和失效的组合共有 $2^5 = 32$ 种状态，系统的真值见表 10-1。

表 10-1　真值表

序号	单元工作状态					系统状态	正常概率	序号	单元工作状态					系统状态	正常概率
	a	b	c	d	e				a	b	c	d	e		
1	0	0	0	0	0	F	0	12	0	1	0	1	1	F	0
2	0	0	0	0	1	F	0	13	0	1	1	0	0	F	0
3	0	0	0	1	0	F	0	14	0	1	1	0	1	S	0.027
4	0	0	0	1	1	F	0	15	0	1	1	1	0	S	0.009
5	0	0	1	0	0	F	0	16	0	1	1	1	1	S	0.081
6	0	0	1	0	1	F	0	17	1	0	0	0	0	F	0
7	0	0	1	1	0	S	0.003	18	1	0	0	0	1	F	0
8	0	0	1	1	1	S	0.027	19	1	0	0	1	0	F	0
9	0	1	0	0	0	F	0	20	1	0	0	1	1	S	0.027
10	0	1	0	0	1	F	0	21	1	0	1	0	0	F	0
11	0	1	0	1	0	F	0	22	1	0	1	0	1	F	0

续表

序号	单元工作状态					系统状态	正常概率	序号	单元工作状态					系统状态	正常概率
	a	b	c	d	e				a	b	c	d	e		
23	1	0	1	1	0	S	0.012	28	1	1	0	1	1	S	0.081
24	1	0	1	1	1	S	0.108	29	1	1	1	0	0	S	0.012
25	1	1	0	0	0	S	0.003	30	1	1	1	0	1	S	0.108
26	1	1	0	0	1	S	0.027	31	1	1	1	1	0	S	0.036
27	1	1	0	1	0	S	0.009	32	1	1	1	1	1	S	0.324
$R=R_1+R_2+\cdots+R_{32}=0.894$															

第三节　系统可靠性分配

将给定的系统可靠度分配给组成系统的各个子系统及其零部件的过程称为系统可靠性分配。

可靠度分配的依据：系统的可靠度；各零部件的可靠性预测的结果。

可靠性预计自下而上；可靠性分配自上而下。可靠性预计是可靠性分配的基础。可靠性预计和分配不是一次性的工作。为了求得可靠度分配的最佳结果，一般要经过预计、分配、再预计、再分配的多次反复，才能使结果逐步趋于合理，并最终使系统的性能、成本、研制周期等各方面取得协调。

按分配的不同，可靠度分配方法有多种。例如等同分配法、相对失效率法与相对失效概率法、AGREE 法和数学规划优化分配法。

一、等同分配法

等同分配法是按照全部子系统可靠度相等原则进行分配。

对于串联系统，由系统可靠度计算公式 $R_s=R_i^n$，可得：

$$R_i=R_s^{\frac{1}{n}}$$

对于并联系统，由系统可靠度计算公式 $R_s=1-(1-R_i)^n$，可得：

$$R_i=1-(1-R_s)^{\frac{1}{n}}$$

特点：方法简单，但由于通常各子系统的可靠度大不相同，为提高各子系统的可靠度所花费的成本也大不相同，故实际应用上较少。

例 10-6　系统可靠度要求为 $R_s=0.9$ 时，选用两个复杂程度相似的单元串联工作或并联工作，则在两种情况下，每个单元分配到的可靠度是多少？

解：（1）串联系统。

$$R_1=R_2=(0.9)^{\frac{1}{2}}=0.9487$$

（2）并联系统。

$$R_1 = R_2 = 1 - (1 - 0.9)^{\frac{1}{2}} = 0.6838$$

二、相对失效率法与相对失效概率法

相对失效率法是使系统中各单元的容许失效率正比于该单元的预计失效率值，并根据这一原则来分配系统中各单元的可靠度。此法适用于失效率为常数的串联系统。

相对失效概率法是根据使系统中各单元的容许失效概率正比于该单元的预计失效概率的原则来分配系统中各单元的可靠度。此法适用于并联系统。

对于单元可靠度为指数分布的情况，系统可靠度也服从指数分布，有：

$$R_s(t) = e^{-\lambda_s t} \approx 1 - \lambda_s t$$

$$F_s(t) = 1 - R_s(t) \approx \lambda_s t$$

按失效率成比例分配可靠度，可以近似按失效概率成比例分配代替。

1. 串联系统可靠度分配

对于单元可靠度服从指数分布的系统，有：

$$e^{-\lambda_1 t} \cdot e^{-\lambda_2 t} \cdots e^{-\lambda_n t} = e^{-\lambda_s t} \Rightarrow \sum_{i=1}^{n} \lambda_i = \lambda_s$$

串联系统的可靠度为单元可靠度之积，而系统的失效率则为各单元失效率之和。

各单元相对失效率为：　$\gamma_i = \lambda_i / \sum_{i=1}^{n} \lambda_i$

若系统可靠度设计指标是 $R_{sd} = e^{-\lambda_{sd} t}$，则系统的失效率设计指标是 $\lambda_{sd} = -(\ln R_{sd})/t$。

因此，各单元容许失效率为：

$$\lambda_{id} = \gamma_i \lambda_{sd} = \frac{\lambda_i}{\sum_{i=1}^{n} \lambda_i} \cdot \lambda_{sd}$$

各单元分配的可靠度：　$R_i = e^{-\lambda_{id} t}$

例 10-7　一个串联系统由 3 个单元组成，各单元寿命均为指数分布。已知在系统工作 1000h 时，3 个单元的可靠度分别为 $R_1(t) = 0.9, R_2(t) = 0.85, R_3(t) = 0.75$。现要求工作 1000h 时系统可靠度为 $R_{sd} = 0.75$。试用相对失效率法求各单元分配的可靠度。

解：（1）判断系统是否需要进行可靠性分配。

$$R_s(1000) = R_1(t) \times R_2(t) \times R_3(t) = 0.9 \times 0.85 \times 0.75 = 0.574 < 0.75$$

系统预计可靠度不能满足要求，故要进行可靠度分配。

（2）系统预计失效率的确定。

各单元的预计失效率分别为：

$$\lambda_1(1000) = -\frac{\ln R_1(t)}{t} = -\frac{\ln R_1(1000)}{1000} = -\frac{\ln 0.9}{1000} = 1.054 \times 10^{-4}$$

$$\lambda_2(1000) = -\frac{\ln R_2(t)}{t} = -\frac{\ln R_2(1000)}{1000} = -\frac{\ln 0.85}{1000} = 1.625 \times 10^{-4}$$

$$\lambda_3(1000) = -\frac{\ln R_3(t)}{t} = -\frac{\ln R_3(1000)}{1000} = -\frac{\ln 0.75}{1000} = 2.877 \times 10^{-4}$$

系统预计失效率为：

$$\lambda_s = \sum_{i=1}^{3}\lambda_i = 1.054\times10^{-4} + 1.625\times10^{-4} + 2.877\times10^{-4} = 5.556\times10^{4}(\mathrm{h}^{-1})$$

（3）计算各单元相对失效率和允许失效率。

各单元相对失效率分别为：

$$\gamma_1 = \frac{\lambda_1}{\lambda_s} = \frac{1.054\times10^{-4}}{5.556\times10^{-4}} = 0.190$$

$$\gamma_2 = \frac{\lambda_2}{\lambda_s} = \frac{1.625\times10^{-4}}{5.556\times10^{-4}} = 0.292$$

$$\gamma_3 = \frac{\lambda_3}{\lambda_s} = \frac{2.877\times10^{-4}}{5.556\times10^{-4}} = 0.518$$

计算系统容许的失效率：

$$\lambda_{sd} = -\frac{\ln R_{sd}}{t} = -\frac{\ln 0.75}{1000} = 2.877\times10^{-4}(\mathrm{h}^{-1})$$

因此，计算各单元容许的失效率：

$$\lambda_{1d} = \gamma_1\lambda_{sd} = 0.190\times2.877\times10^{-4} = 5.466\times10^{-5}(\mathrm{h}^{-1})$$

$$\lambda_{2d} = \gamma_2\lambda_{sd} = 0.292\times2.877\times10^{-4} = 8.400\times10^{-5}(\mathrm{h}^{-1})$$

$$\lambda_{3d} = \gamma_3\lambda_{sd} = 0.518\times2.877\times10^{-4} = 1.490\times10^{-4}(\mathrm{h}^{-1})$$

（4）计算各单元分配的可靠度。

$$R_{1d} = \mathrm{e}^{-\lambda_{1d}t} = \mathrm{e}^{-5.466\times10^{-5}\times1000} = 0.947$$

$$R_{2d} = \mathrm{e}^{-\lambda_{2d}t} = \mathrm{e}^{-8.400\times10^{-5}\times1000} = 0.919$$

$$R_{3d} = \mathrm{e}^{-\lambda_{3d}t} = \mathrm{e}^{-1.490\times10^{-4}\times1000} = 0.862$$

2. 并联系统可靠度分配

若有 n 个并联单元的系统，容许的失效概率为 F_{sd}，则：

$$F_{sd} = F_{1d}\cdot F_{2d}\cdot\cdots\cdot F_{nd} = \prod_{i=1}^{n}F_{id}$$

若已知各并联单元的预计失效概率为 F_i，则可建立 $n-1$ 个相对关系式：

$$\begin{cases}\dfrac{F_{2d}}{F_2} = \dfrac{F_{1d}}{F_1}\\[2ex] \dfrac{F_{3d}}{F_3} = \dfrac{F_{1d}}{F_1}\\ \qquad\vdots\\ \dfrac{F_{nd}}{F_n} = \dfrac{F_{1d}}{F_1}\end{cases}$$

求解方程组，得到各单元容许失效概率 F_{id}，进而求得各单元可靠度。

例 10-8 如图 10-10（a）所示，系统由 3 个单元组成，各单元寿命均为指数分布。系统工作 20h，已知它们的预计失效概率分别为 $F_1=0.04$，$F_2=0.06$，$F_3=0.12$。要求工作 20h 系统的容许失效概率为 $F_{sd}=0.005$，试计算系统中各单元所容许的失效概率值。

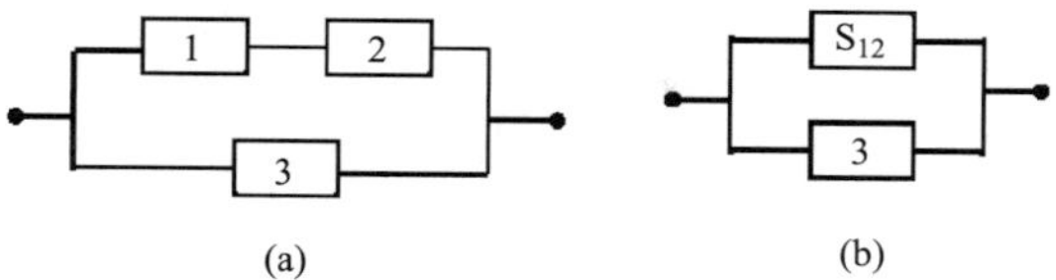

图 10-10　结构系统

解：（1）判断系统是否需要进行可靠性分配。

将并联系统简化为等效单元，如图 10-10（b）所示。求得等效单元可靠度及失效概率：

$$R_{12}=R_1R_2=0.96\times0.94=0.90$$

$$F_{12}=1-R_{12}=1-0.90=0.10$$

系统的预计失效概率为：

$$F_s=F_{12}\cdot F_3=0.10\times0.12=0.012>0.005$$

系统的失效概率大于给定值，需做各单元可靠性再分配。

（2）按相对失效概率法分配失效概率并计算单元可靠度。

$$由\begin{cases}\dfrac{F_{12d}}{F_{12}}=\dfrac{F_{3d}}{F_3}\\ F_{sd}=F_{12d}\cdot F_{3d}\end{cases}\Rightarrow\begin{cases}F_{3d}=\dfrac{F_3}{F_{12}}\cdot F_{12d}=\dfrac{0.12}{0.10}\cdot F_{12d}\\ F_{12d}\cdot F_{3d}=0.005\end{cases}$$

解得：

$$F_{12d}=0.0645$$

$$F_{3d}=0.0775$$

按相对失效率法分配串联子系统各单元的失效率。

各单元的预计可靠度分别为：

$$R_1=1-F_1=0.96$$

$$R_2=1-F_2=0.94$$

各单元的预计失效率分别为：

$$\lambda_1=-\frac{\ln R_1}{t}=-\frac{\ln0.96}{20}=0.002$$

$$\lambda_2=-\frac{\ln R_2}{t}=-\frac{\ln0.94}{20}=0.003$$

串联子系统容许的失效概率 $F_{12d}=0.0645$，因此，串联子系统的失效率为：

$$\lambda_{12d}=-\frac{\ln R_{12d}}{t}=-\frac{\ln(1-0.0645)}{20}=0.0033$$

因此，可计算出两个串联的单元容许的失效率为：

$$\lambda_{1d} = \frac{\lambda_1}{\lambda_1 + \lambda_2} \cdot \lambda_{12d} = \frac{0.002}{0.002 + 0.003} \times 0.0033 = 1.32 \times 10^{-3}$$

$$\lambda_{2d} = \frac{\lambda_2}{\lambda_1 + \lambda_2} \cdot \lambda_{12d} = \frac{0.003}{0.002 + 0.003} \times 0.0033 = 1.98 \times 10^{-3}$$

（3）计算单元的可靠度。

$$R_1 = e^{-\lambda_{1d}t} = e^{-1.32\times10^{-3}\times20} = 0.9740$$

$$R_2 = e^{-\lambda_{2d}t} = e^{-1.98\times10^{-3}\times20} = 0.9612$$

$$R_3 = 1 - F_{3d} = 1 - 0.0775 = 0.9225$$

三、AGREE 分配法

由美国电子设备可靠性顾问团（AGREE）提出。它同时考虑了系统的各单元或各系统的复杂度、重要度、工作时间与系统之间的关系。适用于各单元失效率为常数的串联系统。

单元或子系统的复杂度：单元中所含的重要零件、部件（其失效会引起单元的失效）的数目 $N_i(i=1,2,\cdots,n)$ 与系统中重要零件、部件的总数 N 之比，即第 i 个单元的复杂度 k 为：

$$k_i = \frac{N_i}{N} = \frac{N_i}{\sum N_i} \quad (i = 1, 2, \cdots, n)$$

一般的，单元或子系统越复杂，越容易失效，失效率正比于复杂度 k_i。

单元或子系统的重要度：该单元失效而引起系统失效的概率，记为 ω_i。

$$\omega_i = \frac{m_i}{r_i} \quad (i = 1, 2, \cdots, n)$$

式中，m_i 为由第 i 个单元故障引起的系统故障次数；r_i 为第 i 个单元的故障次数。

考虑复杂度和重要度，单元的失效率与系统失效率的比值可表示为：

$$\frac{\lambda_i}{\lambda_s} = \frac{k_i}{\omega_i} \quad (i = 1, 2, \cdots, n)$$

式中，λ_i 为分配给第 i 个单元的失效率；λ_s 为系统的失效率。

如果系统的可靠度服从指数分布，即 $R_s = e^{-\lambda_s t}$，则分配给各个单元的失效率为：

$$\lambda_i = \frac{-k_i \ln R_s}{\omega_i t_i}$$

分配给各单元的可靠度为：

$$R_i(t) = e^{-\lambda_i t_i} = e^{-\frac{-k_i \ln R_s}{\omega_i}} = 1 + \frac{k_i \ln R_s}{\omega_i} = 1 + \frac{\ln R_s^{k_i}}{\omega_i} \quad (10-1)$$

当 λt 较小时有 $e^{-\lambda t}=1-\lambda t$，则：

$$R_s^{k_i} = e^{-\lambda_s k_i t} = 1-\lambda_s k_i t \quad (10-2)$$

对式（10-2）取对数：

$$\ln(R_s^{k_i}) = -\lambda_s k_i t \quad (10-3)$$

比较式（10-2）和式（10-3），得：$\ln(R_s^{k_i}) = R_s^{k_i} - 1$

代入式（10-1）得到分配给各单元的可靠度为：$R_i(t) = 1 - \dfrac{1 - R_s^{k_i}}{\omega_i}$

例 10-9 一个三单元组成的串联系统，可靠度服从指数分布，单元中重要零件数分别为 10，40，50，要求在连续工作 48h 期间内系统的可靠度为 0.98。单元 1 的重要度为 $\omega_1 = 1$，单元 2 的工作时间为 10h，重要度为 $\omega_2 = 0.9$，单元 3 的工作时间为 12h，重要度为 $\omega_3 = 0.85$。试计算各单元失效率和应分配的可靠度。

解：（1）系统的重要零件总数。

$$N = \sum_{i=1}^{3} N_i = 10 + 40 + 50 = 100$$

（2）计算各单元的失效率。

$$\lambda_1 = \frac{-N_1 \ln R_s}{N\omega_1 t_1} = \frac{-10 \times \ln 0.98}{100 \times 1 \times 48} = 0.000042(\text{h}^{-1})$$

$$\lambda_2 = \frac{-N_2 \ln R_s}{N\omega_2 t_2} = \frac{-40 \times \ln 0.98}{100 \times 0.9 \times 10} = 0.00090(\text{h}^{-1})$$

$$\lambda_3 = \frac{-N_3 \ln R_s}{N\omega_3 t_3} = \frac{-50 \times \ln 0.98}{100 \times 0.85 \times 12} = 0.00099(\text{h}^{-1})$$

（3）计算分配给各单元的可靠度。

$$R_1(48) = 1 - \frac{1 - R^{k_1}}{\omega_1} = 1 - \frac{1 - 0.98^{10/100}}{1} = 0.9980$$

$$R_2(10) = 1 - \frac{1 - R^{k_2}}{\omega_2} = 1 - \frac{1 - 0.98^{40/100}}{0.90} = 0.9911$$

$$R_3(12) = 1 - \frac{1 - R^{k_3}}{\omega_3} = 1 - \frac{1 - 0.98^{50/100}}{0.85} = 0.9882$$

（4）系统的可靠度。

$$R_s = R_1 R_2 R_3 = 0.9980 \times 0.9911 \times 0.9882 = 0.98$$

四、数学规划优化分配法

数学规划优化分配的方法：建立数学模型；采用数学规划法求解。

数学模型的种类：一是以系统的成本、体积、重量或研制周期等最小或性能最大为目标，以系统可靠度不低于某一规定值为约束条件，进行可靠度分配。二是以系统可靠度最大为目标，而以系统的成本、体积、重量、研制周期或性能为约束条件，进行可靠度分配。

例如，以成本最小构建可靠性设计的数学模型：

目标函数：
$$\min \sum_{i=1}^{n} G(R_i, R_{id})$$

约束条件：
$$\prod_{i=1}^{n} R_{id} \geq R_{sd}$$

式中，$G(R_i, R_{id})$为使第 i 个单元的可靠度由单元的预计可靠度 R_i 提高到单元的分配可靠度 R_{id} 所需的成本；R_{sd} 为系统要求的可靠度。

设 k 表示系统中需提高可靠度的单元序号，应从可靠度最低的单元开始提高可靠度。

$$R_{0k} = \left(\frac{R_{sd}}{\prod_{i=k+1}^{n+1} R_i}\right)^{\frac{1}{k}} > R_k$$

为使系统获得所要求的可靠度指标，从 1~k 各单元均应提高其可靠度到 R_{0k}。如果 k 值继续增大到某一值后，使 $R_{0(k+1)} = \left(\frac{R_{sd}}{\prod_{i=k+2}^{n+1} R_i}\right)^{\frac{1}{k+1}} < R_{k+1}$，则 k 表示要提高可靠度单元序号的最大值。

为使系统达到要求可靠度 R_{sd}，1~k 各单元的可靠度均应提高到：

$$R_d = \left(\frac{R_{sd}}{\prod_{i=k+1}^{n+1} R_i}\right)^{\frac{1}{k}}$$

例 10-10 某系统由 3 个单元串联组成，各单元预计可靠度分别为 0.82、0.9、0.85，它们成本相同，要求系统可靠度指标为 $R_{sd}=0.70$。试用成本最小原则对 3 个单元进行可靠度再分配。

解：(1) 计算当前系统可靠度。

$$R_s = 0.82 \times 0.9 \times 0.85 = 0.6273 < 0.7$$

因此，需要重新分配可靠度。

(2) 将 3 个单元预计可靠度按非减顺序排列。

$$R_1 = 0.82, \quad R_2 = 0.85, \quad R_3 = 0.9$$

(3) 求最大值 k。

$$R_{01} = \left(\frac{R_s}{\prod_{i=3}^{4} R_i}\right)^{\frac{1}{1}} = \left(\frac{0.7}{0.85 \times 0.9 \times 1}\right) = 0.915 > 0.82$$

$$R_{02} = \left(\frac{R_s}{\prod_{i=3}^{4} R_i}\right)^{\frac{1}{2}} = \left(\frac{0.7}{0.9 \times 1}\right)^{\frac{1}{2}} = 0.88 > 0.85$$

$$R_{03} = \left(\frac{R_s}{\prod_{i=3}^{4} R_i}\right)^{\frac{1}{3}} = \left(\frac{0.7}{1}\right)^{\frac{1}{3}} = 0.888 < 0.9$$

所以，$k=2$。

(4) 计算各单元分配可靠度。

$$R_d = \left(\frac{R_{sd}}{\prod_{i=3}^{4} R_i}\right)^{\frac{1}{2}} = \left(\frac{0.7}{0.9 \times 1}\right)^{\frac{1}{2}} = 0.882$$

三个单元的可靠度分别为0.882，0.882，0.9。

（5）验算系统可靠度。

$$R_s = 0.882 \times 0.882 \times 0.9 = 0.7001 > 0.7$$

五、可靠度分配的原则

（1）对系统的关键部位，分配的可靠性指标应高一些。

（2）对易实现高可靠度的子系统，可以提出高可靠度要求；对不易实现高可靠度的子系统，应提出低的可靠度要求。

（3）对元件数目多、复杂程度高的子系统，分配的可靠度可低一些。

（4）对改进潜力较大的子系统，分配的可靠度应高一些。

（5）对工作环境恶劣的子系统，分配的可靠度可低一些。

（6）对便于维修和人工补救的子系统，分配的可靠度可低一些。

习题

1. 二级圆柱齿轮减速器，有四个齿轮、三根轴、六个滚动轴承，若已知它们的可靠度分别为：$R_{齿轮}=0.995$、$R_{轴}=0.9999$、$R_{轴承}=0.992$，试问该减速器系统可靠度。

2. 在某液压系统中，采用两个滤网装成结构串联系统。滤网故障有两种模式，即滤网堵塞或滤网破损。如果两种故障模式的失效率相同，两支滤网失效率分别为 $\lambda_1=0.00004$、$\lambda_2=0.00002$，工作时间 $t=1000$h，试分别求两种模式下的系统可靠度、失效率和平均寿命。

3. 系统由3个子系统串联而成，第一个子系统由单元1、2、3组成2/3表决子系统，第二个子系统由单元4、5串联组成，第三个子系统由单元6、7、8并联，设每个单元的可靠度相同，$R=0.95$，求系统的可靠度。

第十一章 失效模式影响分析和故障树分析

失效模式影响分析（failure mode and effects analysis，FMEA）和故障树分析（fault tree analysis，FTA）是可靠性工程中常用的系统可靠性分析方法。

失效严重度分类：Ⅰ级（致命性的）指灾难性的，可能造成整机损坏或重大人员伤亡；Ⅱ级（严重性的）指可能造成系统严重损坏和事故；Ⅲ级（一般性的）指可能造成局部性或一般损害；Ⅳ级（次要性的）指不会对整个系统造成损害。

危害度是综合产品每一故障模式严重度和其在系统故障中所占概率的综合性指标，以评价产品故障对系统影响的大小。

第一节 概述

失效模式影响分析（FMEA）是一种由下而上的归纳分析法，通过对系统各组成单元潜在的各种失效模式及其对系统功能影响的严重度进行分析，提出可能采取的预防改进措施，以提高产品的可靠性。

故障树分析（FTA）是自上而下的演绎推导方法，通过对系统失效的最终现象进行分析，逐级找出造成系统失效的各种因素，画出它们内在的逻辑关系图（即故障树），从而确定系统失效原因的各种可能组合方式或其发生概率，最终计算出系统的失效概率。

表 11-1 给出了 FMEA 和 FTA 两种方法的比较。

表 11-1 FMEA 和 FTA 方法比较

	FMEA	FTA
方法综述	设想全部组成单元的全部可能故障模式，分析其对系统的影响，并评定其致命度等级，提出改进措施	设想系统可能发生的事件，逐级推演事件发生原因，最终确定系统失效的因素组合及各级事件概率
实施特点	由局部到总体的顺向分析	由总体到局部的逆向分析
分析形式	填写统一表格	用规定符号表示的树状逻辑图；事件逻辑运算关系式
目的	只能进行定性分析	可实现定性和定量分析
分析结果	FMEA 表 零部件重要度或致命度顺序表 改进对策	故障树 零部件重要度顺序表 故障树谱 逻辑可靠性参数

第二节　失效模式影响分析

这种分析过程包括失效影响模式分析（FMEA）和严重度分析（criticality analysis, CA），合称 FMECA 分析。

一、FMECA 实施方法

1. 准备工作

充分熟悉系统（产品）的功能、构成及工作原理。明确系统可靠性要求。要明确产品的使用条件。准备好分析用的表格，见表 11-2。

表 11-2　FMECA 分析表

编号	对象名称	功能	故障模式	起因	影响		故障等级	备注
					子系统	系统		

2. 实施步骤

FMECA 实施的过程即是填表过程：其中第（4）栏填写故障模式是关键步骤，要列举出所有可能发生的故障模式。

二、故障等级与致命度

FMEA 中的故障等级也称为重要度，是反映故障模式重要程度的综合指标。常用综合评分法决定其等级。表 11-3 给出了故障等级与致命度系数评分。

$$C_s = \left(\prod_{i=1}^{n} C_i\right)^{\frac{1}{n}}$$

式中，C_s 为故障模式的综合评分（$1 \leqslant C_s \leqslant 10$）；$C_i$ 为第 i 项评定因素的评分（$1 \leqslant C_i \leqslant 10$），故障越严重分越高；$n$ 为评定因素的总项数。

表 11-3　故障等级与致命度系数评分

因素	综合评分法	致命度系数法	
	评分 C_i	程度	系数 F_i
故障对功能的影响及后果	1~10	致命的损失	5.0
		相当大的损失	3.0
		丧失功能	1.0
		不丧失功能	0.5
故障对系统的影响范围	1~10	两个以上重大影响	2.0
		一个重大影响	1.0
		无太大影响	0.5

续表

因素	综合评分法	致命度系数法	
	评分 C_i	程度	系数 F_i
故障发生频度	1～10	发生频度高	1.5
		有发生的可能性	1.0
		发生的可能性很小	0.7
故障防止的可能性	1～10	不能防止	1.3
		可能防止	1.0
		可容易地防止	0.7
更改设计的程度		须作重大改变	1.2
		须作类似设计	1.0
		同一设计	0.8

故障等级：Ⅰ：$C_s=8\sim10$；Ⅱ：$C_s=5\sim7$；Ⅲ：$C_s=3\sim4$；Ⅳ：$C_s=1\sim2$。

故障模式致命度方法较多，如致命度指数法、致命度系数法、危险优先数法、危险数法等。

致命度系数法：

$$C_p=\left(\prod_{i=1}^{5}F_i\right)^{\frac{1}{5}}$$

C_p 值越高，故障模式的致命度越高。

故障度或致命度分析完成后，应挑出那些严重的故障模式列成关键项目表，考虑改进措施。

以船用燃料系统进行分析，图 11-1 是某船用燃料系统。

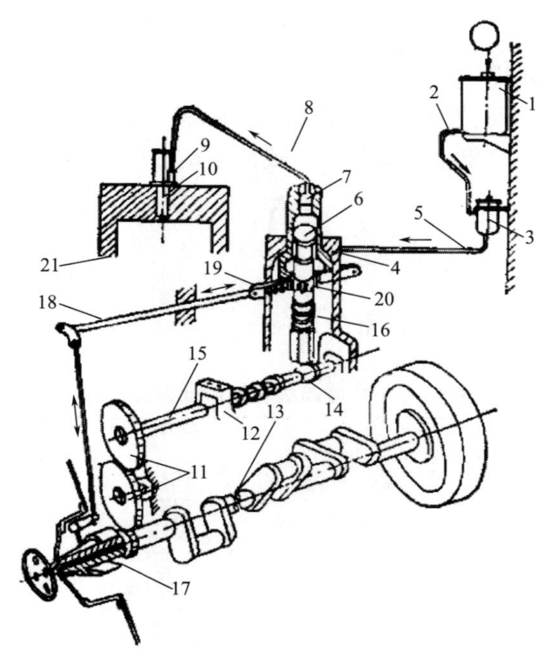

图 11-1　船用燃料系统

1—燃料箱　2—止回阀　3—过滤器　4—燃料泵　5—油管　6—柱塞　7—止回阀　8—高压油管　9—钢阀　10—喷嘴　11—齿轮　12—轴承　13—驱动轴　14—凸轮　15—凸轮轴　16—弹簧　17—调速器　18—杆　19—齿条　20—小齿轮　21—汽缸

系统的功能：燃料借重力由燃料箱流向燃料泵，并按规定时间间隔喷射至汽缸内（曲轴转 2 转喷射 1 次）。

功能块划分：燃料供给系统、燃料压送系统、燃料喷射系统、驱动系统、调速系统。

可靠性框图如图 11-2 所示（数字代表图 11-1 中的元件）。

分析水平（分解层次），原则上分析到组件一级。

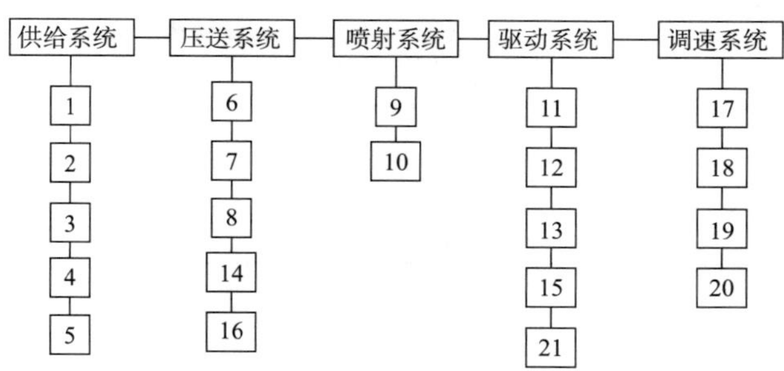

图 11-2　可靠性框图

燃料系统实施 FMEA，见表 11-4。

表 11-4　燃料系统 FMEA（部分）

编号	名称	故障模式	发生原因	影响		故障等级	备注
				燃料系统	发动机		
1. 1	燃料箱	泄露	裂缝 材料缺陷 焊接不良	功能不全	运转时间短 火灾可能性大	Ⅱ	
		有杂物	维护不良 材质不良	功能不全	运转有问题	Ⅱ	
1. 2	止回阀	泄露	密封垫缺陷 污染 加工不好 组装不好	功能不全	运转时间短 火灾的可能性	Ⅱ	
		不能开	污染 阀座卡住 加工不良	功能不全	不能运转	Ⅰ	

关键项目：将所有Ⅰ级故障模式列入关键项目表，见表 11-5。

表 11-5　燃料系统关键项目表

编号	部件名称	故障模式	影响	故障等级
1. 2	止回阀	不能开		Ⅰ
1. 4	燃料泵	膜片缺陷 接头破损	发动机不能运转	Ⅰ

续表

编号	部件名称	故障模式	影响	故障等级
1.5	油管	接头破损	发动机不能运转	Ⅰ
2.1	柱塞	卡住		Ⅰ
2.2	止回阀	不能开		Ⅰ
2.3	高压油管	接头破损		Ⅰ
3.1	钢阀	卡住		Ⅰ
4.1	齿轮	不能转动		Ⅰ
4.2	轴承	卡住		Ⅰ
4.3	驱动轴	断裂		Ⅰ
5.1	调速器	波动		Ⅰ

第三节　故障树的建立

一、故障树含义

故障树是表示事件因果关系的树状逻辑图。它以系统不希望发生的一个事件（顶事件）作为分析目标，使用演绎法找出这一事件发生的原因事件组合，并可求出其概率。

如图 11-3 所示为供水系统，其故障树如图 11-4 所示。

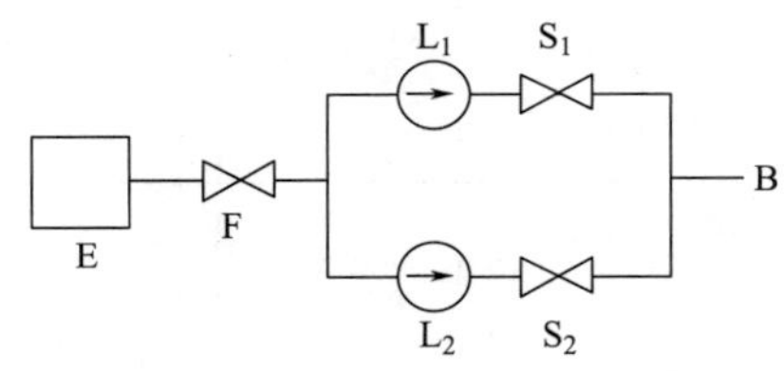

图 11-3　供水系统可靠性逻辑图

E—水箱；F—阀门　L_1/L_2—水泵　S_1/S_2—支路阀门

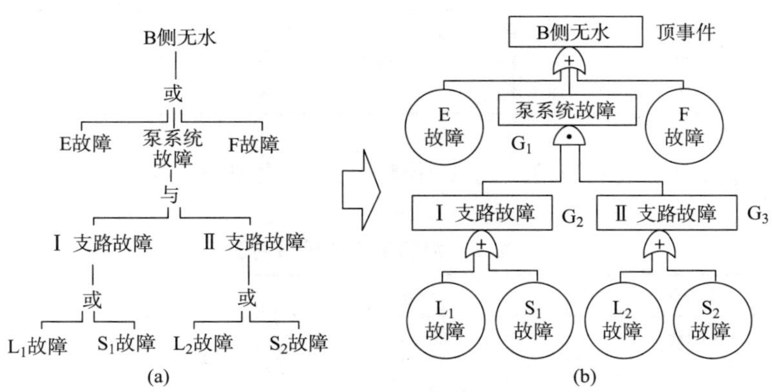

图 11-4　供水系统树状图与故障树

故障树有以下优点：

（1）图文兼备，表达清晰，可读性好，便于交流。

（2）故障树是工程技术人员故障分析思维流的图解，因而易于掌握。

（3）逻辑严密。运用多种符号按事件发生的逆顺序进行图形逻辑演绎，逐层分析因果关系，可包含各种原因事件的组合。

（4）运用灵活。不限于对系统做全面可靠性分析，也可对系统的某一特定故障状态进行分析。

（5）应用广泛。可用于系统可靠性分析、事故分析、风险评价、人员培训等。

二、故障树符号

故障树符号是建立故障树的基本要素，包括事件符号、逻辑门符号和转移符号。表 11-6 给出了常用的故障树符号。

表 11-6　常用的故障树符号

类别	符号	名称	意义
事件符号		矩形事件	顶事件或中间事件
		圆形事件	基本事件
		菱形事件	不发生事件
		房形事件	正常事件
逻辑门符号	A；B_1　B_2	与门	B_1、B_2 同时发生，A 发生
	A；+；B_1　B_2	或门	B_1、B_2 有一发生，A 发生
	A；C；B	禁门	C 存在时，A 发生，B 发生
	A；k_n；$B_1 \cdots B_n$	n 取 k 门	n 个输入事件， 只要有 k（$k \leq n$）发生， 输出事件就会发生
特殊符号		转入符号	转入子树
		转出符号	转出子树

三、建故障树的步骤

（1）熟悉系统。

（2）确定顶事件。

（3）确定边界条件。

（4）故障树建造。

例 11-1 试建立家用洗衣机故障树。

解：主系统不希望发生的故障事件有：波轮不转；波轮转速过低；振动过大。其中，最严重的事件是波轮不转，所以选其为顶事件。边界条件为：电源可靠；支持结构完好。按照功能流程逐级发展故障树，如图 11-5 所示。

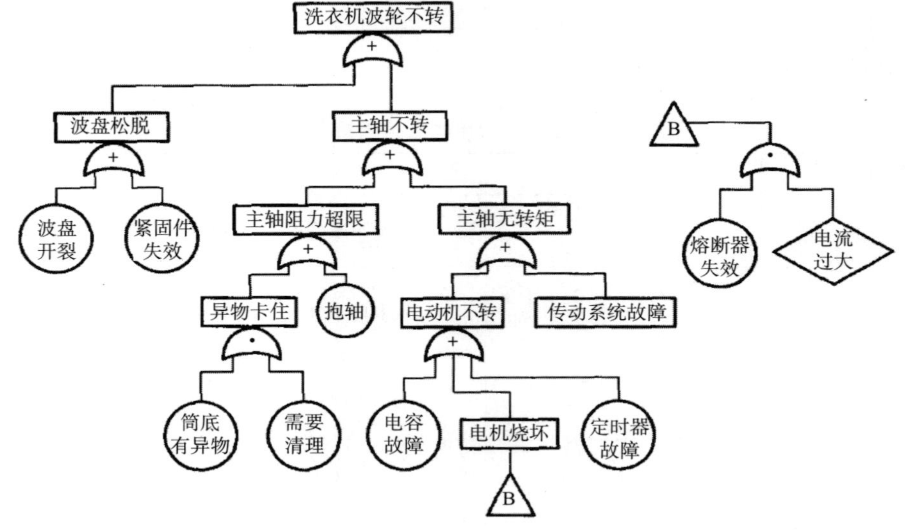

图 11-5 洗衣机故障树

第四节 故障树的定性分析

一、最小割集与最小路集

故障树的每一个底事件不一定都是顶事件的起因。

割集：凡是能导致顶事件发生的底事件的集合称为故障树的一个割集。例如图 11-4（b）中的 [L_1，S_2，L_2]。

最小割集：导致顶事件发生的必要而充分的底事件集合。换言之，最小割集是那些属于去掉其中任何一个底事件就不再成为割集的底事件集合。例如：图 11-4（b）中的 [E]，[F]，[L_1，S_2]。

最小割集的性质：仅当最小割集所包含的底事件都同时存在时，顶事件才发生；故障树的全部最小割集即是顶事件发生的全部可能原因；一个最小割集表示系统的一种故障模式，系统的全体最小割集就构成了系统的故障谱。

路集：一些底事件的集合，若其中所有底事件都不发生，则顶事件必不发生。例如：[E，F，L_1，L_2，S_1]。

最小路集：去掉其中任何一个底事件就不再成为路集的路集。例如：[E，F，L_1，L_2，S_1]。

最小路集性质：一个最小路集表示系统的一种成功模式，系统的全体最小路集构成系统的成功谱。

在系统运转中要努力确保不使最小割集发生，或者说，为保证系统正常工作，必须至少保证有一个最小路集存在。

二、求最小割集的方法

1. 事件逻辑运算的基本法则

设 A、B、C 是不同的事件或事件集合。

幂等律：$AA=A$，$A+A=A$；

交换律：$AB=BA$，$A+B=B+A$；

结合律：$(AB)C=A(BC)$，$(A+B)+C=A+(B+C)$；

分配律：$(AB+C)=(A+C)(B+C)$；

吸收律：$A+AB=A$，$A(A+B)=A$；

摩根律：$\overline{A}\,\overline{B}=\overline{A+B}$　$\overline{A}+\overline{B}=\overline{AB}$。

2. 上行法（布尔代数法简法）

上行法是自下而上地求顶事件与底事件的逻辑关系的方法。该方法简单清晰，易于执行。其步骤为：

（1）逐级写。从故障最下级始，逐级写出各矩形事件与其下一级事件的逻辑关系。

（2）逐级代。从最下一级始，逐级将下一级的逻辑关系表达式代入其上一级表达式，直至进行至顶事件。

（3）利用幂等率去掉各求和项中的重复事件，则表达式每一求和项都是故障树的一个割集，但不一定是最小割集。

（4）利用吸收率去掉多余项，则表达式中的每一求和项都是故障树的一个最小割集。

例 11-2　求如图 11-6 所示的故障树的全部最小割集。

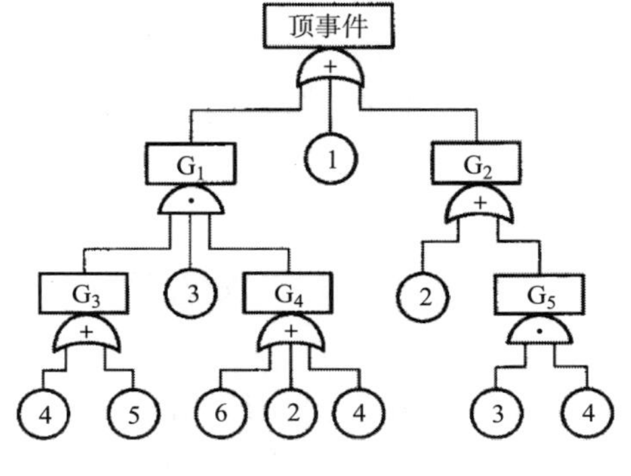

图 11-6　故障树

解：（1）逐级写。

$$G_3=X_4+X_5$$

$$G_4=X_2+X_4+X_6$$

$$G_5=X_3X_4$$

$$G_1=X_3G_3G_4$$

$$G_2=X_2+G_5$$

$$TOP=X_1+G_1+G_2$$

（2）逐级代并简化。

$$G_1=X_3(X_4+X_5)(X_2+X_4+X_6)$$

利用结合律与分配率得：

$$\begin{aligned}G_1&=(X_3X_4+X_3X_5)(X_2+X_4+X_6)\\&=X_2X_3X_4+X_2X_3X_5+X_3X_4X_4+X_3X_4X_5+X_3X_4X_6+X_3X_5X_6\end{aligned}$$

运用幂等率将第 3 项化简为 X_3X_4，再运用吸收率可得：

$$G_1=X_3X_4+X_2X_3X_5+X_3X_5X_6$$

$$G_2=X_2+X_3X_4$$

（3）顶事件表达式。

$$\begin{aligned}TOP&=X_1+\left(\underbrace{X_3X_4}_{\text{幂等率}}+\underbrace{X_2}_{\text{吸收率}}X_3X_5+X_3X_5X_6\right)+\left(\underbrace{X_2}_{\text{吸收率}}+\underbrace{X_3X_4}_{\text{幂等率}}\right)\\&=X_1+X_2+X_3X_4+X_3X_5X_6\end{aligned}$$

（4）最小割集即上式各项。

$$[X_1],\ [X_2],\ [X_3,\ X_4],\ [X_3,\ X_5,\ X_6]$$

3. 下行法（列表法）

下行法是由顶事件开始，自上而下地逐级进行列表置换的方法。下行法的基本依据是逻辑门的性质，与门使割集的容量增大，或门使割集的数量增多。其步骤如下。

（1）列表开始。将顶事件写在表的左上角。

（2）逐级置换。自顶事件开始，逐级用输入事件置换表中的门事件（输出事件）。

（3）列表方法。如遇逻辑与门，则下级输入事件在同一行排列；如遇逻辑或门，则下级输入事件在同列各写一行。当表中全部中间事件皆被置换为底事件时，置换停止。

（4）化简。去掉各行内重复事件列内的重复集合，则每行都是故障树的一个割集，但不一定是最小割集。

（5）吸收。将各行（割集）相互比较，去掉被包含的割集，则剩下故障树的全部最小割集。

例 11-3 试用下行法求例 11-2 中故障树的全部最小割集。

解：（1）下行法列表置换过程如下：

第 1 步：把顶事件按或门置换为 1、G_1、G_2，按列排列。

第 2 步：把 G_1、G_2 分别用下一级置换：G_1 往下按与门置换 3、G_3、G_4，写入一行；G_2 往下按或门用 2、G_5 按列置换。

第 3 步：将 G_3 往下按或门用 4、5 置换，按列排列，则原纵列中 G_3 下一行的数据依次下移一行。

第 4 步：将 G_4 往下按与门用 6、2、4 按列置换。

第 5 步：将 G_5 往下按与门置换 3、4 按行排列。

列得表 11-7。

表 11-7 下行表

割集	步骤					
	0	1	2	3	4	5
1	TOP	1	1	1	1	1
2		G_1	3、G_3、G_4	3、4、G_4	3、4、6	3、4、6
3		G_2	2	3、5、G_4	3、4、2	3、4、2
4			G_5	2	3、4、4	3、4、4
5				G_5	3、5、6	3、5、6
6					3、5、2	3、5、2
7					3、5、4	3、5、4
8					2	2
9					G_5	3、4

（2）求全部最小割集。

$$TOP = X_1 + \underbrace{X_3X_4X_6}_{\text{吸收律}} + \underbrace{X_3X_4X_2}_{\text{吸收律}} + \underbrace{X_3X_4X_4}_{\text{吸收律}} + X_3X_5X_6$$

$$+ \underbrace{X_3X_4X_5}_{\text{吸收律}} + \underbrace{X_3X_4}_{\text{吸收律}} + X_3X_5 \quad \underbrace{X_2}_{\text{吸收律}} + \underbrace{X_2}_{\text{吸收律}}$$

$$= X_1 + X_3X_4 + X_2 + X_3X_5X_6$$

即共有 4 个最小割集［X_1］，［X_2］，［X_3，X_4］，［X_3，X_5，X_6］

三、求最小路集的方法

最小路集分析与最小割集分析相似，只是意义相反，表示故障树中全部事件都不发生时的逻辑关系，这种逻辑关系就是系统的成功树，成功树与故障树互称为对偶树。成功树的建造方法：

（1）将故障树中的全部与门改为或门，而将全部或门改为与门。

（2）将各步骤中的割集改为路集。

例 11-4 试用下行法（表 11-8）求上例最小路集。

表 11-8 下行法

割集	步骤					
	0	1	2	3	4	5
1	TOP	1、G_1、G_2	1、G_3、G_2	1、G_3、2、G_5	1、4、5、2、G_5	1、4、5、2、3
2			1、3、G_2	1、3、2、G_5	1、3、2、G_5	1、4、5、2、4
3			1、G_4、G_2	1、G_4、2、G_5	1、6、2、4、2、G_5	1、3、2、3
4						1、3、2、4
5						1、6、2、4、2、3
6						1、6、2、4、2、4

解：经过去重复和吸收处理后，得最小路集：[1，2，3]，[1，2，4，5]，[1，2，4，6]。

四、定性分析步骤

故障树的定性分析包含两个步骤：一是通过建立故障树和逻辑运算推导得到最小割集或最小路集，掌握系统故障的全部可能情况；二是通过最小割集（路集）判断系统的薄弱环节，对设计和改进系统给出依据。

最小割集所包含底事件的数目称为最小割集的阶数。阶数越小的最小割集，其中割集元素的可靠性对系统可靠性影响就越大。

为提高可靠性，首先要保证低阶割集的可靠性；其次，要采取措施防止属于同一割集的事件同时发生。

第五节　故障树的定量分析

一、概率计算法

1. 与门结构的概率计算

图 11-7 是与门故障树。

事件的逻辑关系：$\mathrm{T_{AND}} = \mathrm{X_1} \cap \mathrm{X_2} \cap \cdots \cap \mathrm{X}_n = \bigcap\limits_{i=1}^{n} \mathrm{X}_i$

门事件的发生概率 $P(\mathrm{T_{AND}}) = P\left[\bigcap\limits_{i=1}^{n} \mathrm{X}_i\right]$

当输入事件 X_i 为独立事件，则：$P(\mathrm{T_{AND}}) = P(\mathrm{X_1})P(\mathrm{X_2})\cdots P(\mathrm{X}_n) = \prod\limits_{i=1}^{n} P(\mathrm{X}_i)$

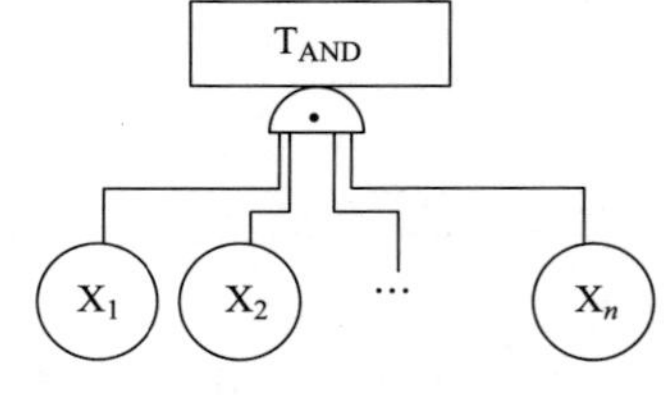

图 11-7　与门故障树

2. 或门结构的概率计算

图 11-8 是或门故障树。

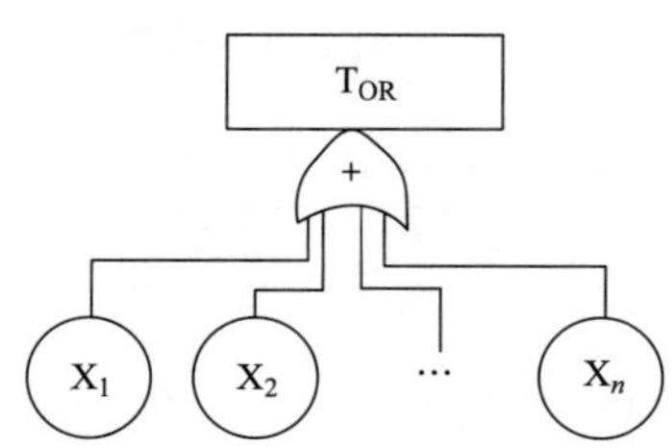

图 11-8　或门故障树

事件的逻辑关系式为：$\mathrm{T_{OR}} = \mathrm{X_1} \cup \mathrm{X_2} \cup \cdots \cup \mathrm{X}_n = \bigcup\limits_{i=1}^{n} \mathrm{X}_i$

门事件的发生概率：

$$P(\mathrm{T_{OR}})=P(\bigcup_{i=1}^{n}\mathrm{X}_i)=\sum_{i=1}^{n}P(\mathrm{X}_i)-\sum_{i=1}^{n-1}\sum_{j=i+1}^{n}P(\mathrm{X}_i\cap\mathrm{X}_j)+\cdots+(-1)^{n-1}P[\bigcap_{i=1}^{n}\mathrm{X}_i]$$

↑（n 个输入事件概率之和）　↑（每 2 个不同事件同时发生的概率之和）…　↑（n 个输入事件同时发生的概率）

当输入事件均为独立事件时，或门事件发生概率为：

$$P(\mathrm{T_{OR}})=\sum_{i=1}^{n}P(\mathrm{X}_i)-\sum_{i=1}^{n-1}\sum_{j=i+1}^{n}P(\mathrm{X}_i)P(\mathrm{X}_j)+\cdots+(-1)^{n-1}\prod_{i=1}^{n}P[\mathrm{X}_i]$$

3. 具有与门和或门的复杂结构的概率计算

计算方法：当各逻辑门的输入事件是统计独立的，就可以利用与门和或门概率计算方法，由下而上逐级计算各门事件的概率直至顶事件概率。

例 11-5　已知图 11-4（b）供水系统的各部件可靠度：$R_\mathrm{E}=0.94$，$R_\mathrm{F}=0.98$，$R_{\mathrm{S}_1}=R_{\mathrm{S}_2}=0.99$，$R_{\mathrm{L}_1}=R_{\mathrm{L}_2}=0.96$，试求此供水系统的可靠度。

解：（1）计算各底事件概率。

$$P_\mathrm{E}=1-R_\mathrm{E}=1-0.94=0.06$$

$$P_\mathrm{F}=1-R_\mathrm{F}=1-0.98=0.02$$

$$P_{\mathrm{S}_1}=P_{\mathrm{S}_2}=1-0.99=0.01$$

$$P_{\mathrm{L}_1}=P_{\mathrm{L}_2}=1-0.96=0.04$$

（2）计算或门事件 G_2，G_3 的概率。

$$P_{\mathrm{G}_2}=P_{\mathrm{L}_1}+P_{\mathrm{S}_1}-P_{\mathrm{L}_1}P_{\mathrm{S}_1}=0.04+0.01-0.04\times0.01=0.0496$$

$$P_{\mathrm{G}_3}=P_{\mathrm{L}_2}+P_{\mathrm{S}_2}-P_{\mathrm{L}_2}P_{\mathrm{S}_2}=0.04+0.01-0.04\times0.01=0.0496$$

（3）计算与门事件 G_1 的概率。

$$P_{\mathrm{G}_1}=P_{\mathrm{G}_2}P_{\mathrm{G}_3}=0.0496\times0.0496=0.00246$$

（4）计算顶事件的概率。

$$\begin{aligned}P(\mathrm{TOP})&=P_{\mathrm{G}_1}+P_\mathrm{E}+P_\mathrm{F}-(P_{\mathrm{G}_1}P_\mathrm{E}+P_{\mathrm{G}_1}P_\mathrm{F}+P_\mathrm{E}P_\mathrm{F})+P_{\mathrm{G}_1}P_\mathrm{E}P_\mathrm{F}\\&=0.08246-0.001397+0.000003=0.08106\end{aligned}$$

因此，系统的可靠度为：$R_\mathrm{S}=1-P(\mathrm{TOP})=1-0.08106=0.91894$

二、最小割集法

由于每一个最小割集的发生都导致顶事件的发生，所以顶事件发生就是全部最小割集按“或”逻辑关系的集合，而每个最小割集的发生又是其中所包含的全部底事件按“与”逻辑关系的集合，如图 11-9 所示。

顶事件的逻辑表达式为：　$\mathrm{TOP}=\bigcup_{i=1}^{n}\mathrm{T}_i$

顶事件概率：

$$P(\mathrm{TOP})=P(\bigcup_{i=1}^{n}\mathrm{T}_i)=\sum_{i=1}^{n}P(\mathrm{T}_i)-\sum_{i=1}^{n-1}\sum_{j=i+1}^{n}P(\mathrm{T}_i\cap\mathrm{T}_j)+\cdots+(-1)^{n-1}P(\bigcap_{i=1}^{n}\mathrm{T}_i)$$

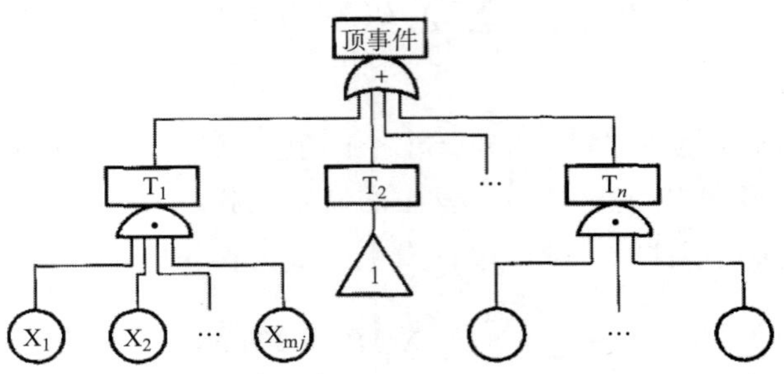

图 11-9　按最小割集构建的故障树

式中，$P\ (\mathrm{T}_i)$ 是最小割集的概率，有：

$$\mathrm{T}_i = \mathrm{X}_1 \cap \mathrm{X}_2 \cap \cdots \cap \mathrm{X}_j = \bigcap_{j=1}^{m_i} \mathrm{X}_j$$

$$P(\mathrm{T}_i) = P(\bigcap_{j=1}^{m_i} \mathrm{X}_j)$$

当各 X_j 为独立事件时，

$$P(\mathrm{T}_i) = P(\mathrm{X}_1)P(\mathrm{X}_2)\cdots P(\mathrm{X}_{m_i}) = \prod_{j=1}^{m_i} P(\mathrm{X}_j) \tag{11-1}$$

$$\begin{aligned}
\text{第 1 项} &= \sum_{i=1}^{n} P(\mathrm{T}_i) \\
&= P_{\mathrm{E}} + P_{\mathrm{F}} + P(\mathrm{L}_1 \cap \mathrm{L}_2) + P(\mathrm{L}_1 \cap \mathrm{S}_2) + P(\mathrm{L}_2 \cap \mathrm{S}_1) + P(\mathrm{S}_1 \cap \mathrm{S}_2) \\
&= 0.06 + 0.02 + 0.04^2 + 2 \times 0.04 \times 0.01 + 0.01^2 \\
&= 0.0825
\end{aligned}$$

$$\begin{aligned}
\text{第 2 项} &= \sum_{i=1}^{5} \sum_{j=i+1}^{6} P(\mathrm{T}_i \cap \mathrm{T}_j) \\
&= P(\mathrm{T}_1 \cap \mathrm{T}_2) + P(\mathrm{T}_1 \cap \mathrm{T}_3) + P(\mathrm{T}_1 \cap \mathrm{T}_4) + P(\mathrm{T}_1 \cap \mathrm{T}_5) \\
&\quad + P(\mathrm{T}_1 \cap \mathrm{T}_6) + P(\mathrm{T}_2 \cap \mathrm{T}_3) + P(\mathrm{T}_2 \cap \mathrm{T}_4) + P(\mathrm{T}_2 \cap \mathrm{T}_5) \\
&\quad + P(\mathrm{T}_2 \cap \mathrm{T}_6) + \underline{P(\mathrm{T}_3 \cap \mathrm{T}_4)} + \underline{P(\mathrm{T}_3 \cap \mathrm{T}_5)} + P(\mathrm{T}_3 \cap \mathrm{T}_6) \\
&\quad + P(\mathrm{T}_4 \cap \mathrm{T}_5) + \underline{P(\mathrm{T}_4 \cap \mathrm{T}_6)} + \underline{P(\mathrm{T}_5 \cap \mathrm{T}_6)}
\end{aligned} \tag{11-2}$$

第 2 项中除有下划线 4 项外，其余各项两个相交割集都是独立的，可以直接用式（11-1）计算出来；有下划线的 4 项，需运用结合律、幂等律进行化简后，才能用式（11-1）和式（11-2）求出。

以第 1 个有下划线的项为例：

$$\begin{aligned}
P(\mathrm{T}_3 \cap \mathrm{T}_4) &= P\{[\mathrm{L}_1 \cap \mathrm{L}_2] \cap [\mathrm{L}_1 \cap \mathrm{S}_2]\} \\
&= P(\mathrm{L}_1 \cap \mathrm{L}_2 \cap \mathrm{L}_1 \cap \mathrm{S}_2) = P(\mathrm{L}_1 \cap \mathrm{L}_2 \cap \mathrm{S}_2) \\
&= P_{\mathrm{L}_1} P_{\mathrm{L}_2} P_{\mathrm{S}_2} = 0.000016
\end{aligned}$$

最后得到：第 2 项 = 0.00144

用同样方法处理，得第 3 项：

第 3 项 $= \sum_{i=1}^{4}\sum_{j=i+1}^{5}\sum_{k=j+1}^{6} P(T_i \cap T_j \cap T_k) = 0.000059$

很显然，后面项的数值更小，可以忽略，顶事件概率：

$$P(\mathrm{TOP}) = (\text{第 1 项}) - (\text{第 2 项}) + (\text{第 3 项}) - \cdots$$
$$= 0.0825 - 0.00144 + 0.000059 = 0.08107$$

系统可靠度：$R_S = 1 - P(\mathrm{TOP}) = 0.91893$

习题

1. 试用上行法求图 11-4（b）的最小割集。

2. 试用下行法求图 11-4（b）的最小割集。

3. 某型飞机有 4 台发动机，左侧为 A 与 B，右侧为 C 与 D，当任一侧的两台发动机均发生故障时则飞机丧失正常功能。若只考虑发动机的故障，试建立此飞机的故障树；求其最小割集；已知各发动机的可靠度为 0.99，试求此飞机的可靠度 R_S。

4. 有一输电网络，如图 11-10 所示，A 站向 B、C 站供电，共有线路 6 条。电网失效判断是：B 和 C 中任何一站无输入；B 和 C 共由单一条线路供电。试建立该电网系统的故障树，求出其最小割集，定性分析 6 条输电线的重要性。

5. 系统可靠性逻辑框图如图 11-11 所示，求系统故障树和系统的最小割集。

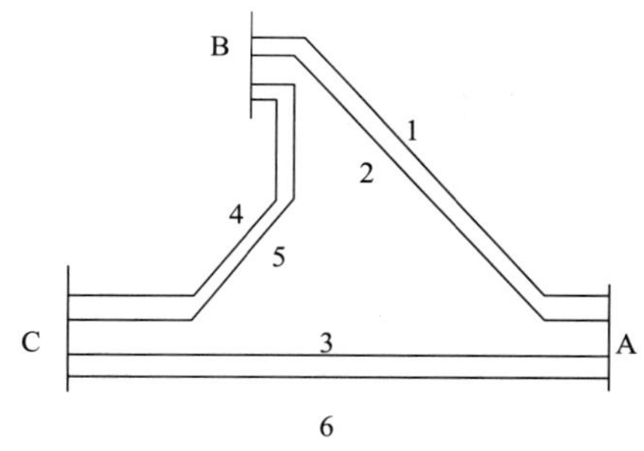

图 11-10　输电网络

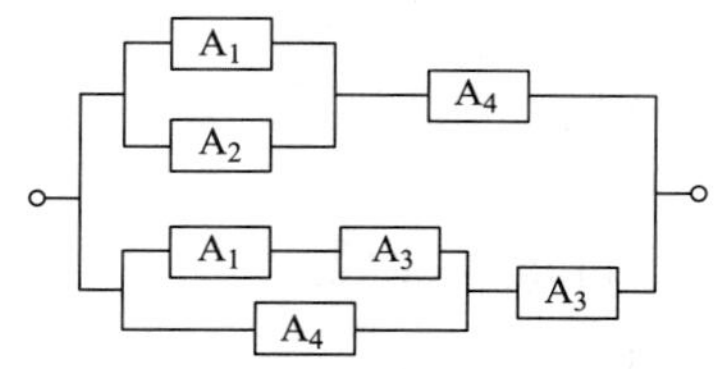

图 11-11　系统可靠性逻辑框图

第十二章　产品可靠性试验

第一节　概述

可靠性试验为了保证和提高产品的可靠性，同时评价和验证产品的可靠性而进行的关于产品失效及影响的各种试验。可靠性试验的目的是为产品在出厂后，在规定的使用期内能够达到规定的可靠性指标提供试验性的保证。

一、可靠性试验的种类

（1）按试验进行的地点分类：实验室可靠性试验、现场可靠性试验。

（2）按可靠性计划的阶段分类：研制试验、鉴定试验、验收试验。

（3）按试验目的分类：筛选试验、环境试验、寿命试验。

（4）按施加压力的时间特性分类：恒定应力试验、步进应力试验、序进应力试验。

（5）按试验时的应力强度分类：正常工作试验、超负荷试验、极限条件试验、加速试验。

（6）按试验样品的破坏情况分类：破坏性试验、非破坏性试验。

（7）按试验规模分类：全数试验、抽样试验。

（8）按试验终止方式分类：定时截尾试验、定数截尾试验。

二、可靠性试验计划

1. 基本内容

可靠性试验计划应包括以下基本内容：

（1）根据不同的试验对象，确定试验的目的和要求。

（2）确定试件的失效标准。

（3）确定试验的方法和项目，明确试验应力水平、测试何种特性、测量方法和次数、样本容量、试件的尺寸和材料等。

（4）试验时间、设备、人员及经费等。

（5）试验数据的统计处理方法、试验的记录表格、试验报告的格式及内容。

（6）整个试验计划进度表及试验结果。

2. 注意事项

为了优质完成可靠性试验，应当注意以下几点：

（1）首先决定试验是否必要。

（2）确定试验范围。

（3）在设计试验方案时就应该考虑数据处理方法。

（4）试验必须与某一真实的问题有关。

（5）对试验数据应适当地加以系统化和分析，同时必须占有好的数据，并对这些数据做适当的解释。

第二节　指数分布寿命试验

寿命试验是可靠度试验很重要的内容，因为可靠度是时间的函数。通常，可靠性试验指的就是寿命试验。

一、寿命服从指数分布时平均寿命的确定

指数分布只有一个参数 $\text{MTBF}=m=1/\lambda$。m 的估计值 $\overline{m}$ 可由试验数据决定。

（一）定数截尾寿命试验

1. 无替换（n，无，r）

n 个元件在进行寿命试验，当失效次数达到预先规定的 r 次时就停止试验。

平均寿命的估计值：

$$\overline{m}=\overline{\text{MTBF}}=\frac{T}{r}=\frac{\sum_{i=1}^{r}t_i+(n-r)t_r}{r}$$

式中，T 为失效和未失效元件的累积试验时间，$T=\sum_{i=1}^{r}t_i+(n-r)t_r$；$t_i$ 为第 i 个失效元件发生失效的时间；n 为试验的样本容量；r 为在试验时间为 t_r 观测到的失效次数。

显然，参加试验的总元件数：$n'=n$。

2. 有替换（n，有，r）

n 个元件进行寿命试验，当有试件发生失效时则更换新试件，直到试验进行至预先规定的失效试件数 r 发生时为止。

投入试验的元件总数为：

$$n'=n+r$$

平均寿命的估计值为：

$$\overline{m}=\overline{\text{MTBF}}=\frac{T}{r}=\frac{nt_r}{r}$$

式中，t_r 为发生失效试件数为 r 时的时间。

（二）定时截尾寿命试验

1. 有替换（n，有，t_0）

如有 n 个元件进行寿命试验，当进行到预先规定的时间 t_0 即停止试验。

观测到的失效数有 r 个，失效时间按顺序排列为 t_1，t_2，…，t_i，…，t_0。

平均寿命的估计值为：

$$\overline{m}=\overline{\text{MTBF}}=\frac{T}{r}=\frac{nt_0}{r}$$

式中，T 为直到 t_0 时的累积试验时间，$T=nt_0$；r 为试验时间为 t_0 时的失效次数。参加试验的元件数为 $n'=n+r$。

2. 无替换（n，无，t_0）

将上述有替换定时截尾寿命试验改变为不对失效试件进行替换，其他条件相同。平均寿命的估计值为：

$$\bar{m}=\overline{\mathrm{MTBF}}=\frac{T}{r}=\frac{\sum_{i=1}^{r}t_i+(n-r)t_0}{r}$$

二、MTBF 置信区间的确定

（一）无替换或有替换定数截尾寿命试验

1. 平均寿命 MTBF 的双侧置信区间

在定数截尾的情况下，随机变量 $\dfrac{2r\bar{m}}{m}$ 服从自由度为 $2r$ 的 χ^2 分布可得：

$$P\left(\chi^2_{1-\frac{\alpha}{2},\ 2r}\leqslant\frac{2r\bar{m}}{m}\leqslant\chi^2_{\frac{\alpha}{2},\ 2r}\right)=1-\alpha=C.L.$$

式中，$C.L.$ 为置信度；α 为风险度；r 为试验失效件数；m 为平均寿命；$\bar{m}$ 为平均寿命估计值。

由图 12-1 看出，这些分位点与其右侧的 χ^2 概率密度曲线下的面积相对应，左侧的分位点等于 $1-\alpha/2$，右侧的分位点等于 $\alpha/2$。$\nu=2r$（r 为试验失效件数）表示自由度。

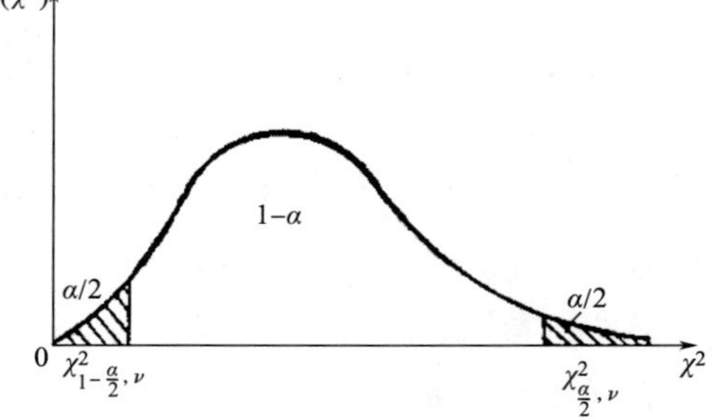

图 12-1　χ^2 分布曲线及其分位点

置信度也可表示为：

$$P\left(\frac{2r\bar{m}}{\chi^2_{\frac{\alpha}{2},\ 2r}}\leqslant m\leqslant\frac{2r\bar{m}}{\chi^2_{1-\frac{\alpha}{2},\ 2r}}\right)=1-\alpha$$

由上式知，关于平均寿命 m 的双侧置信区间的下限和上限分别为：

$$\begin{cases}m_{L_2}=\dfrac{2r\bar{m}}{\chi^2_{\frac{\alpha}{2},\ 2r}}\\[2ex] m_{U_2}=\dfrac{2r\bar{m}}{\chi^2_{1-\frac{\alpha}{2},\ 2r}}\end{cases}\xrightarrow{\bar{m}=\frac{T}{r}}\begin{cases}m_{L_2}=\dfrac{2T}{\chi^2_{\frac{\alpha}{2},\ 2r}}\\[2ex] m_{U_2}=\dfrac{2T}{\chi^2_{1-\frac{\alpha}{2},\ 2r}}\end{cases}$$

例 12-1　对 9 个元件进行定数截尾试验，对其中的 6 个失效元件立即更换，而对另外 2 个则不予更换，试验结果如图 12-2 所示，失效数 $r=9$，$t_r=703\text{h}$。试确定：元件的平均寿命，以及置信度为 0.95 时平均寿命的双侧置信区间。

解：（1）在有替换和无替换的情况下。

累积试验时间为：

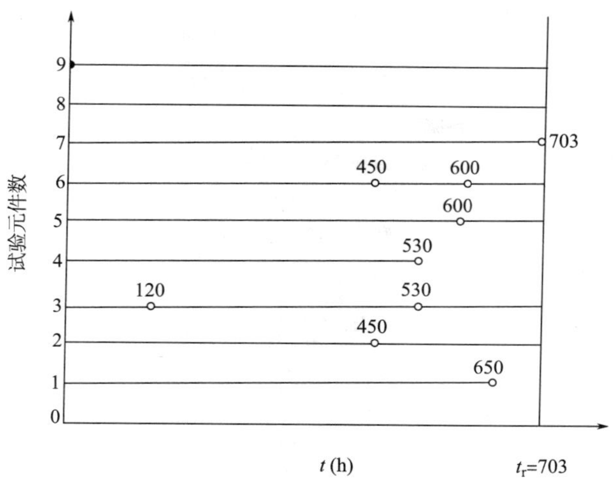

图 12-2　定数截尾试验

（n=9，其中产品 2、3、5、6 在失效后予以更换，而 1、4 在失效后不予更换）

$$T = \sum_{i=1}^{r} t_i + (n - r)t_r = [(530 + 650) + (9 - 2) \times 703] = 6101(\mathrm{h})$$

平均寿命的估计值：

$$\bar{m} = \overline{\mathrm{MTBF}} = \frac{T}{r} = \frac{6101}{9} = 677.9(\mathrm{h})$$

（2）由附录中表 3 查得自由度为 $\nu = 2r = 18$，$\delta = 0.025$ 时的分位点为 $\chi^2_{0.025,18} = 31.526$，$\delta = 0.975$ 时的分位点为 $\chi^2_{0.975,18} = 8.231$。

因此，平均寿命的双侧置信区间的上下限为：

$$\begin{cases} m_{L_2} = \dfrac{2T}{\chi^2_{\frac{\alpha}{2},\ 2r}} = \dfrac{2 \times 6101}{31.526} = 387.1(\mathrm{h}) \\ m_{U_2} = \dfrac{2T}{\chi^2_{1-\frac{\alpha}{2},\ 2r}} = \dfrac{2 \times 6101}{8.231} = 1482(\mathrm{h}) \end{cases}$$

即 $P(387.1\mathrm{h} \leqslant m \leqslant 1482\mathrm{h}) = 0.95$

2. 定数截尾试验平均寿命 m 的单侧置信区间

用 α 置换双侧置信区间公式 $\alpha/2$，即可得出平均寿命单侧置信区间上限 m_{U_1} 和下限 m_{L_1}。应注意 m_{U_1} 和 m_{L_1} 不是同时相互对应的。

$$m_{L_1} = \frac{2T}{\chi^2_{\alpha,2r}}$$

与 m_{L_1} 相对应的置信区间上限为∞。

$$m_{U_1} = \frac{2T}{\chi^2_{1-\alpha,2r}}$$

与 m_{U_1} 相对应的置信区间下限为零。

相应的概率表达式为：

$$P(m \geqslant m_{L_1}) = 1-\alpha = C.L.$$

$$P(m \leqslant m_{U_1}) = 1-\alpha = C.L.$$

（二）定时截尾试验

在定时截尾试验中，关于平均寿命的单侧和双侧置信区间仅能近似地确定，分别为：

$$m_{U_2} = \frac{2T}{\chi^2_{1-\frac{\alpha}{2},2r}},$$

$$m_{L_2} = \frac{2T}{\chi^2_{\frac{\alpha}{2},2r+2}}$$

$$m_{U_1} = \frac{2T}{\chi^2_{1-\alpha,2r}},$$

$$m_{L_1} = \frac{2T}{\chi^2_{\alpha,2r+2}}$$

三、寿命服从指数分布时可靠度及其置信区间

与平均寿命 m 的点估计和区间估计相应的可靠度及其置信区间为：

$$\overline{R}(t) = e^{-\overline{\lambda}t} = e^{-\frac{t}{\overline{m}}}$$

$$R_{U_2}(t) = e^{-\frac{t}{m_{U_2}}};R_{L_2}(t) = e^{-\frac{t}{m_{L_2}}}$$

$$R_{U_1}(t) = e^{-\frac{t}{m_{U_1}}};R_{L_1}(t) = e^{-\frac{t}{m_{L_1}}}$$

相应的概率表达式为：

$$P[R_{L_2}(t) \leqslant R(t) \leqslant R_{U_2}(t)] = 1 - \alpha = C.L.$$

$$P[R(t) \leqslant R_{U_1}(t)] = 1 - \alpha = C.L.$$

$$P[R(t) \geqslant R_{L_1}(t)] = 1 - \alpha = C.L.$$

四、当定时截尾试验中无失效时平均寿命和可靠度及其单侧置信区间下限

如果定时截尾试验中无失效发生，那么，由平均寿命公式可得到：

$$\overline{m} = \frac{T}{r} = \frac{T}{0} = \infty$$

这显然是不正确的。根据定时截尾试验单侧置信区公式，可计算关于 m 的单侧置信区间下限为：

$$m_{L_1} = \frac{2T}{\chi^2_{\alpha,2r+2}}\bigg|_{r=0} = \frac{2T}{\chi^2_{\alpha,2}}$$

与此相应的可靠度置信区间下限为：

$$R_{L_1(r=0)}(t) = e^{-\frac{t}{m_{L_1(r=0)}}}$$

五、当定数截尾试验中仅发生一次失效时平均寿命的单侧置信区间下限

$$m_{L_1}=\frac{2T}{\chi^2_{\alpha,2r}}\bigg|_{r=1}=\frac{2T}{\chi^2_{\alpha,2}}$$

可见：

（1）在定数截尾试验中仅发生一次失效时平均寿命的单侧置信区间下限，在数值上等于在定时截尾试验中无失效发生时平均寿命的单侧置信区间下限。

（2）在两种截尾试验（定时和定数），对于同样的 r 和 T，定数截尾试验给出较高的平均寿命置信区间下限值。因此，在指数分布寿命试验中，定数截尾试验应受到更多重视。

（3）由附录中表 3 可知，当 r 增大时自由度 ν 增大，对于同一置信度下的平均寿命置信区间上、下限会互相接近，即 $\overline{m}$ 将更加接近真实的 m 值。因此，试验中使用较大的样本量，或较长的试验期，或两者兼之，将会引起较多的失效次数，从而得到更精确的 $\overline{m}$ 值。

对于同一失效次数，当置信度 $C.L.$ 增大时，置信区间的范围变大。

六、不同试验类型和置信度下的试验时间及样本容量

对于产品的平均寿命的目标值 m_G，通常取为 m_{L_1}。为保证 $m_{L_1}=m_G$，需要知道累积试验时间 T，失效数 r 和试验样本容量 n。

1. 以定时截尾情况进行说明

若在定时截尾试验中无失效发生，令 $m_{L_1\ (r=0)}=m_G$，代入：

$$m_{L_1}=\frac{2T}{\chi^2_{\alpha,2r+2}}\bigg|_{r=0}=\frac{2T}{\chi^2_{\alpha,2}}\quad\Rightarrow\quad T=m_G\left(\frac{1}{2}\chi^2_{\alpha,2}\right)$$

对于置信度 $C.L.=1-\alpha=0.9$，$\alpha=0.1$。由附录中表 3 查得 $\chi^2_{0.1,2}=4.605$ 代入上式，得到：

$$T=m_G\left(\frac{1}{2}\chi^2_{\alpha,2}\right)=m_G\left(\frac{1}{2}\times 4.605\right)=2.3025m_G$$

这说明若无失效发生，为了验证实际的平均寿命以 90%的置信度满足目标值 m_G，必需的累积试验时间为平均寿命目标值的 2.3025 倍。

如有 n 个元件用于试验，则当置信度为 0.9 时，定时截尾试验所需时间为：

$$t_0=\frac{T}{n}=\frac{2.3025m_G}{n}$$

如果 t_0 是根据计划规定的，则当置信度为 90%时，最小的试验样本容量为：

$$n=\frac{2.3025m_G}{t_0}$$

同理，对于不同的失效次数 r，置信度 $C.L.$，可求得所需的累积试验时间 T 及 t_0、n，见表 12-1。

表 12-1　定时截尾试验所需 T 及 n

失效数 r	置信度 $C.L.$	累积试验时间 T	试验结尾时间 t_0	试验样本量 n
0	0.90	$2.3025m_G$	T/n	T/t_0
	0.95	$2.9955m_G$	T/n	T/t_0

续表

失效数 r	置信度 $C.L.$	累积试验时间 T	试验结尾时间 t_0	试验样本量 n
1	0.90	$3.8895m_G$	T/n	T/t_0
	0.95	$4.7740m_G$	T/n	T/t_0
2	0.90	$5.3230m_G$	T/n	T/t_0
	0.95	$6.2960m_G$	T/n	T/t_0

显然，对于定数截尾的情况也可推导出相似的公式和表格。

2. 注意事项

从统计理论出发，在 $T=nt_0$ 相同的情况下，试验结果是等价的，但由于 t_0 不同，即使 T 相同，结果并不一样。如试验时间太短，属于耗损型的失效模式来不及暴露，所以，通常寿命鉴定试验规定要求 $t_0 \geqslant 1000\text{h}$。

例 12-2 对 10 个相同零件进行无替换试验，发生 2 次失效，失效时间分别为 $t_1=300\text{h}$，$t_2=600\text{h}$，要求置信度 $C.L.$ 为 0.95，试确定：（1）若为定时截尾试验，为满足平均寿命目标值 $m_G=1000\text{h}$，累积试验时间应为多少；（2）若为定数截尾试验，为满足同一 m_G，累积试验时间应为多少；（3）在情况（1）下试验时间 t_0 应为多少；（4）在情况（2）下试验时间 t_r 应为多少；（5）哪一种试验类型需要较长的试验时间；（6）如允许累积试验时间比要求的长 25%，而在此期间并无额外的失效次数发生，m_G 将显示出具有多少的置信度。

解：（1）查表 12-1 可知：

$$T=6.296m_G=6.296\times1000=6296(\text{h})$$

（2）令 $m_{L_1}=m_G=\dfrac{2T}{\chi^2_{\alpha,\ 2r}}$，则得：

$$T=m_G\left(\frac{1}{2}\chi^2_{\alpha,2r}\right)=m_G\left(\frac{1}{2}\chi^2_{0.05,4}\right)$$

$$=m_G\left(\frac{1}{2}\times9.468\right)=4.744m_G=4744\ (\text{h})$$

（3）在情况（1）下，定时截尾试验所需时间为：

$$t_0=\frac{6.296m_G-(t_1+t_2)}{n-r}=\frac{6.296\times1000-(300+600)}{10-2}=674.5(\text{h})$$

（4）在情况（2）下，因为是无替换的定数截尾试验，$t_r=t_2=600\text{h}$，这种情况下的实际累计试验时间为：

$$T=[300+600+(10-2)\times600]=5700(\text{h})$$

（5）由情况（3）（4）可看出，定时截尾试验要求较长的试验时间。

（6）这是一种定时截尾试验情况。当 $T'=1.25T$，由情况（1）可知，$T=6296\text{h}$，因此，根据定时截尾试验，得：

$$m_G=\frac{2T'}{\chi^2_{\alpha,2r+2}}=\frac{2\times1.25T}{\chi^2_{\alpha,6}}=\frac{2.5T}{\chi^2_{\alpha,6}}$$

于是：
$$\chi^2_{\alpha,\ 6}=\frac{2.5T}{m_G}=\frac{2.5\times6296}{1000}=15.470$$

由χ^2分布表查得，$\alpha=0.015$，所以置信度$C.L.=1-\alpha=0.985$。可见，当累积试验时间增大时，置信度随之提高。

第三节　加速寿命试验

加速试验条件：较高的温度、电压、电力、振动、载荷、速率等。

一、逆幂律法

适用范围：产品寿命服从威布尔分布，而且寿命是加速应力的逆幂函数时。

产品的特征寿命：

$$\eta = \frac{1}{kV^n}$$

式中，V为加速应力；k和n为系数，取决于材料和试验方法。

在加速应力V_A和使用应力V_U下的特征寿命η_A和η_U。两者比较，有：

$$\eta_U = \eta_A\left(\frac{V_A}{V_U}\right)^n$$

例 12-3　10个机械装置在应力水平为200MPa下进行试验，直到所有装置失效。另取10个同样装置在120MPa下进行试验，在第4个装置发生失效后停止试验。试验结果如下：在200MPa下的加速寿命（10^6次）为：2.7，3.6，4.5，5.5，6.4，7.6，8.7，10.1，11.8，13.9。在120MPa下的加速寿命（10^6次）为：10.3，14.2，18.7，23.4。试确定这些装置在应力水平为60MPa下使用寿命的最小期望值。

解：根据最小的加速度寿命值，有：

$$\frac{\eta_{120}}{\eta_{200}} = \frac{10.3}{2.7} = \left(\frac{200}{120}\right)^n \Rightarrow n = 2.621$$

因此，可得应力水平在60MPa下的最小寿命：

$$\eta_{60} = \eta_{200}\left(\frac{V_{200}}{V_{60}}\right)^n = 63.36\times10^6\text{次}$$

二、过载应力试验法

适用范围：当只有成功与失败两种试验结果时采用。

在加速应力水平下产品的可靠度R_W与在使用应力水平下产品可靠度R_{NW}的关系式为：

$$R_W = (R_{NW})^{-W\beta/m}$$

式中，W为过载系数，$W=S_2/S_1$；β为威布尔斜率；m为S—N线图中均值线的斜率。

在加速应力水平下，产品的平均可靠度为：

$$\overline{R} = \frac{N_S + 1}{N_T + 2}$$

式中，N_S为试验中的成功数；N_T为总试验次数。

例 12-4　对一特别设计的装置，在15%过载下进行试验，共试验20次，成功次数$N_S=$

14。根据以往的试验，已知 $\beta=2.0$，$m=-1/6$，试确定此装置在无过载情况下的可靠度？

解：

$$\bar{R}=\frac{N_S+1}{N_T+2}=\frac{14+1}{20+2}=0.6818$$

过载系数 $W=1.15$，有：

$$R_{NW}=0.6818^{\frac{-1/6}{1.15\times 2}}=0.9726$$

三、百分寿命加速试验法

一装置在低应力水平 s_1 下试验到失效，记录失效时间，认为这是低应力水平下的100%寿命。从同一批产品中抽取另一装置在加速应力水平 s_2 下试验到失效，记录失效时间，认为这是加速应力水平下的100%寿命。可绘制图12-3。

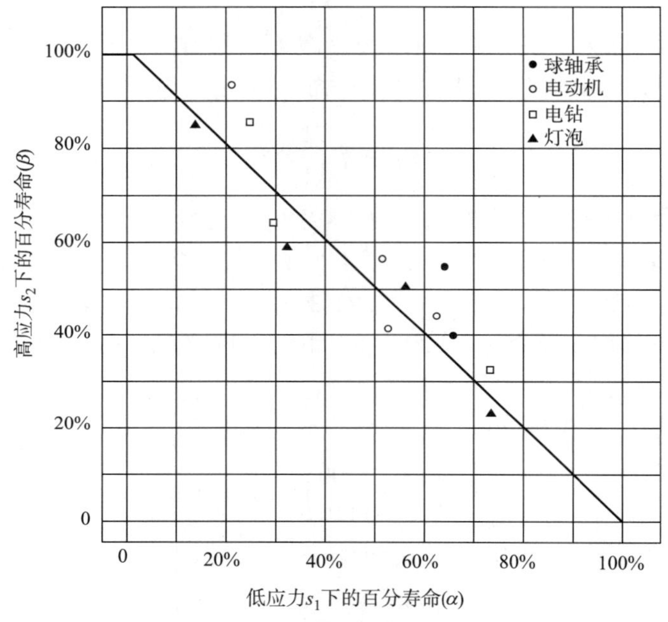

图12-3　加速试验

从同一批产品中抽取另一装置在低应力水平 s_1 下进行试验部分寿命，称为 s_1 下的 α%寿命，再在高应力水平 s_2 下试验直到失效，这一部分寿命称为 s_2 下的 β%寿命。

可以发现，由这两个寿命确定的点近似地落在连接两个100%端点的连线上。

$$\alpha+\beta=1$$

确定产品在使用应力水平 s_1 下的寿命的步骤：

（1）取一产品，使其在高应力水平 s_2 下试验到失效，失效时间记为 t_2。

（2）取另一产品，使其在使用水平 s_1 下试验 t'_1，然后使其在高应力水平 s_2 下试验到失效，失效时间记为 t'_2。

那么，

$$\beta=\frac{t'_2}{t_2},\ \alpha=1-\beta=1-\frac{t'_2}{t_2}$$

由定义知：
$$\alpha=\frac{t_1'}{t_1}\Rightarrow t_1=\frac{t_1'}{\alpha}$$

总共要求的试验时间：　$t_A=t_2+t_1'+t_2'$

在使用应力水平 s_1 下的试验时间：　$t_U=t_1$

节约的试验时间：　$t_s=t_U-t_A$

例 12-5　一零件在高应力水平 s_2 下试验 90h 后失效，另一零件在低应力 s_1 下试验 $t_1'=$ 50h 后，在高应力水平 s_2 下试验 s_2 下试验 $t_2'=80$h 后失效，试求在低应力水平 s_1 下的寿命 t_1。

解：

$$\beta=\frac{t_2'}{t_2}=\frac{80}{90}=0.89$$

$$\alpha=1-\beta=1-0.89=0.11$$

$$t_1=\frac{t_1'}{\alpha}=\frac{50}{0.11}=454.5(\text{h})$$

总试验时间：　$t_A=90+50+80=220(\text{h})$

节约的试验时间：　$t_s=454.5-220=234.5(\text{h})$

习题

1. 对寿命呈指数分布的某电子产品作无替换定数截尾寿命试验，若样本总数为 $n=20$，观察到 6 个样本的失效时间分别为 30h、72h、108h、152h、190h、238h。求这批产品的平均寿命 m，失效率 λ 及 $t=100$h 时的可靠度估计值。

2. 某种设备共 80 台同时工作，工作了 100 天时共有 4 台出现故障，求该种设备在现有工况条件下的平均寿命。

3. 寿命呈指数分布的一批试件，计划通过 800h 试验能查出 5 个试件失效，已知其平均寿命为 3000h，问这批试件总数应为多少？

参考文献

［1］孙靖民，梁迎春．机械优化设计［M］．北京：机械工业出版社，2006.

［2］郝静如．机械可靠性工程［M］．北京：国防工业出版社，2011.

［3］马履中．机械优化设计［M］．南京：东南大学出版社，1993.

［4］邓乃扬．无约束最优化计算方法［M］．北京：科学出版社，1983.

［5］刘品．可靠性工程基础［M］．北京：中国计量出版社，2002.

［6］牟致忠．机械可靠性设计［M］．北京：机械工业出版社，1993.

［7］刘惟信．机械可靠性设计［M］．北京：清华大学出版社，1996.

［8］PATRICK O’CONNOR. Practical R eliability Engineering［M］．Beijing：Publishing House of Electronics Industry，2005.

［9］ERNST G FRANKEL. Systerms Reliability and Risk Analysis［M］．Leiden：Martinus Nijjboff Pub，1984.

［10］何献忠，李萍．优化技术及其应用［M］．北京：北京理工大学出版社，1996.

［11］陶栋材．现代设计方法［M］．北京：中国石化出版社，2010.

［12］张连洪．现代设计方法及其应用［M］．天津：天津大学出版社，2014.

［13］左正兴，程颖．现代设计方法［M］．北京：北京理工出版社，2018.

附录

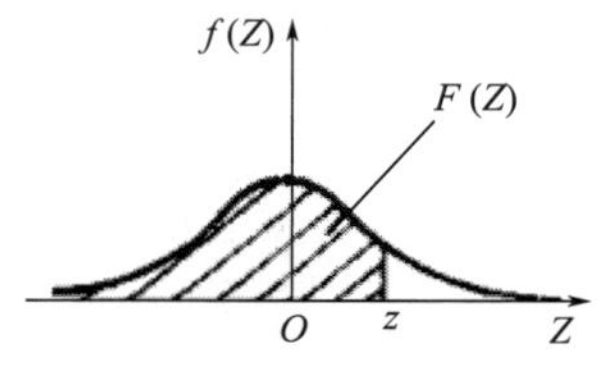

附图 1　标准正态分布

标准正态分布函数为：

$$\Phi(Z)=\frac{1}{\sqrt{2\pi}}\int_{-\infty}^{Z}\mathrm{e}^{-\frac{Z^2}{2}}\mathrm{d}Z$$

标准正态分布图（附图 1）和表（附表 1）如下。

附表 1　标准正态分布表

Z	0.00	0.01	0.02	0.03	0.04	0.05	0.06	0.07	0.08	0.09
0.0	0.5000	0.5040	0.5080	0.5120	0.5160	0.5199	0.5239	0.5279	0.5319	0.5359
0.1	0.5398	0.5438	0.5478	0.5517	0.5557	0.5596	0.5636	0.5675	0.5714	0.5753
0.2	0.5793	0.5832	0.5871	0.5910	0.5948	0.5987	0.6026	0.6064	0.6103	0.6141
0.3	0.6179	0.6217	0.6255	0.6293	0.6331	0.6368	0.6406	0.6443	0.6480	0.6517
0.4	0.6554	0.6591	0.6628	0.6664	0.6700	0.6736	0.6772	0.6808	0.6844	0.6879
0.5	0.6915	0.6950	0.6985	0.7019	0.7054	0.7088	0.7123	0.7157	0.7190	0.7224
0.6	0.7257	0.7291	0.7324	0.7357	0.7389	0.7422	0.7454	0.7486	0.7517	0.7549
0.7	0.7580	0.7611	0.7642	0.7673	0.7703	0.7734	0.7764	0.7794	0.7823	0.7852
0.8	0.7881	0.7910	0.7939	0.7967	0.7995	0.8023	0.8051	0.8078	0.8106	0.8133
0.9	0.8159	0.8186	0.8212	0.8238	0.8264	0.8289	0.8315	0.8340	0.8365	0.8389
1.0	0.8413	0.8438	0.8461	0.8485	0.8508	0.8531	0.8554	0.8577	0.8599	0.8621
1.1	0.8643	0.8665	0.8686	0.8708	0.8729	0.8749	0.8770	0.8790	0.8810	0.8830
1.2	0.8849	0.8869	0.8888	0.8907	0.8925	0.8944	0.8962	0.8980	0.8997	0.9015
1.3	0.9032	0.9049	0.9066	0.9082	0.9099	0.9115	0.9131	0.9147	0.9162	0.9177
1.4	0.9192	0.9207	0.9222	0.9236	0.9251	0.9265	0.9278	0.9292	0.9306	0.9319
1.5	0.9332	0.9345	0.9357	0.9370	0.9382	0.9394	0.9406	0.9418	0.9430	0.9441
1.6	0.9452	0.9463	0.9474	0.9484	0.9495	0.9505	0.9515	0.9525	0.9535	0.9545
1.7	0.9554	0.9564	0.9573	0.9582	0.9591	0.9599	0.9608	0.9616	0.9625	0.9633
1.8	0.9641	0.9648	0.9656	0.9664	0.9671	0.9678	0.9686	0.9693	0.9700	0.9706
1.9	0.9713	0.9719	0.9726	0.9732	0.9738	0.9744	0.9750	0.9756	0.9762	0.9767

续表

Z	0.00	0.01	0.02	0.03	0.04	0.05	0.06	0.07	0.08	0.09
2.0	0.9772	0.9778	0.9783	0.9788	0.9793	0.9798	0.9803	0.9808	0.9812	0.9817
2.1	0.9821	0.9826	0.9830	0.9834	0.9838	0.9842	0.9846	0.9850	0.9854	0.9857
2.2	0.9861	0.9864	0.9868	0.9871	0.9874	0.9878	0.9881	0.9884	0.9887	0.9890
2.3	0.9893	0.9896	0.9898	0.9901	0.9904	0.9906	0.9909	0.9911	0.9913	0.9916
2.4	0.9918	0.9920	0.9922	0.9925	0.9927	0.9929	0.9931	0.9932	0.9934	0.9936
2.5	0.9938	0.9940	0.9941	0.9943	0.9945	0.9946	0.9948	0.9949	0.9951	0.9952
2.6	0.9953	0.9955	0.9956	0.9957	0.9959	0.9960	0.9961	0.9962	0.9963	0.9964
2.7	0.9965	0.9966	0.9967	0.9968	0.9969	0.9970	0.9971	0.9972	0.9973	0.9974
2.8	0.9974	0.9975	0.9976	0.9977	0.9977	0.9978	0.9979	0.9979	0.9980	0.9981
2.9	0.9981	0.9982	0.9982	0.9983	0.9984	0.9984	0.9985	0.9985	0.9986	0.9986
3.0	0.9987	0.9990	0.9993	0.9995	0.9997	0.9998	0.9998	0.9999	0.9999	1.0000

Γ分布为（附表2）： $\Gamma\left(1+\frac{1}{m}\right)$

附表2 Γ分布表

m	0	1	2	3	4	5	6	7	8	9
0. 2	120. 0000	80. 3577	56. 3313	41. 0577	30. 9419	24. 0000	19. 0867	15. 5138	12. 8529	10. 8291
0. 3	9. 2605	8. 0244	7. 0355	6. 2336	5. 5754	5. 0291	4. 5712	4. 1838	3. 8534	3. 5693
0. 4	3. 3234	3. 1091	2. 9213	2. 7557	2. 6091	2. 4786	2. 3619	2. 2572	2. 1628	2. 0774
0. 5	2. 0000	1. 9295	1. 8652	1. 8062	1. 7522	1. 7024	1. 6566	1. 6141	1. 5749	1. 5384
0. 6	1. 5046	1. 4730	1. 4436	1. 4161	1. 3904	1. 3663	1. 3437	1. 3224	1. 3024	1. 2836
0. 7	1. 2658	1. 2491	1. 2332	1. 2183	1. 2041	1. 1906	1. 1779	1. 1658	1. 1543	1. 1434
0. 8	1. 1330	1. 1231	1. 1137	1. 1047	1. 0061	1. 0880	1. 0801	1. 0727	1. 0655	1. 0687
0. 9	1. 0522	1. 0459	1. 0399	1. 0342	1. 0287	1. 0234	1. 0183	1. 0135	1. 0088	1. 0043
1. 0	1. 0000	0. 9959	0. 9919	0. 9880	0. 9843	0. 9808	0. 9774	0. 9741	0. 9709	0. 9679
1. 1	0. 9649	0. 9621	0. 9593	0. 9567	0. 9542	0. 9517	0. 9493	0. 9470	0. 9448	0. 9427
1. 2	0. 9407	0. 9387	0. 9365	0. 9249	0. 9331	0. 9314	0. 9297	0. 9281	0. 9265	0. 9250
1. 3	0. 9236	0. 9222	0. 9206	0. 9195	0. 9182	0. 9170	0. 9158	0. 9147	0. 9135	0. 9125
1. 4	0. 9114	0. 9104	0. 9094	0. 9085	0. 9076	0. 9057	0. 9059	0. 9050	0. 9043	0. 9035
1. 5	0. 9027	0. 9022	0. 9013	0. 9007	0. 9000	0. 8994	0. 8988	0. 8982	0. 8976	0. 8971
1. 6	0. 8966	0. 8961	0. 8956	0. 8951	0. 8947	0. 8942	0. 8938	0. 8934	0. 8980	0. 8926
1. 7	0. 8922	0. 8919	0. 8916	0. 8912	0. 8909	0. 8906	0. 8903	0. 8901	0. 8898	0. 8895
1. 8	0. 8893	0. 8891	0. 8888	0. 8886	0. 8884	0. 8882	0. 8880	0. 8878	0. 8877	0. 8875
1. 9	0. 8874	0. 8872	0. 8871	0. 8869	0. 8868	0. 8867	0. 8866	0. 8865	0. 8864	0. 8863
2. 0	0. 8862	0. 8861	0. 8861	0. 8860	0. 8860	0. 8859	0. 8858	0. 8858	0. 8858	0. 8857
2. 1	0. 8857	0. 8857	0. 8856	0. 8856	0. 8856	0. 8856	0. 8856	0. 8856	0. 8856	0. 8856
2. 2	0. 8856	0. 8856	0. 8857	0. 8857	0. 8857	0. 8857	0. 8858	0. 8858	0. 8858	0. 8859
2. 3	0. 8859	0. 8860	0. 8860	0. 8861	0. 8861	0. 8862	0. 8862	0. 8863	0. 8864	0. 8864
2. 4	0. 8865	0. 8866	0. 8866	0. 8867	0. 8868	0. 8869	0. 8869	0. 8870	0. 8871	0. 8872
2. 5	0. 8873	0. 8874	0. 8874	0. 8875	0. 8876	0. 8877	0. 8878	0. 8879	0. 8880	0. 8881
2. 6	0. 8882	0. 8883	0. 8884	0. 8885	0. 8886	0. 8887	0. 8888	0. 8890	0. 8891	0. 8892
2. 7	0. 8893	0. 8894	0. 8895	0. 8896	0. 8897	0. 8899	0. 8900	0. 8901	0. 8902	0. 8903
2. 8	0. 8905	0. 8906	0. 8907	0. 8908	0. 8909	0. 8911	0. 8912	0. 8913	0. 8914	0. 8916
2. 9	0. 8917	0. 8918	0. 8919	0. 8921	0. 8922	0. 8923	0. 8925	0. 8926	0. 8927	0. 8928

续表

m	0	1	2	3	4	5	6	7	8	9
3. 0	0. 8930	0. 8931	0. 8932	0. 8934	0. 8935	0. 8936	0. 8938	0. 8939	0. 8940	0. 8942
3. 1	0. 8943	0. 8944	0. 8946	0. 8947	0. 8948	0. 8950	0. 8951	0. 8952	0. 8954	0. 8955
3. 2	0. 8957	0. 8958	0. 8959	0. 8961	0. 8962	0. 8963	0. 8965	0. 8966	0. 8967	0. 8969
3. 3	0. 8970	0. 8972	0. 8973	0. 8974	0. 8976	0. 8977	0. 8978	0. 8980	0. 8981	0. 8982
3. 4	0. 8984	0. 8985	0. 8987	0. 8988	0. 8989	0. 8991	0. 8992	0. 8993	0. 8995	0. 8996
3. 5	0. 8997	0. 8999	0. 9000	0. 9002	0. 9003	0. 9004	0. 9006	0. 9007	0. 9008	0. 9010
3. 6	0. 9011	0. 9012	0. 9014	0. 9015	0. 9016	0. 9018	0. 9019	0. 9021	0. 9022	0. 9023
3. 7	0. 9025	0. 9026	0. 9027	0. 9029	0. 9030	0. 9031	0. 9033	0. 9034	0. 9035	0. 9037
3. 8	0. 9038	0. 9039	0. 9041	0. 9042	0. 9043	0. 9044	0. 9046	0. 9047	0. 9048	0. 9050
3. 9	0. 9051	0. 9052	0. 9054	0. 9055	0. 9056	0. 9058	0. 9059	0. 9060	0. 9061	0. 9063
4. 0	0. 9064	0. 9077	0. 9089	0. 9102	0. 9114	0. 9126	0. 9137	0. 9149	0. 9160	0. 9171
5. 0	0. 9182	0. 9192	0. 9202	0. 9213	0. 9222	0. 9232	0. 9241	0. 9251	0. 9260	0. 9269
6. 0	0. 9277	0. 9286	0. 9294	0. 9302	0. 9310	0. 9318	0. 9335	0. 9333	0. 9340	0. 9347
7. 0	0. 9334	0. 9361	0. 9368	0. 9375	0. 9381	0. 9387	0. 9394	0. 9400	0. 9406	0. 9412
8. 0	0. 9417	0. 9423	0. 9429	0. 9434	0. 9439	0. 9444	0. 9450	0. 9455	0. 9460	0. 9465
9. 0	0. 9470	0. 9479	0. 9484	0. 9488	0. 9493	0. 9497	0. 9501	0. 9505	0. 9509	0. 9514

χ^2 分布的上侧分位数$\chi_{\alpha}^2(k)$ 表（附表 3、附表 4），$P[\chi^2 > \chi_{\alpha}^2(k)] = \alpha$。

附表 3　χ^2 分布表（一）

k	α								
	0. 99	0. 98	0. 975	0. 95	0. 900	0. 80	0. 75	0. 70	0. 50
1	0. 03157	0. 03628	0. 03982	0. 02393	0. 0158	0. 0642	0. 102	0. 148	0. 455
2	0. 0201	0. 0404	0. 0506	0. 103	0. 211	0. 446	0. 575	0. 713	1. 385
3	0. 115	0. 185	0. 216	0. 352	0. 584	1. 005	1. 213	1. 424	2. 366
4	0. 297	0. 429	0. 484	0. 711	1. 064	1. 649	1. 923	2. 195	3. 357
5	0. 554	0. 752	0. 831	1. 145	1. 610	2. 343	2. 674	3. 000	4. 351
6	0. 872	1. 134	1. 237	1. 635	2. 204	3. 070	3. 455	3. 828	5. 348
7	1. 239	1. 564	1. 690	2. 167	2. 833	3. 822	4. 255	4. 671	6. 346
8	1. 646	2. 032	2. 180	2. 733	3. 490	4. 594	5. 071	5. 527	7. 344
9	2. 088	2. 532	2. 700	3. 325	4. 168	5. 380	5. 899	6. 393	8. 343
10	2. 558	3. 059	3. 247	3. 946	4. 865	6. 179	6. 737	7. 267	9. 342
11	3. 053	3. 609	3. 816	4. 575	5. 578	6. 989	7. 584	8. 148	10. 341
12	3. 571	4. 178	4. 404	5. 226	6. 304	7. 807	8. 438	9. 034	11. 340
13	4. 107	4. 765	5. 009	5. 892	7. 042	8. 634	9. 299	9. 926	12. 340
14	4. 660	5. 368	5. 629	6. 571	7. 790	9. 467	10. 165	10. 821	13. 339
15	5. 229	5. 985	6. 262	7. 261	8. 547	10. 307	11. 037	11. 721	14. 339
16	5. 812	6. 614	6. 908	7. 962	9. 312	11. 152	11. 912	12. 624	15. 338
17	6. 408	7. 255	7. 564	8. 672	10. 085	12. 002	12. 792	13. 531	16. 338
18	7. 015	7. 906	8. 231	9. 390	10. 865	12. 857	13. 675	14. 440	17. 338
19	7. 633	8. 567	8. 907	10. 117	11. 651	13. 716	14. 562	15. 352	18. 338
20	8. 260	9. 237	9. 591	10. 851	12. 443	14. 578	15. 452	16. 266	19. 337
21	8. 897	9. 915	10. 282	11. 591	13. 240	15. 445	16. 344	17. 182	20. 337
22	9. 542	10. 600	10. 982	12. 338	14. 041	16. 314	17. 240	18. 101	21. 337
23	10. 196	11. 293	11. 689	13. 091	14. 848	17. 187	18. 137	19. 021	22. 337
24	10. 856	11. 992	12. 400	13. 848	15. 659	18. 062	19. 037	19. 943	23. 337
25	11. 524	12. 697	13. 120	14. 611	16. 473	18. 940	19. 939	20. 867	24. 337
26	12. 198	13. 409	13. 844	15. 379	17. 292	19. 820	20. 843	21. 792	25. 336
27	12. 879	14. 125	14. 573	16. 151	18. 114	20. 703	21. 749	22. 719	26. 336
28	13. 565	14. 847	15. 308	16. 928	18. 939	21. 588	22. 657	23. 647	27. 336
29	14. 256	15. 574	16. 047	17. 708	19. 768	22. 475	23. 567	24. 577	28. 336
30	14. 953	16. 306	16. 791	18. 493	20. 599	23. 364	24. 478	25. 508	29. 366

附表 4 χ^2 分布表（二）

k	α								
	0. 30	0. 25	0. 20	0. 10	0. 05	0. 025	0. 02	0. 01	0. 001
1	1. 074	1. 323	1. 642	2. 706	3. 841	5. 024	5. 412	6. 635	10. 828
2	2. 408	2. 773	3. 219	4. 605	5. 991	7. 378	7. 824	9. 210	13. 816
3	3. 665	4. 108	4. 642	6. 251	7. 815	9. 348	9. 837	11. 345	16. 266
4	4. 878	5. 385	5. 989	7. 779	9. 488	11. 143	11. 668	12. 277	18. 467
5	6. 064	6. 626	7. 289	9. 236	11. 070	12. 833	13. 388	15. 068	20. 515
6	7. 213	7. 841	8. 558	10. 645	12. 592	14. 449	15. 033	16. 812	22. 458
7	8. 383	9. 037	9. 803	12. 017	14. 067	16. 013	16. 622	18. 475	24. 322
8	9. 524	10. 219	11. 030	13. 362	15. 507	17. 535	18. 168	20. 1090	26. 125
9	10. 656	11. 389	12. 242	14. 684	16. 919	19. 023	19. 679	21. 666	27. 877
10	11. 781	12. 549	13. 442	15. 987	18. 307	20. 483	21. 161	23. 209	29. 588
11	12. 899	13. 701	14. 631	17. 275	19. 675	21. 920	22. 618	24. 725	31. 264
12	14. 011	14. 845	15. 812	18. 549	21. 026	23. 337	24. 054	26. 217	32. 909
13	15. 119	15. 984	16. 985	19. 812	22. 362	24. 736	25. 472	27. 688	34. 528
14	16. 222	17. 117	18. 151	21. 064	23. 685	26. 119	26. 873	29. 141	36. 123
15	17. 322	18. 245	19. 311	22. 307	24. 996	27. 488	28. 259	30. 578	37. 697
16	18. 418	19. 369	20. 465	23. 542	26. 296	28. 845	29. 633	32. 000	39. 252
17	19. 511	20. 489	21. 615	24. 769	27. 587	30. 191	30. 995	33. 409	40. 790
18	20. 601	21. 605	22. 760	25. 989	28. 869	31. 526	33. 346	34. 805	42. 312
19	21. 689	22. 719	23. 900	27. 204	30. 144	32. 852	33. 687	36. 191	43. 820
20	22. 775	23. 828	25. 038	28. 412	31. 410	34. 170	35. 020	37. 566	45. 315
21	23. 858	24. 935	26. 171	29. 615	32. 671	35. 479	36. 343	38. 932	46. 797
22	24. 939	24. 093	27. 301	30. 813	33. 924	36. 781	37. 659	40. 289	48. 268
23	26. 018	27. 141	28. 429	32. 007	35. 172	38. 076	38. 968	41. 638	49. 728
24	27. 096	28. 241	29. 553	33. 196	36. 115	39. 364	40. 270	42. 980	51. 179
25	28. 172	29. 339	30. 675	34. 382	37. 652	40. 647	41. 566	44. 314	52. 618
26	29. 246	30. 435	31. 795	35. 563	38. 885	41. 923	42. 856	45. 642	54. 052
27	30. 319	31. 528	32. 912	36. 741	40. 113	43. 194	44. 140	46. 983	55. 476
28	31. 391	32. 621	34. 027	37. 916	41. 337	44. 461	45. 419	48. 278	56. 893
29	32. 461	33. 711	35. 139	39. 087	42. 557	45. 722	46. 693	47. 588	58. 301
30	33. 530	34. 800	36. 250	40. 256	43. 773	46. 979	47. 962	50. 892	59. 703